CAD/CAM/CAE/EDA

U0167585

中文版 MATLAB
信号处理从入门到精通

（实战案例版）

372 分钟同步微视频讲解　237 个实例案例分析

☑数据拟合与插值　☑信号分析　☑信号运算　☑信号变换　☑FIR 和 IIR 滤波器设计
☑信号频谱分析　☑功率谱分析　☑GUI 工具设计　☑Simulink 仿真

天工在线　编著

中国水利水电出版社
www.waterpub.com.cn
·北京·

内 容 提 要

《中文版 MATLAB 信号处理从入门到精通（实战案例版）》以 MATLAB R2022a 版本为基础，结合高校教师的教学经验和计算科学知识的应用，详细讲解了 MATLAB 在信号处理方面的知识和技术，是一本 MATLAB 信号处理的基础+案例+视频教程， 也是一本完全自学教程。本书力争让零基础读者最终脱离书本，将所学知识应用于工程实践中。

本书内容包括 MATLAB 简介、MATLAB 基础知识、MATLAB 程序设计、绘制二维图形、数据拟合与插值、信号分析基础、产生信号波形、信号的基本运算、信号的复杂运算、信号变换、数字滤波器基础、FIR 和 IIR 滤波器设计、信号频谱分析、功率谱分析、信号处理的 GUI 工具与设计和信号处理 Simulik 仿真等。在讲解过程中，重要知识点均配有实例讲解和视频讲解，既能提高读者的动手能力，又能加深读者对知识点的理解，基础和实练相结合，知识掌握更容易，学习更有目的性。

本书内容覆盖信号处理的各个方面，既有 MATLAB 基本函数的介绍，也有各种信号处理方法应用。它既可作为初学者的入门用书，也可作为工程技术人员、硕士生、博士生的工具用书，还可作为理工科院校相关专业的的教材。

图书在版编目（CIP）数据

中文版MATLAB信号处理从入门到精通 ：实战案例版 /
天工在线编著. -- 北京 ：中国水利水电出版社,
2024.9
（CAD/CAM/CAE/EDA微视频讲解大系）
ISBN 978-7-5226-2239-2

Ⅰ．①中… Ⅱ．①天… Ⅲ．①数字信号处理—
Matlab软件 Ⅳ．①TN911.72

中国国家版本馆 CIP 数据核字(2024)第 021299 号

丛 书 名	CAD/CAM/CAE/EDA 微视频讲解大系
书 名	中文版 MATLAB 信号处理从入门到精通（实战案例版） ZHONGWENBAN MATLAB XINHAO CHULI CONG RUMEN DAO JINGTONG
作 者	天工在线 编著
出版发行	中国水利水电出版社 （北京市海淀区玉渊潭南路 1 号 D 座　100038） 网址：www.waterpub.com.cn E-mail：zhiboshangshu@163.com 电话：（010）62572966-2205/2266/2201（营销中心）
经 售	北京科水图书销售有限公司 电话：（010）68545874、63202643 全国各地新华书店和相关出版物销售网点
排 版	北京智博尚书文化传媒有限公司
印 刷	北京富博印刷有限公司
规 格	203mm×260mm　16 开本　22.75 印张　603 千字　2 插页
版 次	2024 年 9 月第 1 版　2024 年 9 月第 1 次印刷
印 数	0001—3000 册
定 价	89.80 元

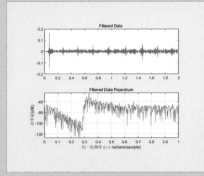

高通滤波器功率谱

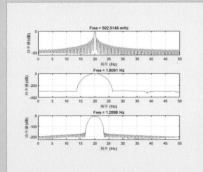

光谱泄漏对正弦信号频谱的影响

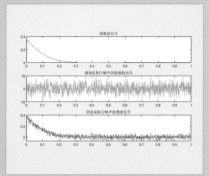

添加噪声的指数波

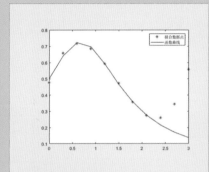

函数拟合

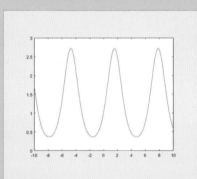

函数图形1

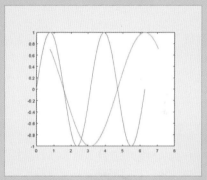

函数图形2

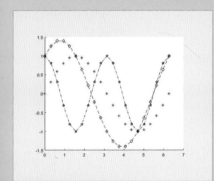

函数图形3

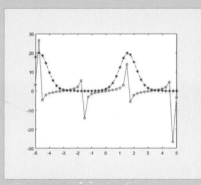

函数图形4

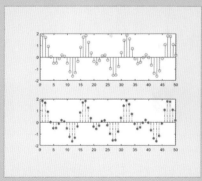

火柴杆图

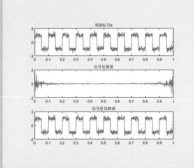

计算信号的复倒谱

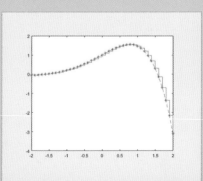

阶梯图

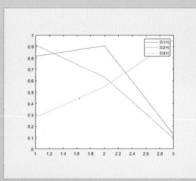

矩阵图形

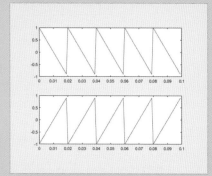
锯齿波

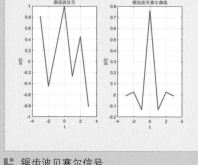
锯齿波贝塞尔信号

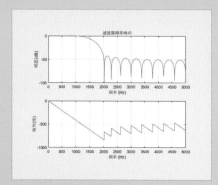
滤波器频率响应

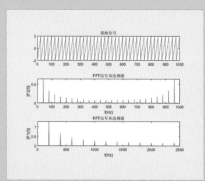
三角波形的单边频谱与双边频谱

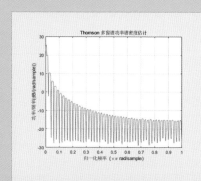
时钟信号的多窗口PSD估计

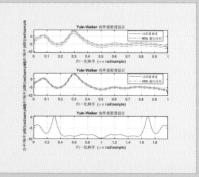
使用Yul-Walker法绘制的信号功率谱密度

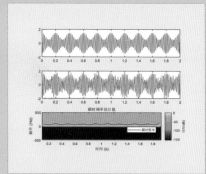
添加高斯白噪声信号的瞬时频率

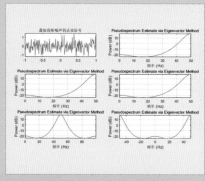
添加高斯噪声的正弦波的伪谱

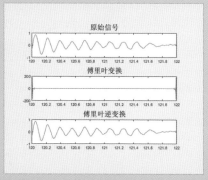
位移信号的傅里叶变换

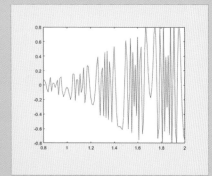
凸二次扫频余弦信号

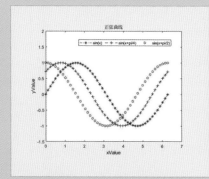
图形标注

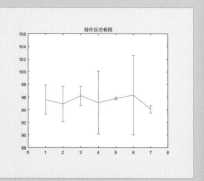
误差棒图柱塞泵的位移分布

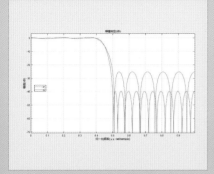

■ 显示和分析多个等纹滤波器

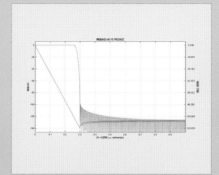

■ 显示滤波器的幅值和相位响应

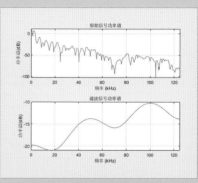

■ 显示时钟信号与滤波器功率谱

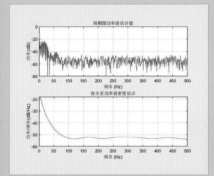

■ 协方差法绘制的信号的功率谱密度

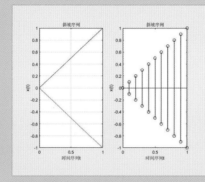

■ 斜坡信号

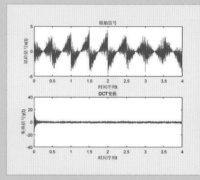

■ 信号DCT变换

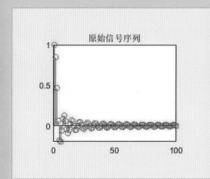

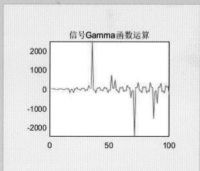

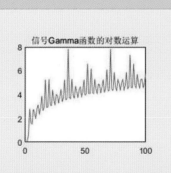

■ 信号Gamma函数计算

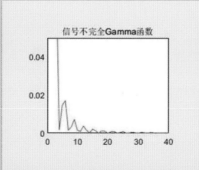

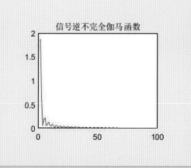

本书精彩案例欣赏

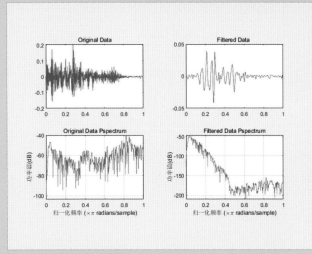

⌐ 语音信号滤波器频谱图

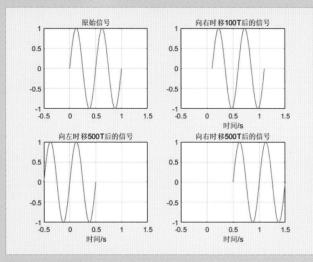

⌐ 正弦信号移位

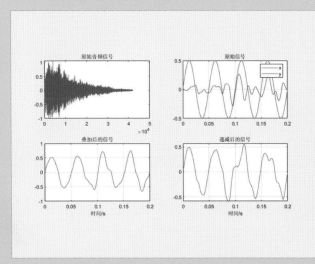

⌐ 正弦信号的叠加与递减

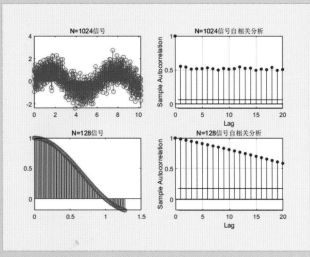

⌐ 信号自相关分析

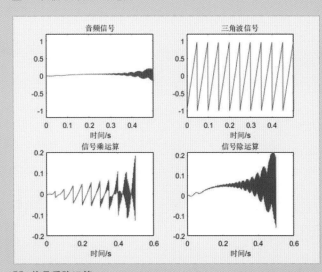

⌐ 信号乘除运算

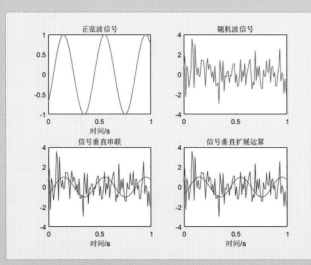

⌐ 信号垂直扩展

前　言

　　MATLAB 是美国 MathWorks 公司出品的一款优秀的数学计算软件，其强大的数值计算能力和数据可视化能力令人震撼。经过多年的发展，MATLAB 已更新到了 R2022a 版本，功能日趋完善。MATLAB 已经成为多种学科必不可少的计算工具，成为自动控制、应用数学、信息与计算科学等专业的大学生与研究生所需要掌握的基本技能。它不仅成为各大公司和科研机构的专用软件，越来越多的学生也借助 MATLAB 来学习数学分析、图像处理、信号处理、仿真分析等知识。

　　为了帮助零基础读者快速掌握 MATLAB 在信号处理方面的使用方法，本书从基础知识着手，详细地对 MATLAB 的基本函数功能进行了介绍，同时根据读者的需求，专门针对信号处理的各种方法与技巧进行了详细介绍，让读者如入宝山而满载归。

本书特点

　　市面上的 MATLAB 学习书籍浩如烟海，读者要挑选一本自己中意的书却很困难。希望本书能够让您在"众里寻他千百度"之时，"蓦然回首"。本书有以下五大特色。

❧ 作者专业

　　本书由 CAD/CAM/CAE/EDA 领域知名专家团队组织编写，是作者多年设计经验的总结以及教学的心得体会，本书力求全面细致地展现 MATLAB 在信号处理应用领域的各种功能和使用方法。

❧ 实例专业

　　书中很多实例是信号处理项目案例，经过作者的精心提炼和改编，既能保证读者学好知识点，又能帮助读者掌握实际的操作技能。

❧ 提升技能

　　本书从全面提升 MATLAB 信号处理能力的角度出发，结合大量的案例讲解如何利用 MATLAB 进行信号处理，让读者真正掌握计算机辅助信号处理技能。

❧ 内容全面

　　本书不仅有透彻的知识点讲解，还有丰富的实例验证。通过这些实例的演练，帮助读者找到一条学习 MATLAB 信号处理的捷径。

❧ 知行合一

　　本书提供了使用 MATLAB 解决信号处理问题的实践性指导，它基于 MATLAB R2022a 版本，内容由浅入深，特别是对每一条命令的使用格式都做了详细的说明，还提供了大量的实例演示其用法，这对于初学者的自学很有帮助。

本书显著特色

⬎ 体验好，随时随地学习

二维码扫一扫，随时随地看视频。 书中大部分实例都提供了二维码，读者朋友可以通过手机扫一扫，随时随地观看相关的教学视频（若个别手机不能播放，请参考下面的"资源获取方式"，下载后在计算机上观看）。

⬎ 实例多，用实例学习更高效

实例多，覆盖范围广泛，用实例学习更高效。 为方便读者学习，针对本书实例专门制作了 372 分钟的配套教学视频，读者可以先看视频，像看电影一样轻松、愉悦地学习本书内容，然后对照课本加以实践和练习，可大大提高学习效率。

⬎ 入门易，全力为初学者着想

遵循学习规律，入门实战相结合。 编写模式采用"基础知识+中小实例+动手练"的形式，内容由浅入深，循序渐进，入门与实战相结合。

⬎ 服务快，让你学习无后顾之忧

提供在线服务，随时随地可交流。 提供微信公众号、QQ 群等多渠道在线贴心服务。

本书资源及下载方式

本书资源

（1）本书提供实例配套的教学视频，读者可以使用手机微信的"扫一扫"功能扫描书中的二维码观看视频教学，也可以按照下述"资源下载方式"将视频下载到电脑中进行学习。

（2）本书提供全书实例的源文件和结果文件，读者可以按照书中的实例讲解进行练习，提高动手能力和实战技能。

（3）本书提供 7 套拓展学习的大型工程应用综合实例（包括电子书、视频和源文件），帮助读者拓展实战技能。

资源下载方式

请使用手机微信的"扫一扫"功能扫描下面的二维码，或者在微信公众号中搜索"设计指北"公众号，关注后输入 MT2293 至公众号后台，获取本书的资源下载链接。将该链接复制到计算机浏览器的地址栏中，根据提示进行下载。

读者可加入本书的读者交流群 561063943，与老师和广大读者在线交流学习。

设计指北公众号

📢 **注意：**

　　在学习本书或按照本书上的实例进行操作之前，请先在计算机中安装 MATLAB 2022 操作软件。您可以在 MathWorks 中文官网下载 MATLAB 软件试用版本（或购买正版），也可在当地电脑城、软件经销商处购买安装软件。

关于作者

　　本书由天工在线编著。天工在线是一个 CAD/CAM/CAE/EDA 技术研讨、工程开发、培训咨询和图书创作的工程技术人员协作联盟，拥有 40 多位专职和众多兼职 CAD/CAM/CAE/EDA 工程技术专家。天工在线创作的很多教材成为国内具有引导性的旗帜作品，在国内相关专业方向图书创作领域具有举足轻重的地位。

致谢

　　MATLAB 功能强大，本书虽内容全面，但也仅涉及 MATLAB 在信号处理方面应用的一小部分，就是这一小部分内容为读者活学活用 MATLAB 提供了各种可能。本书在写作过程中虽然几经求证、求解、求教，但仍难免存在错误和偏见。在此，本书编者恳切地期望得到各方面专家和广大读者的指教。

　　本书所有实例均由编者在计算机上验证通过。

　　本书能够顺利出版，是编者、编辑和所有审校人员共同努力的结果，在此表示深深的感谢！同时，祝福所有读者在学习过程中一帆风顺！

编　者
2024 年 8 月

目　录

Contents

第 1 章　MATLAB 简介

内容指南

MATLAB 是一款功能非常强大的科学计算软件。使用 MATLAB 之前，应该对它有一个整体的认识。本章简要介绍 MATLAB 的发展历程、工作界面、搜索路径的扩展及帮助系统。

内容要点

➢ MATLAB 概述
➢ MATLAB 2022 的工作界面
➢ MATLAB 的搜索路径
➢ MATLAB 的帮助系统

1.1　MATLAB 概述

MATLAB 是 matrix laboratory（矩阵实验室）的缩写。它是以线性代数软件包 LINPACK 和特征值计算软件包 EISPACK 中的子程序为基础发展起来的一种开放式程序设计语言，以没有维数限制的矩阵为基本的数据单位，将高性能的数值计算、可视化和编程集成在一个易用的开放式环境中。在此环境下，用户可以按照符合自身思维习惯的方式和熟悉的数学表达形式书写程序。

MATLAB 除具备卓越的数值计算能力之外，还具有专业水平的符号计算和文字处理能力，集成了二维和三维图形功能，可完成可视化建模仿真和实时控制等功能。其典型的应用主要包括如下几个方面：

➢ 数值分析和计算。
➢ 算法开发。
➢ 数据采集。
➢ 系统建模、仿真和原型化。
➢ 数据分析、探索和可视化。
➢ 工程和科学绘图。
➢ 数字图像处理。
➢ 应用软件开发，包括图形用户界面的建立。

1.1.1　MATLAB 语言的特点

MATLAB 被称为第四代计算机语言，最突出的特点就是简洁。它用更直观的、符合人们思维习惯的代码，代替了 C 语言和 FORTRAN 语言的冗长代码，给用户带来直观、简洁的程序开发环境。编程人员利用其丰富的函数资源，可以从烦琐的程序代码中解放出来。下面简要介绍一下 MATLAB 的主要特点。

（1）语言简洁紧凑，库函数极其丰富，使用方便灵活。

MATLAB 程序书写形式自由，利用丰富的库函数避开了繁杂的子程序编程任务，减少了一切不必要的编程工作。例如，用 FORTRAN 和 C 这样的高级语言编写求解一个线性代数方程的程序，至少需要 400 多行，调试这种几百行的计算程序很困难，而使用 MATLAB 编写这样一个程序则很直观简洁。

扫一扫，看视频

实例——求解线性方程及系数矩阵的特征值

源文件：yuanwenjian\ch01\tedian.m

本实例利用 MATLAB 求解一个线性方程组 $Ax=b$，然后求解方程组系数矩阵的特征值，演示 MATLAB 程序的简洁直观性。其中：

$$A = \begin{bmatrix} 32 & 13 & 45 & 67 \\ 23 & 79 & 85 & 12 \\ 43 & 23 & 54 & 65 \\ 98 & 34 & 71 & 35 \end{bmatrix}$$

$$b = \begin{bmatrix} 1 \\ 2 \\ 3 \\ 4 \end{bmatrix}$$

由题意可知 $x=A\backslash b$；设 A 的特征值组成的向量为 e，$e=\text{eig}(A)$。要求解 x 及 A 的特征值，只需要在 MATLAB 命令行窗口输入如下几行代码：

```
>> A=[32    13    45    67;23    79    85    12;43    23    54    65;98    34    71
35]    %系数向量
A =
    32    13    45    67
    23    79    85    12
    43    23    54    65
    98    34    71    35
>> b=[1;2;3;4]        %右端项
b =
    1
    2
    3
    4
>> x=A\b            %求解方程组
x =
    0.1809
    0.5182
   -0.5333
    0.1862
>> e=eig(A)        %求特征值
e =
```

```
    193.4475
     56.6905
    -48.1919
     -1.9461
```

其中，"">>"为运算提示符。由上面的代码可见，MATLAB 的程序极其简短。更难能可贵的是，MATLAB 甚至具有一定的智能性，比如在解上面的方程时，MATLAB 会根据矩阵的特性选择方程的求解方法。

（2）运算符丰富。

由于 MATLAB 是用 C 语言编写的，它提供了几乎和 C 语言一样多的运算符，灵活使用 MATLAB 的运算符将使程序变得极为简短。

（3）程序设计自由度大。

例如，在 MATLAB 中，用户无须对矩阵和变量预定义就可以使用。

（4）MATLAB 既具有结构化的控制语句（如 for 循环、while 循环、break 语句和 if 语句），又有面向对象编程的特性。

（5）程序的可移植性很好，基本上不用修改就可以在各种型号的计算机和操作系统上运行。

（6）图形功能强大。

在 FORTRAN 和 C 语言里，绘图都很不容易，但在 MATLAB 里，数据的可视化非常简单。MATLAB 还具有较强的编辑图形界面的能力。

（7）与其他高级程序相比，程序的执行速度较慢。

由于 MATLAB 的程序不需要编译等预处理，也不用生成可执行文件，程序解释执行，将源语言的每条语句翻译成机器指令并立即执行，然后再翻译下一条指令的程序，所以速度较慢。

（8）功能强大的工具箱。

MATLAB 包含两个部分：核心部分和各种可选的工具箱。核心部分中有数百个核心内部函数。工具箱（Toolbox）是 MATLAB 的特殊应用子程序库，把 MATLAB 的环境扩展到解决特殊类型问题上，每一个工具箱都是为某一类学科和应用而定制的，可以分为功能性工具箱和学科性工具箱。功能性工具箱主要用来扩充 MATLAB 的符号计算、可视化建模仿真、文字处理以及与硬件实时交互的功能，用于多种学科；而学科性工具箱则是专业性比较强的工具箱，如控制工具箱、信号处理工具箱、通信工具箱等。由于这些工具箱由该领域内学术水平很高的专家所编写，所以用户无须编写自己学科范围内的基础程序，就可以直接进行高、精、尖的研究。可以说，用 MATLAB 进行科技开发是"站在专家的肩膀上"。

（9）源程序的开放性。

除内部函数以外，所有 MATLAB 核心文件和各种工具箱文件都是可读、可修改的源文件，用户可通过对源程序进行修改或加入自己编写的程序来构造新的专用工具箱。

1.1.2 MATLAB 系统

通常，一个 MATLAB 系统主要包括以下五个部分。

1. 桌面工具和开发环境

MATLAB 由一系列工具组成，这些工具大部分是图形用户界面，方便用户使用 MATLAB 的函数和文件，包括 MATLAB 桌面，命令行窗口，编辑器和调试器，代码分析器和用于浏览帮助、工作区、文件的浏览器。

2．数学函数库

MATLAB 数学函数库包含大量的计算算法，从初等函数（如加法、正弦、余弦等）到复杂的高等函数（如矩阵求逆、矩阵特征值、贝塞尔函数和快速傅里叶变换等）。

3．语言

MATLAB 语言是一种基于矩阵/数组的高级语言，具有程序流控制、函数、数据结构、输入/输出和面向对象编程等特色。用户可以在命令行窗口中同步输入语句与执行命令，以创立快速抛弃型程序，也可以先编写一个 M 文件后再运行，以创立完整的大型应用程序。

4．图形处理

MATLAB 具有方便的数据可视化功能，可以用图形表现向量和矩阵，并且可以对图形进行标注和打印。它的低层次作图包括二维和三维的可视化、图像处理、动画和表达式作图。高层次作图包括完全定制图形的外观，以及建立基于用户的 MATLAB 应用程序的完整图形用户界面。

5．外部接口

外部接口是使 MATLAB 语言能与 C、FORTRAN 等其他高级编程语言进行交互的函数库，包括从 MATLAB 中调用程序（动态链接）、MATLAB 为计算引擎和读写 mat 文件的设备。

MATLAB 自诞生之日起，一直在不断发展完善以满足工程师和科学家们日益更新的需求。从 2006 年开始，MATLAB 每年分别在的 3 月和 9 月进行产品发布，每次发布都涵盖产品家族中的所有模块，包含已有产品的新特性和 bug 修订，以及新产品。其中，3 月发布的版本被称为 "a"，9 月发布的版本被称为 "b"，如 2022 年的两个版本分别是 R2022a 和 R2022b。

本书以 MATLAB R2022a（以下简称 MATLAB 2022）为平台，介绍 MATLAB 的基本操作及其在信号处理中的应用。

1.2　MATLAB 2022 的工作界面

本节通过介绍 MATLAB 2022 的工作界面，使读者初步认识 MATLAB 2022 的主要窗口，并掌握其操作方法。

1.2.1　启动 MATLAB

启动 MATLAB 的方式有多种。最常用的启动方式就是双击桌面上的 MATLAB 图标；也可以在"开始"菜单中单击 MATLAB 的快捷方式；还可以在 MATLAB 安装路径中的 bin 文件夹中双击可执行文件 matlab.exe。

启动 MATLAB 2022 后，即可进入 MATLAB 的工作界面，如图 1.1 所示。

MATLAB 2022 的工作界面形式简洁，主要由功能区、工具栏、当前文件夹、命令行窗口、工作区组成。

如果要退出 MATLAB，可以选择以下几种方式：单击工作界面右上角的关闭图标×；右击标题栏，在弹出的快捷菜单中选择"关闭"命令；使用快捷键 Alt+F4。

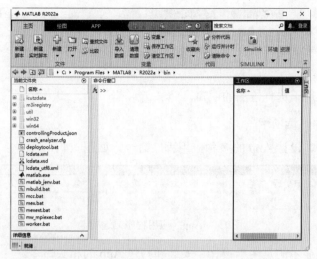

图 1.1　MATLAB 2022 的工作界面

1.2.2　功能区

MATLAB 功能区以选项卡和功能组的形式将所有的功能命令分门别类地放置在三个选项卡中。

1. "主页"选项卡

该选项卡是 MATLAB 操作中最常用的选项卡,包含基本的文件、变量、代码及路径设置等功能组,如图 1.2 所示。

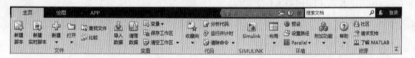

图 1.2　"主页"选项卡

➢ "文件"功能组用于新建、打开、查找和比较文件。例如,利用"文件"选项组中的"新建脚本"命令可以新建一个 M 文件。

➢ "变量"功能组用于导入、清理数据,编辑变量,对工作区中的变量进行保存或清除。

➢ "代码"功能组可收藏常用的命令代码便于反复调用,对当前工作目录中的代码进行分析,提出一些程序优化建议并生成报告,以及清空命令行窗口和命令历史记录窗口中的命令。

➢ "SIMULINK"确认用于打开 Simulink 起始页,根据需要可选择模板创建模型文件、子系统、工程和模块库文件。

➢ "环境"功能组用于设置 MATLAB 的布局、MATLAB 工具的首选项、搜索路径以及集群的相关操作。

➢ "资源"功能组用于查看 MATLAB 帮助内容。

2. "绘图"选项卡

在工作区中选中一个变量后,"绘图"选项卡显示对该变量可执行的相关图形绘制命令,如图 1.3 所示。

➢ "所选内容"功能组显示当前选中的变量。

➢ "绘图"功能组显示绘图命令及对应的效果图。

图 1.3　"绘图"选项卡

➤ "选项"功能组用于选择绘图的图窗。

3．App（应用程序）选项卡①

该选项卡包括选择、设计 App 的多种应用程序命令，如图 1.4 所示。

图 1.4　App（应用程序）选项卡

➤ "文件"功能组显示的是用于设计、安装和打包 App 的相关命令。
➤ "App"功能组是 MATLAB 预置的一些 GUI 应用程序，可直接使用。

1.2.3　工具栏

MATLAB 2022 的工具栏分为两部分，分别位于功能区右上角和下方，以图标方式汇集了常用的操作命令。

功能区右上角的工具栏如图 1.5 所示。

其中各个按钮的功能简要介绍如下。

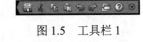

图 1.5　工具栏 1

➤ 　：保存当前创建或打开的 M 文件。
➤ 　、　、　：剪切、复制、粘贴命令行窗口或 M 文件中选中的内容。
➤ 　、　：撤销、恢复上一步操作。
➤ 　：将焦点切换到指定的窗口。
➤ 　：打开 MATLAB 帮助系统。
➤ 　：单击该按钮，利用弹出的下拉菜单可以自定义工具栏上显示的工具，以及工具栏的显示位置。

功能区下方的工具栏如图 1.6 所示。

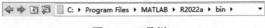

图 1.6　工具栏 2

其中各个按钮的功能简要介绍如下。

➤ 　：在当前工作路径的基础上后退、前进、向上一级、浏览路径文件夹。
➤ 　C：▶ Program Files ▶ MATLAB ▶ R2022a ▶ bin ▶：选择并显示当前工作路径。

1.2.4　当前文件夹

当前文件夹窗口如图 1.7 所示，可显示当前工作路径下的文件结构，单击工具栏上的 按钮可

---

① 因汉化问题，图中的 APP 选项卡的"APP"为大写形式，书中的"App"为小写形式，此两种形式同一含义，不影响读者阅读。

以在当前路径或子路径下搜索指定的文件。

图 1.7　当前文件夹窗口

单击右上角的⊙按钮，在弹出的下拉菜单中可以执行常用的操作。例如，在当前路径下新建文件或文件夹、生成文件分析报告、查找文件、显示/隐藏文件信息、将当前目录按某种指定方式排序和分组等。

1.2.5　命令行窗口

命令行窗口是执行各种计算操作的窗口，如图 1.8 所示，在该窗口中可以使用命令打开各种 MATLAB 工具，还可以查看各种命令的帮助说明等。

其中，">>"为命令提示符，表示 MATLAB 处于准备就绪状态。如在提示符后输入一条命令或一段程序后按 Enter 键，MATLAB 将给出相应的结果，并将结果保存在工作区窗口中，然后再次显示一个运算提示符。

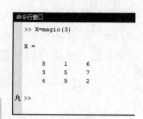

图 1.8　命令行窗口

🔊 **注意：**

> 在 MATLAB 命令行窗口中输入命令时一定要在英文状态下进行，在中文状态下输入的括号和标点等不被认为是命令的一部分，除非作为字符串中的内容。

单击命令行窗口右上角的⊙按钮，利用弹出的下拉菜单，可以清空命令行窗口、全选命令行、在命令行中查找指定的内容、对命令行窗口进行打印设置，以及最大、最小化命令行窗口。将命令行窗口最小化后，该窗口将以页签的形式显示在主窗口右侧，将鼠标指针移到页签上可显示窗口内容。

如果要查看执行过的命令记录，可以打开命令历史记录窗口，该窗口会自动记录自 MATLAB 安装以来所有运行过的命令以及运行时间。默认情况下，命令历史记录窗口不显示在主窗口中，在"主页"选项卡的"环境"功能组中选择"布局"→"命令历史记录"→"停靠"命令，可将该窗口停靠在显示界面中，如图 1.9 所示。

双击命令历史记录窗口中的命令，即可在命令行窗口中执行该命令。

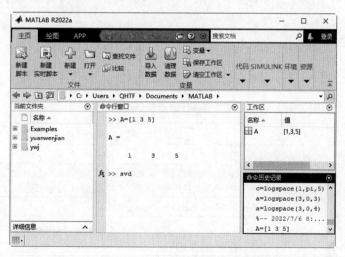

图 1.9　命令历史记录窗口停靠在显示界面中

动手练一练——设置工作环境

根据操作需要和习惯，自定义 MATLAB 2022 的工作环境。

扫一扫，看视频

📝 **思路点拨：**

> ➢ 切换当前工作路径。
> ➢ 调出命令历史记录窗口，停靠在工作界面中。

1.2.6　工作区

工作区显示当前内存中所有的 MATLAB 变量名称和值（或值的数据结构），如图 1.10 所示。不同的变量类型有不同的变量图标。

单击右上角的■按钮，在弹出的下拉菜单中，利用"选择列"子菜单可以查看变量更多的信息，例如大小、字节、类、最值、极差、均值、中位数、众数、方差和标准差，还可以对变量进行清除、保存、排序、选择等操作，以及设置工作区窗口的打印页面、显示方式等。

图 1.10　工作区窗口

动手练一练——熟悉操作界面

📝 **思路点拨：**

> ➢ 打开 MATLAB 2022，熟悉其操作界面。
> ➢ 了解操作界面各部分的功能，掌握不同的操作命令。

1.3　MATLAB 的搜索路径

MATLAB 的功能是通过执行命令来实现的。执行命令时，首先会在 MATLAB 的内存空间寻找命令中的变量或文件，如果没有，则在当前目录中查找；如果还是没有，则会继续在 MATLAB 搜索路径的所有目录中查找。如果找到变量或文件则调用，如果都没有找到，则报错。在应用中，用户可根据需要，将指定的目录设置为搜索路径，便于执行命令时在该目录下查找文件。

1.3.1　获取搜索路径

获取 MATLAB 的搜索路径，最常用的方法是执行 path 命令，其调用格式见表 1.1。

表 1.1　path 命令的调用格式

命　令　格　式	说　　　明
Path	显示 MATLAB 当前的搜索路径
path(newpath)	将搜索路径更改为字符数组或字符串数组 newpath 指定的路径。MATLAB 会先将 newpath 中所有包含 '.'、'..' 和符号链接的路径名称解析为其目标位置，然后再将其添加到路径
path(oldpath,newfolder)	将 newfolder 文件夹添加到现有搜索路径 oldpath 的末尾
path(newfolder,oldpath)	将 newfolder 文件夹添加到现有搜索路径 oldpath 的开头
p = path(…)	以字符向量形式返回 MATLAB 搜索路径

实例——输出搜索路径

源文件：yuanwenjian\ch01\xianshilujing.m
本实例利用 path 命令得到 MATLAB 的搜索路径。

MATLAB 程序如下：

```
>> path

MATLABPATH

C:\Users\Administrator\Documents\MATLAB
C:\Users\Administrator \AppData\Local\Temp\Editor_kcyzt
C:\Program Files\MATLAB\R2022a\bin
C:\Program Files\MATLAB\R2022a\toolbox\matlab\addon_enable_disable_management\matlab
C:\Program Files\MATLAB\R2022a\toolbox\matlab\addon_updates\matlab
C:\Program Files\MATLAB\R2022a\toolbox\matlab\addons
C:\Program Files\MATLAB\R2022a\toolbox\matlab\addons\cef
C:\Program Files\MATLAB\R2022a\toolbox\matlab\addons\fileexchange
C:\Program Files\MATLAB\R2022a\toolbox\matlab\addons\supportpackages
C:\Program Files\MATLAB\R2022a\toolbox\matlab\addons_common\matlab
C:\Program Files\MATLAB\R2022a\toolbox\matlab\addons_product
...
```

其中的"…"表示由于版面限制而省略的多行内容。

除了使用 path 命令，还可以利用"设置路径"对话框查看搜索路径。

实例——查看搜索路径列表

源文件：yuanwenjian\ch01\xianshilujing2.m

本实例利用 pathtool 命令查看 MATLAB 的搜索路径列表。

在 MATLAB 主窗口中选择"主页"选项卡中的"设置路径"选项，或在命令行窗口中执行如下命令：

```
>> pathtool
```

进入如图 1.11 所示的"设置路径"对话框，在"MATLAB 搜索路径:"列表框中可以查看 MATLAB 当前所有的搜索路径。

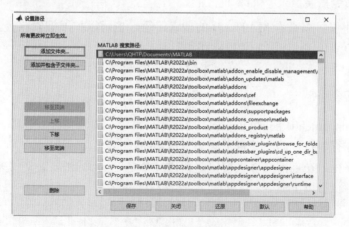

图 1.11 "设置路径"对话框

查看完毕后，单击"关闭"按钮关闭对话框。

1.3.2 扩展搜索路径

MATLAB 的一切操作都是在它的搜索路径（包括当前路径）中进行的。如果调用的函数在搜索路径之外，MATLAB 则认为此函数并不存在。初学者常犯的一个错误就是，明明看到自己编写的程序在某个路径下，但是 MATLAB 就是找不到，并报告此函数不存在。问题的原因就是程序所在的目录并不是 MATLAB 的搜索路径，要解决这个问题，只需要把程序所在的目录扩展成 MATLAB 的搜索路径即可。

1. 利用"设置路径"对话框添加搜索路径

在 MATLAB 主窗口中选择"主页"选项卡中"环境"功能组的"设置路径"选项，或直接在命令行窗口中执行 pathtool 命令，打开"设置路径"对话框（图 1.11）。

如果要把某一目录下的文件包含在搜索范围内而忽略其子目录，则单击"添加文件夹"按钮；如果要将某个目录及其子目录都添加到搜索范围，则单击"添加并包含子文件夹"按钮，进入"浏览文件夹"对话框。

选中要添加的文件夹或包含子目录的父文件夹后，单击 选择文件夹 按钮，指定的目录将出现在搜索路径的列表中。单击"保存"按钮保存新的搜索路径，然后单击"关闭"按钮关闭对话框。新的搜索路径设置完毕。

为便于读者理解添加搜索路径的方法，这里再简单介绍一下"设置路径"对话框中其他几个按钮的作用。

- ➢ 移至顶端：将选中的目录移动到搜索路径的顶端。
- ➢ 上移：将选中的目录在搜索路径中向上移动一位。
- ➢ 下移：将选中的目录在搜索路径中向下移动一位。
- ➢ 移至底端：将选中的目录移动到搜索路径的底部。
- ➢ 删除：在搜索路径中删除选中的目录。
- ➢ 还原：恢复到本次改变之前的搜索路径列表。
- ➢ 默认：恢复到 MATLAB 默认的搜索路径列表。

2. 使用 path 命令扩展目录

使用 path 命令不仅可以查看 MATLAB 的搜索路径，也可以扩展搜索路径。例如，执行下面的语句，可以将目录 D:\matlabfile 添加到搜索路径：

```
>> path(path,'D:\matlabfile')
```

实例——添加搜索路径

扫一扫，看视频

源文件：yuanwenjian\ch01\sousuolujing.m
本实例通过命令行将指定的文件目录添加到搜索路径。
首先选定工作路径，在当前文件夹窗口中新建一个名为 matlabfile 的文件夹。
在命令行窗口中执行以下命令：

```
>> oldpath = path;                %获取 MATLAB 当前的搜索路径
>> path(oldpath,'matlabfile')     %在搜索路径中添加文件夹 matlabfile
>> pathtool                       %打开"设置路径"对话框查看添加结果
```

1.4　MATLAB 的帮助系统

要想掌握好 MATLAB，一定要学会使用它的帮助系统。MATLAB 的帮助系统包括帮助命令和联机帮助中心。帮助命令直接在命令行窗口中输出帮助的文本信息，联机帮助中心不仅包含系统、全面的帮助文档，还包含了丰富的示例，可帮助用户便捷、直观地掌握帮助内容。

1.4.1 帮助命令

MATLAB 提供了一些帮助命令，常用的有 help 命令和 lookfor 命令。

1. help 命令

help 命令是最常用的帮助命令。在命令行窗口中直接执行 help 命令可显示最近使用的帮助命令，或打开联机帮助文档，进入帮助中心。该命令的调用格式见表 1.2。

表 1.2 help 命令的调用格式

命 令 格 式	说　　明
help	显示与上一个操作命令相关的帮助内容，或打开联机帮助
help name	显示 name 指定的函数的帮助文本，例如功能、调用格式、输入/输出参数、示例和相关的帮助文档

实例——help 命令示例

源文件： yuanwenjian\ch01\help_function.m

本实例演示使用 help 命令打开帮助文档和上一次操作命令帮助的方法。

扫一扫，看视频

操作步骤：

（1）启动 MATLAB，确保启动后在命令行窗口中没有执行任何命令。

（2）在命令行窗口中执行 help 命令，如下所示：

```
>> help
不熟悉 MATLAB?请参阅有关快速入门的资源。
要查看文档，请打开帮助浏览器。
```

（3）单击"快速入门"，即可进入帮助中心 1，并定位到"MATLAB 快速入门"的相关资源，如图 1.12 所示。

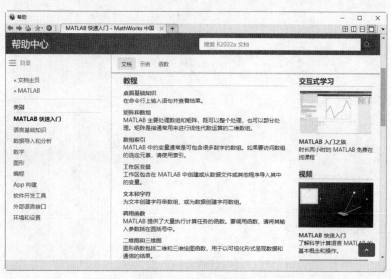

图 1.12 帮助中心 1

（4）单击"打开帮助浏览器"，即可进入如图1.13所示的帮助中心2。

图1.13 帮助中心2

（5）在命令行窗口中执行以下命令：

```
>> close
>> help
--- close 的帮助 ---

 close - 关闭一个或多个图窗
    此 MATLAB 函数关闭当前图窗。调用 close 等效于调用 close(gcf)

    close
    close(fig)
    close all
    close all hidden
    close all force
    status = close(___)

    输入参数
        fig - 要关闭的图窗
            一个或多个 Figure 对象、图窗编号或图窗名称

    打开示例
        关闭单个图窗
        关闭多个图窗
        关闭具有指定编号的图窗
        使用指定名称关闭图窗
        验证图窗是否关闭
        使用可见句柄关闭所有图窗
        关闭所有具有可见或隐藏句柄的图窗
        强制图窗关闭


See also delete, figure, gcf, Figure 属性

在 R2006a 之前引入
```

> close 的文档
> 名为 close 的其他函数

实例——查看 eig 函数的帮助

扫一扫，看视频

源文件：yuanwenjian\ch01\search_eig.m

本实例演示使用 help 命令查询特征值函数 eig()。

MATLAB 程序如下：

```
>> help eig
eig - 特征值和特征向量
    此 MATLAB 函数返回一个列向量，其中包含方阵 A 的特征值

    e = eig(A)
    [V,D] = eig(A)
    [V,D,W] = eig(A)

    e = eig(A,B)
    [V,D] = eig(A,B)
    [V,D,W] = eig(A,B)

    [___] = eig(A,balanceOption)
    [___] = eig(A,B,algorithm)

    [___] = eig(___,outputForm)

输入参数
    A - 输入矩阵
        方阵
    B - 广义特征值问题输入矩阵
        方阵
    balanceOption - 均衡选项
        'balance' (默认值) | 'nobalance'
    algorithm - 广义特征值算法
        'chol' | 'qz'
    outputForm - 特征值的输出格式
        'vector' | 'matrix'

输出参数
    e - 特征值（以向量的形式返回）
        列向量
    V - 右特征向量
        方阵
    D - 特征值（以矩阵的形式返回）
        对角矩阵
    W - 左特征向量
        方阵

打开示例
    矩阵特征值
    矩阵的特征值和特征向量
    排序的特征值和特征向量
```

```
左特征向量
不可对角化（亏损）矩阵的特征值
广义特征值
病态矩阵使用 QZ 算法得出广义特征值
一个矩阵为奇异矩阵的广义特征值

See also eigs, polyeig, balance, condeig, cdf2rdf, hess, schur, qz

在 R2006a 之前引入
eig 的文档
名为 eig 的其他函数
```

2. lookfor 命令

如果知道某个函数的名称但是不知道该函数的具体用法，那么 help 系列函数足以解决这些问题。然而，用户在很多情况下还不知道某个函数的确切名称，这时候就需要用到 lookfor 命令。该命令的调用格式见表 1.3。

表 1.3 lookfor 命令的调用格式

命 令 格 式	说　明
lookfor keyword	在 MATLAB 搜索路径中每个 M 文件注释区的第一行搜索指定的关键字 keyword。对于存在匹配项的所有文件，显示函数名及第一个注释行

扫一扫，看视频

实例——搜索包含特定关键字的函数

源文件：yuanwenjian\ch01\sousuohanshu.m

本实例利用 lookfor 命令查询关键字 same，搜索相关函数。

MATLAB 程序如下：

```
>> lookfor same
groupBroadcast      - Broadcast one or more variables that share the same set
of group keys.
checkSameTallSize   - Check whether a collection of non-tall input arguments
have same tall
validateSameSmallSizes - Possibly deffered small size validation
validateSameTallSize - Possibly deferred tall size validation
getArrayMetadata     - return array metadata that is the same everywhere
sametree            - b = sametree( o, oo )  true of trees the same (NOT YET!)
pyrun               - Run Python statements and expressions in the same Python
interpreter session.
linkprop            - Maintain same value for corresponding properties
isCellHomogeneous   - Check if all elements are of the same type.
clone               - Create System object with property values
...
```

执行 lookfor 命令后，它对 MATLAB 搜索路径中每个 M 文件注释区的第一行进行扫描，若发现此行中包含有所查询的字符串，则将该函数名和第一行注释全部输出到显示器上。

1.4.2 帮助文档

MATLAB 的帮助文档非常系统全面，进入帮助中心查看帮助文档的方法有以下几种。

➢ 在 MATLAB 工具栏单击"帮助"按钮。

➢ 在命令行窗口执行 doc 命令。

➢ 在"主页"选项卡中单击"资源"→"帮助"→"文档"命令。

➢ 按 F1 键。

➢ 在命令行窗口执行 helpwin 命令。

实例——查看 eig 函数的帮助文档

本实例演示查看 MATLAB 库函数 eig 的帮助文档的操作方法。

操作步骤：

（1）启动 MATLAB，单击工具栏上的"帮助"按钮，进入如图 1.14 所示的帮助中心。

图 1.14　帮助中心

（2）在帮助中心右上角的搜索栏中输入要查找的函数 eig，按 Enter 键，即可显示与 eig 有关的帮助文档列表，如图 1.15 所示。

图 1.15　显示 eig 函数相关的帮助文档列表

（3）在搜索结果中单击需要查看的帮助文档，例如图 1.15 中的第一条搜索结果，即可显示相应的帮助信息，如图 1.16 所示。

图 1.16　eig 函数的帮助文档

1.4.3　联机演示系统

对于 MATLAB 或某个工具箱的初学者，最快捷的学习途径是查看它的联机演示系统。
进入如图 1.17 所示的 MATLAB 联机演示系统示例页面有以下几种常用方法。

➤ 在 MATLAB 功能区选择 "资源"→"帮助"→"示例"命令。

➤ 在 MATLAB 联机帮助中心选中"示例"选项卡。

➤ 在命令行窗口中执行 demos 命令。

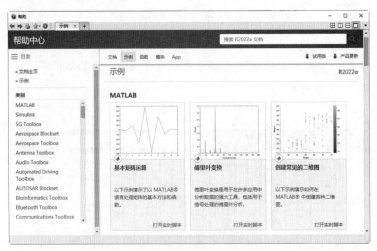

图 1.17　MATLAB 示例页面

联机演示系统左边是类别选项，右边是对应类别中的示例超链接，单击某个示例超链接即可进
入具体的演示界面。例如，示例 "二维图和三维图"的演示界面如图 1.18 所示。

单击页面上的"打开实时脚本"按钮，将在实时编辑器中打开该实例，如图 1.19 所示。运行该
实例程序可以得到绘图结果，如图 1.20 所示。

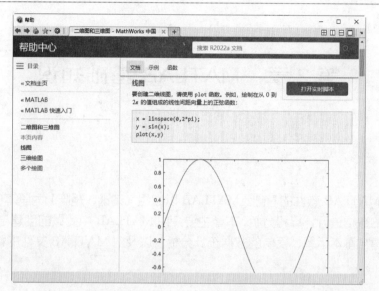

图 1.18　二维图和三维图的具体演示界面

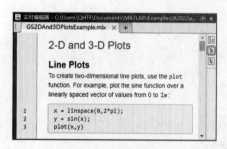

图 1.19　实时编辑器

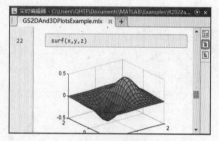

图 1.20　绘图结果

第 2 章　MATLAB 基础知识

内容指南

数据计算是 MATLAB 软件的基础。MATLAB 以数组（向量、矩阵）为基本的计算单元，支持对多种数据类型的数据进行计算和分析。本章主要介绍 MATLAB 中变量的创建与数值的显示方式、向量和矩阵的创建与基本运算、简单的数据统计分析，以及对 MATLAB 文件的管理操作。

内容要点

➢ 变量与数值
➢ 矩阵与向量
➢ 数值运算
➢ 数据分析
➢ 文件管理

2.1　变量与数值

变量是任何程序设计语言的基本元素之一，MATLAB 语言当然也不例外。本节简要介绍在 MATLAB 中创建变量、显示与转换数值的操作。

2.1.1　创建变量

与常规的程序设计语言不同的是，MATLAB 并不要求预先对要使用的变量进行声明，也不需要指定变量类型，MATLAB 语言会自动根据赋予变量的值或对变量进行的操作识别变量的类型。在赋值过程中，如果赋值变量已存在，则 MATLAB 将使用新值替换旧值，并以新值的类型替换旧值的类型。

在 MATLAB 2022 中，变量的命名应遵循如下规则。

➢ 变量名必须以英文字母开头，之后可以是任意的字母、数字或下划线。
➢ 变量名区分字母的大小写。
➢ 变量名长度不得超过 63 个字符，超过的部分将被忽略。

📢 提示：

> 不同 MATLAB 版本中标识符长度可能发生变化，可以用 namelengthmax 函数得到变量名的最大长度。

与其他的程序设计语言相同，在 MATLAB 语言中也存在变量作用域的问题。在未加特殊说明的情况下，MATLAB 语言将所识别的一切变量视为局部变量，即仅在其使用的 M 文件内有效。若要将变量定义为全局变量，则应当在该变量前加关键字 global 进行声明。一般来说，全局变量均用大写的英文字母表示。

实例——定义变量

源文件： yuanwenjian\ch02\bianliang.m
本实例演示创建变量并赋值的方法。
MATLAB 程序如下：

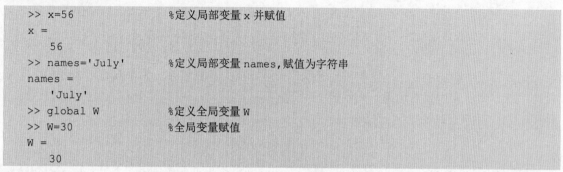

```
>> x=56                 %定义局部变量 x 并赋值
x =
    56
>> names='July'         %定义局部变量 names,赋值为字符串
names =
    'July'
>> global W             %定义全局变量 W
>> W=30                 %全局变量赋值
W =
    30
```

MATLAB 还提供了一些预定义的变量，这些特殊的变量称为常量。MATLAB 常用的常量见表 2.1。

表 2.1　MATLAB 常用的常量

常 量 名 称	说　明
ans	MATLAB 中的默认变量
pi	圆周率
eps	浮点运算的相对精度
inf	∞，如 1/0
NaN	不定值，如 0/0、∞/∞、0*∞
i(j)	复数中的虚数单位
realmin	最小正浮点数
realmax	最大正浮点数

动手练一练——查看预定义常量的值

在命令行窗口中将常量 pi 和 eps 分别赋值给变量 a 和 b，并查看这两个预定义常量的值。

📋 **思路点拨：**

源文件： yuanwenjian\ch02\changliang.m
（1）在命令行窗口中执行命令 a=pi。
（2）在命令行窗口中执行命令 b=eps。

在定义变量时应避免变量名与常量名相同，以免改变这些常量的值。如果已经改变了某个常量的值，可以通过"clear+常量名"命令恢复该常量的初始设定值。当然，重新启动 MATLAB 也可以恢复这些常量值。

扫一扫，看视频

实例——改变圆周率的默认值

源文件：yuanwenjian\ch02\show_pi.m

本实例演示给圆周率 pi 赋值为 3，然后恢复。

MATLAB 程序如下：

```
>> pi=3
pi =
    3
>> clear pi
>> pi
ans =
    3.1416
```

运算结果中的 ans 是一个预定义的变量，表示当前的计算结果。如果没有对表达式指定存储变量，系统自动将表达式的运算结果赋给 ans 变量。

2.1.2　数值类型

MATLAB 以矩阵为基本运算单元，而构成矩阵的基本单元是数值。为了更好地学习和掌握矩阵的运算，本小节简要介绍 MATLAB 中几种常用的数值类型。

1．整型

整型数据是不包含小数部分的数值型数据，只用来表示整数，以二进制形式存储，有以下几种分类。

- ➤ char：字符型数据，属于整型数据的一种，占用 1 个字节。
- ➤ unsigned char：无符号字符型数据，属于整型数据的一种，占用 1 个字节。
- ➤ short：短整型数据，属于整型数据的一种，占用 2 个字节。
- ➤ unsigned short：无符号短整型数据，属于整型数据的一种，占用 2 个字节。
- ➤ int：有符号整型数据，属于整型数据的一种，占用 4 个字节。
- ➤ unsigned int：无符号整型数据，属于整型数据的一种，占用 4 个字节。
- ➤ long：长整型数据，属于整型数据的一种，占用 4 个字节。
- ➤ unsigned long：无符号长整型数据，属于整型数据的一种，占用 4 个字节。

2．浮点型

浮点型数据采用十进制，有两种形式，即十进制数形式和指数形式。

（1）十进制数形式：由数字 0～9 和小数点组成，如 0.0、.25、5.789、0.13、5.0、300.、−267.8230。

实例——显示十进制数字

扫一扫，看视频

源文件：yuanwenjian\ch02\shijinzhi.m

本实例练习十进制数字的显示。

MATLAB 程序如下：

```
>> 3.00000
ans =
    3
```

```
>> -6
ans =
     -6
>> .3    %整数部分为 0 时，输入时可省略
ans =
    0.3000
>>- .06
ans =
   -0.0600
```

（2）指数形式：由十进制数，加阶码标志"e"或"E"以及阶码（只能为整数，可以带符号）组成。其一般形式为

a E n

式中：a 为十进制数；n 为十进制整数；表示的值为 $a \times 10^n$。

几种常见的不合法的指数形式如下。

➢ E7：阶码标志 E 之前无数字。

➢ 53.-E3：负号位置不对。

➢ 2.7E：无阶码。

实例——显示指数

源文件： yuanwenjian\ch02\zhishu.m

本实例练习指数的显示。

MATLAB 程序如下：

扫一扫，看视频

```
>> 3E6
ans =
    3000000
>> 3e6            %阶码标志不区分大小写
ans =
    3000000
>> 4e0
ans =
    4
>> 0.5e5
ans =
     50000
```

浮点型变量还可分为两类：单精度型（single）和双精度型（double）。

➢ single：单精度说明符，占 4 个字节（32 位）内存空间，其数值范围为 3.4E-38～3.4E+38，只能提供 7 位有效数字。

➢ double：双精度说明符，占 8 个字节（64 位）内存空间，其数值范围为 1.7E-308～1.7E+308，可提供 16 位有效数字。

3．复数

形如 $a+bi$（a、b 均为实数）的数称为复数。其中，a 称为实部，b 称为虚部，i 称为虚数单位。

当虚部等于 0（即 $b=0$），这个复数可以视为实数；当虚部不等于 0，实部等于 0 时，称为纯虚数。

扫一扫，看视频

实例——显示复数

源文件：yuanwenjian\ch02\fushu.m

本实例练习复数的显示。

MATLAB 程序如下：

```
>> 3+2i
ans =
   3.0000 + 2.0000i
>>.5-.3i
ans =
   0.5000 - 0.3000i
>> 5i
ans =
   0.0000 + 5.0000i
```

2.1.3 数值的显示格式

MATLAB 中数据的存储与计算都以双精度进行，但在命令行中有多种显示形式。默认情况下，若数据为整数，就以整数表示；若数据为实数，则以保留小数点后 4 位的精度近似表示。用户可以根据需要，使用 format 命令改变数字显示格式。该命令的调用格式见表 2.2。

表 2.2　format 命令的调用格式

命 令 格 式	说　明
format short	默认的格式设置，短固定十进制小数点格式，小数点后包含 4 位数
format long	长固定十进制小数点格式，double 值的小数点后包含 15 位数，single 值的小数点后包含 7 位数
format shortE	短科学记数法，小数点后包含 4 位数
format longE	长科学记数法，double 值的小数点后包含 15 位数，single 值的小数点后包含 7 位数
format shortG	使用短固定十进制小数点格式或科学记数法中更紧凑的一种格式，总共 5 位
format longG	使用长固定十进制小数点格式或科学记数法中更紧凑的一种格式
format shortEng	短工程记数法，小数点后包含 4 位数，指数为 3 的倍数
format longEng	长工程记数法，包含 15 位有效位数，指数为 3 的倍数
format hex	十六进制格式表示
format +	在矩阵中，用符号+、-和空格分别表示正号、负号和 0
format bank	货币格式，小数点后包含 2 位数
format rational	以有理数形式输出结果
format compact	输出结果之间没有空行
format loose	输出结果之间有空行
format	将输出格式重置为默认值，即浮点表示法的短固定十进制小数点格式和适用于所有输出行的宽松行距

扫一扫，看视频

实例——控制圆周率的显示格式

源文件：yuanwenjian\ch02\xianshigeshi.m

MATLAB 程序如下：

```
>> format long , pi    %将常量 pi 的格式设置为长固定十进制小数点格式，小数点后包含 15 位小数
```

```
ans =
3.141592653589793
>> format short,pi          %短固定十进制小数点格式，小数点后包含 4 位小数
ans =
    3.1416
>> format rational,pi       %有理数形式
ans =
    355/113
>> format bank,pi           %货币格式，小数点后包含 2 位数
ans =
        3.14
>> format shortE,pi         %短科学记数法，小数点后包含 4 位数
ans =
    3.1416e+00
>> format                   %恢复默认显示格式
```

2.1.4　数据转换函数

在实际应用中，有时需要将数值转换为特定的数据类型进行计算，下面介绍 MATLAB 提供的几种数据转换函数。

常见的数值数据类型有 uint8、int8、uint16、int16、uint32、int32、uint64、int64、single 和 double。利用 class 函数可以返回数据对象的类名称，其调用格式见表 2.3。

表 2.3　class 函数的调用格式

命 令 格 式	说　　明
className = class(obj)	返回 obj 的类名称

利用 cast 函数可以将指定变量转换为不同的数据类型，其调用格式见表 2.4。

表 2.4　cast 函数的调用格式

命 令 格 式	说　　明
B = cast(A,newclass)	将 A 转换为类 newclass，其中 newclass 是与 A 兼容的内置数据类型的名称
B = cast(A,'like',p)	将 A 转换为与 p 相同的数据类型和稀疏性。如果 A 和 p 都为实数，则 B 也为实数；否则，B 为复数

实例——将 int8 值转换为 uint8

源文件：yuanwenjian\ch02\zhuanhuan1.m

MATLAB 程序如下：

扫一扫，看视频

```
>> a = int8(pi)            %定义 8 位整数标量
a =
  int8
   3
>> class(a)               %返回 a 的类名称
ans =
    'int8'
>> b = cast(a,'uint8')    %将 a 转换为 8 位无符号整数
b =
  uint8
```

```
    3
>> class(b)                    %返回 b 的类名称
ans =
    'uint8'
```

利用 int2str 函数可以将整数转换为字符类型，其调用格式见表 2.5。

表 2.5   in2str 函数的调用格式

命 令 格 式	说 明
int2str(N)	将整数 N 转换为表示整数的字符数组。如果 N 包含浮点值，则在转换之前先将值舍入为整数

扫一扫，看视频

实例——整数转换

源文件：yuanwenjian\ch02\zhuanhuan2.m

MATLAB 程序如下：

```
>> pi
ans =
    3.1416
>> chr = int2str(pi)          %先将 pi 舍入为整数 3，然后转换为字符类型
chr =
    '3'
```

如果要在不更改基础数据的情况下转换数据类型，可以利用 typecast 函数，其调用格式见表 2.6。

表 2.6   typecast 函数的调用格式

命 令 格 式	说 明
Y = typecast(X,type)	将 X 中的数值转换为 type 指定的数据类型。输入 X 必须是完整的非复数数值标量或向量

📢 **注意：**

cast 函数用于截断 A 中太大而无法映射到 newclass 的任何值。typecast 函数在输出 Y 中返回的字节数始终与输入 X 中的字节数相同。

扫一扫，看视频

实例——转换数据格式

源文件：yuanwenjian\ch02\zhuanhuan3.m

MATLAB 程序如下：

```
>> typecast(uint8(255),'int8')     %将 255 从默认的双精度转变为 uint8，再转变为 int8 格式
ans =
  int8
   -1
>> typecast(int16(-1),'uint16')    %将-1 从默认的双精度转变为 int16，再转变为 uint16 格式
ans =
  uint16
   65535
```

扫一扫，看视频

实例——根据向量生成一个 32 位值

源文件：yuanwenjian\ch02\zhuanhuan4.m

MATLAB 程序如下：

```
>> typecast(uint8([120 86 52]),'uint32')   %由于输入中的字节数不足，因此 MATLAB 会弹出错误：
```

```
错误使用 typecast
第一个输入项必须包含 4 个元素的倍数，才能从 uint8 (8 位)转换为 uint32 (32 位)
>> typecast(uint8([120 86 52 1]), 'uint32')
ans =
 uint32
   20207224
```

2.2 矩阵与向量

MATLAB 中的数值运算以矩阵为基本单元。矩阵是由 $m \times n$ 个数组成的一个 m 行 n 列的矩形表格。如果矩阵只有一行，通常称为 n 维行向量；如果只有一列，则称为 m 维列向量。也就是说，向量可以用矩阵表示，是矩阵的一种特殊形式。

2.2.1 使用矩阵

本节主要介绍如何用 MATLAB 创建矩阵，并对矩阵进行一些常用的操作。

1. 创建矩阵

在 MATLAB 中，创建矩阵常用的方法有直接输入法、利用 M 文件、利用文本文件、利用函数等几种。

（1）直接输入法创建矩阵。顾名思义，就是在键盘上直接按行方式输入矩阵元素，适合简单矩阵。在用此方法创建矩阵时，应当注意以下几点。

➢ 矩阵大小不需要预先定义。

➢ 输入矩阵时以方括号 "[ ]" 为标识符号，矩阵的所有元素都必须包含在方括号内。

➢ 矩阵元素可以是运算表达式，如果 "[ ]" 中无元素，则表示空矩阵。

➢ 矩阵同行元素之间由个数不限的空格或逗号分隔，行与行之间用分号或 Enter 键分隔。

实例——创建元素均是 10 的 3×3 矩阵

源文件：yuanwenjian\ch02\juzhen1.m

MATLAB 程序如下：

扫一扫，看视频

```
>> A=[10 10 10;10 10 10;10 10 10]
A =
    10    10    10
    10    10    10
    10    10    10
```

在输入矩阵时，矩阵同一行的元素可以包含在方括号内。

实例——创建一个三阶方阵

源文件：yuanwenjian\ch02\juzhen2.m

MATLAB 程序如下：

```
>> [[1 2 3];[2 4 6];7 8 9]
ans =
     1     2     3
```

```
      2     4     6
      7     8     9
```

扫一扫，看视频

动手练一练——创建元素为运算表达式的矩阵

通过直接输入法创建一个元素分别为 sin(pi/3),cos(pi/4);log(3),tanh(6)的 2×2 矩阵。

思路点拨：

源文件：yuanwenjian\ch02\ysfjz.m

（1）输入矩阵名称、赋值号和矩阵标志符号。

（2）在矩阵标志符号中输入每一行每一列的元素。

（3）执行命令。

（2）利用 M 文件创建矩阵。如果要创建大型矩阵，可以将要输入的矩阵按格式先写入一个文本文件中，并将此文件以 m 为扩展名保存，即 M 文件。在 MATLAB 命令行窗口中输入 M 文件名，即可创建指定的矩阵。

扫一扫，看视频

实例——编制 2022 年度机械故障员工需求量矩阵

源文件： yuanwenjian\ch02\skills.m

本实例演示利用 M 文件创建矩阵的方法。

MATLAB 程序如下：

```
>> edit
```

执行上述命令后，即可打开 M 文件编辑器，在编辑器中编写如下程序：

```
%skills.m
%创建一个 M 文件，用以输入每一员工需求量矩阵
number=[0 10 6 4;0 10 6 4;0 17 4 4;0 17 4 2;0 16 6 2;0 5 2 1;0 5 2 1;0 18 8 1;0
14 10 0]
```

其中，以%开关的行为注释行，在命令执行时会忽略。

注意：

M 文件中的变量名与文件名不能相同，否则会造成变量名和函数名的混乱。

将 M 文件以 skills.m 为文件名保存在搜索路径下。然后在命令行窗口中输入文件名，执行得到下面的结果。

```
>> skills
number =
     0    10     6     4
     0    10     6     4
     0    17     4     4
     0    17     4     2
     0    16     6     2
     0     5     2     1
     0     5     2     1
     0    18     8     1
     0    14    10     0
```

（3）利用文本文件创建矩阵。这种方法与利用 M 文件创建矩阵类似，不同的是，数据保存在文本文件中。

实例——创建正弦数据矩阵

源文件：yuanwenjian\ch02\data.txt\juzhen3.m

本实例用记录正弦数据的文本文件 data.txt 中的数据创建矩阵 *x*。

操作步骤：

首先，创建一个文本文件 data.txt，保存在搜索路径下，在文件中输入以下数据：

```
     1
0.995
0.9801
0.9553
0.9211
...
```

然后，在 MATLAB 命令行窗口中执行以下命令：

```
>> load data.txt          %加载文本文件，生成一个同名的变量 data
>> data                   %显示变量的值
data =
    1.0000
    0.9950
    0.9801
...
```

（4）利用函数创建矩阵。MATLAB 提供了一些用于生成特殊矩阵的函数，直接调用并指定维度大小，就可生成指定类型的矩阵。常用的特殊矩阵函数见表 2.7。

表 2.7　常用的特殊矩阵函数

函　　数	说　　明	函　　数	说　　明
eye	单位矩阵	ones	全 1 矩阵
zeros	全 0 矩阵	rand	随机数矩阵
hilb	希尔伯特（Hilbert）矩阵	diag	对角矩阵
invhilb	希尔伯特矩阵的逆矩阵	magic	魔方矩阵

实例——生成特殊矩阵

源文件：yuanwenjian\ch02\teshujz.m

MATLAB 程序如下：

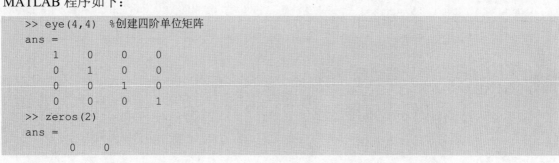

```
>> eye(4,4)   %创建四阶单位矩阵
ans =
    1    0    0    0
    0    1    0    0
    0    0    1    0
    0    0    0    1
>> zeros(2)
ans =
    0    0
```

```
           0    0
>> ones(3,2)
ans =
        1    1
        1    1
        1    1
>> rand(3)
ans =
        0.8147    0.9134    0.2785
        0.9058    0.6324    0.5469
        0.1270    0.0975    0.9575
>> magic(3)
ans =
        8    1    6
        3    5    7
        4    9    2
>> hilb(3)            %创建三阶希尔伯特矩阵
ans =
    1.0000    0.5000    0.3333
    0.5000    0.3333    0.2500
    0.3333    0.2500    0.2000
>> invhilb(3)
ans =
     9   -36    30
   -36   192  -180
    30  -180   180
>> diag([1 3 5])       %以向量[1 3 5]为对角线元素的对象矩阵
ans =
     1    0    0
     0    3    0
     0    0    5
```

2. 修改矩阵元素

矩阵创建之后，有时还需要对其元素进行修改。表2.8列出了常用的矩阵元素修改命令。

表2.8 常用的矩阵元素修改命令

命 令 名	说 明
D=[A;B C]	A 为原矩阵，B、C 中包含要扩充的元素，D 为扩充后的矩阵
A(m,:)=[]	删除 A 的第 m 行
A(:,n)=[]	删除 A 的第 n 列
A（m,n）=a; A(m,:)=[a b...]; A(:,n)=[a b...]	对 A 的第 m 行第 n 列的元素赋值；对 A 的第 m 行赋值；对 A 的第 n 列赋值

扫一扫，看视频

实例——修改矩阵元素

源文件：yuanwenjian\ch02\xiugaijz.m

MATLAB 程序如下：

```
>> A = magic(4)
A =
    16     2     3    13
     5    11    10     8
```

```
     9     7     6    12
     4    14    15     1
>> A(:,3) = []                    %删除第 3 列
A =
    16     2    13
     5    11     8
     9     7    12
     4    14     1
>> A(4,:) = []                    %删除第 4 行
A =
    16     2    13
     5    11     8
     9     7    12
>> A(2,2) = 14                    %第 2 行第 2 列的元素重新赋值
A =
    16     2    13
     5    14     8
     9     7    12
>> B=ones(3);
>> C=[A B]                        %水平串联 A 和 B
C =
    16     2    13     1     1     1
     5    14     8     1     1     1
     9     7    12     1     1     1
```

3. 矩阵的变维

矩阵的变维可以用符号"："和 reshape 函数。reshape 函数的调用形式如下：

reshape(X,m,n)：将已知矩阵 X 变维成 m 行 n 列的矩阵

实例——矩阵变维示例

源文件：yuanwenjian\ch02\bianweijz.m

MATLAB 程序如下：

扫一扫，看视频

```
>> A=1:12;             %创建一个从 1 开始，增量为 1，到 12 结束的向量 A
>> B=reshape(A,2,6)    %将矩阵 A 变维成 2 行 6 列的矩阵 B
B =
     1     3     5     7     9    11
     2     4     6     8    10    12
>> C=zeros(3,4);       %用"："的前提是必须先设定修改后矩阵的形状，创建 3 行 4 列全 0 矩阵的
                        目的是为定义矩阵 C 形状
>> C(:)=A(:)           %将矩阵 A 变维成 3 行 4 列矩阵 C。矩阵 A、C 元素个数必须相同
C =
     1     4     7    10
     2     5     8    11
     3     6     9    12
```

4. 矩阵的变向

常用的矩阵变向命令见表 2.9。

表 2.9 常用的矩阵变向命令

命 令 名	说 明
rot90(A)	将 A 逆时针方向旋转 90°
rot90(A,k)	将 A 逆时针方向旋转 90°×k，k 可为正整数或负整数
fliplr(X)	将 X 左右翻转
flipud(X)	将 X 上下翻转
flip(X,dim)	dim=1 时反转列，dim=2 时反转行

实例——矩阵的变向示例

源文件：yuanwenjian\ch02\bianxiangjz.m

MATLAB 程序如下：

```
>> A=invhilb(3)
A =
     9    -36     30
   -36    192   -180
    30   -180    180
>> rot90(A,-3)            %逆时针旋转 90°
ans =
    30   -180    180
   -36    192   -180
     9    -36     30
>> flip(A,2)             %反转每一行
ans =
    30    -36      9
  -180    192    -36
   180   -180     30
```

2.2.2 创建向量

向量的创建有直接输入法、冒号法和利用 MATLAB 函数创建三种常用方法。

1. 直接输入法创建向量

与直接输入矩阵相同，元素之间用空格或逗号分隔生成行向量，用分号分隔形成列向量。

实例——直接输入法生成向量

源文件：yuanwenjian\ch02\xiangliang1.m

MATLAB 程序如下：

```
>> x=[2 4 6 8]        %创建行向量
x =
     2     4     6     8
>> x=[1;2;3]          %创建列向量
x =
     1
     2
     3
```

2. 冒号法创建向量

语法格式是 x=first:increment:last，表示创建一个从 first 开始，到 last 结束，数据元素的增量为 increment 的向量。若增量为 1，可简写为 x=first:last。

实例——冒号法生成向量

源文件：yuanwenjian\ch02\xiangliang2.m

MATLAB 程序如下：

```
>> x=6:2:14          %从 6 开始，增量为 2，到 14 结束的向量 x
x =
        6    8    10    12    14
>> y=5:9             %从 5 开始，增量为 1，到 9 结束的向量 y
y =
     5    6    7    8    9
```

3. 利用 MATLAB 函数创建向量

如果要在一个区间创建等距点，可以利用 linspace 函数创建向量。该函数通过直接定义数据元素个数，而不是数据元素的增量创建向量。linspace 函数的调用格式见表 2.10。

表 2.10　linspace 函数的调用格式

命 令 格 式	说　　明
linspace(first_value,last_value)	返回区间[first_value last_value]的 100 个等距点组成的行向量
linspace(first_value,last_value,number)	返回区间[first_value last_value]的 number 个等距点组成的行向量

实例——线性间距函数创建向量

源文件：yuanwenjian\ch02\xiangliang3.m

MATLAB 程序如下：

```
>> x=linspace(-10,10,5)     创建一个从-10 到 10 的向量 x，元素个数为 5
x =
  -10    -5    0    5    10
```

实例——创建复数向量

源文件：yuanwenjian\ch02\fushuxl.m

创建一个从 1+2i 开始，到 10-2i 结束，包含 6 个数据元素为复数的向量 *x*。

MATLAB 程序如下：

```
>> x= linspace(1+2i,10-2i,6)
x =
   列 1 至 3
   1.0000 + 2.0000i   2.8000 + 1.2000i   4.6000 + 0.4000i
   列 4 至 6
   6.4000 - 0.4000i   8.2000 - 1.2000i   10.0000 - 2.0000i
```

如果要在指定区间创建一个对数分隔的向量，可以使用 logspace 函数，该函数也是通过直接定义向量元素个数，而不是数据元素之间的增量创建数组。logspace 函数的调用格式见表 2.11。

表 2.11　logspace 函数的调用格式

命令格式	说　明
logspace(first_value, last_value)	在 10 first_value 和 10 last_value 之间生成 50 个对数间距点
logspace(first_value, last_value,n)	在 10 first_value 和 10 last_value 之间生成 n 个对数间距点
logspace(first_value, pi)	在 10 first_value 和 pi 之间生成 50 个对数间距点
logspace(first_value, pi, n)	在 10 first_value 和 pi 之间生成 n 个对数间距点

扫一扫，看视频

实例——创建对数间隔值向量

源文件：yuanwenjian\ch02\xiangliang4.m

MATLAB 程序如下：

```
>> x=logspace(1,3,3)        %从 10 开始，到 1000 结束，包含 3 个对数间距元素的向量 x
x =
          10         100        1000
>> y=logspace(0,pi,5)       %1 到 pi 之间的 5 个点
y =
    1.0000    1.3313    1.7725    2.3597    3.1416
```

2.3　数　值　运　算

MATLAB 具有强大的数值计算功能，它是 MATLAB 软件的应用基础。本节简要介绍矩阵和向量常用的数值运算。

2.3.1　矩阵的基本运算

矩阵的基本运算包括加、减、乘、数乘、点乘、乘方、求逆等。其中加、减、乘与线性代数中的定义是相同的，相应的运算符为"+""−""*"，而矩阵的除法运算是 MATLAB 所特有的，分为左除和右除，相应运算符为"\"和"/"。

注意：

> 一般情况下，$X=A\backslash B$ 是方程 $A*X=B$ 的解，而 $X=B/A$ 是方程 $X*A=B$ 的解。矩阵的加、减、乘运算的维数要求与线性代数中的要求一致，计算左除 $A\backslash B$ 时，A 的行数要与 B 的行数一致，计算右除 A/B 时，A 的列数要与 B 的列数一致。

此外，常用的运算还有指数函数、对数函数、平方根函数等。用户可查看相应的帮助获得使用方法和相关信息。

扫一扫，看视频

实例——矩阵的基本运算示例

源文件：yuanwenjian\ch02\jibenys.m

MATLAB 程序如下：

```
>> A=[3 18 15;14 4 3;27 18 5];
>> B=[18 3 5;21 8 12;3 9 10];      %输入将参与运算的两个矩阵
>> A*B                             %计算矩阵乘积
```

```
   ans =
      477    288    381
      345    101    148
      879    270    401
   >> A.*B                          %矩阵点乘运算
   ans =
       54     54     75
      294     32     36
       81    162     50
   >> A.\B                          %计算矩阵点左除运算
    ans =
      6.0000    0.1667    0.3333
      1.5000    2.0000    4.0000
      0.1111    0.5000    2.0000
   >> inv(A)                        %求矩阵的逆运算
   ans =
     -0.0151    0.0798   -0.0027
      0.0049   -0.1729    0.0891
      0.0638    0.1915   -0.1064
```

2.3.2　矩阵分解变换

矩阵分解是将矩阵拆解为数个矩阵的乘积，是矩阵分析的一个重要工具，例如求矩阵的特征值和特征向量、求矩阵的逆以及矩阵的秩等都要用到矩阵分解。本小节主要讲述如何利用 MATLAB 实现矩阵分析中常用的一些矩阵分解，例如特征值分解、SVD（奇异值）分解、LU 分解、楚列斯基（Cholesky）分解、QR 分解和舒尔（Schur）分解等。

1. 特征值分解

利用函数 eig 可对矩阵进行特征值分解，其调用格式见表 2.12。

表 2.12　eig 函数的调用格式

命 令 格 式	说　　明
lambda=eig(A)	返回由矩阵 A 的所有特征值组成的列向量 lambda
[V,D]=eig(A)	求矩阵 A 的特征值与特征向量，其中 D 为对角矩阵，其对角元素为 A 的特征值，相应的特征向量为 V 的相应列向量
[V,D,W] = eig(A)	W 为满矩阵，其列为对应的左特征向量，使得 W'*A = D*W'
[V,D]=eig(A,balanceOption)	在求解矩阵特征值对特征向量之前，设置是否进行平衡处理，balanceOption 的默认值是 'balance'，表示启用均衡处理
[...] = eig(...,eigvalOption)	以 eigvalOption 指定的形式返回特征值。eigvalOption 指定为'vector'以列向量返回特征值，指定为'matrix'则以对角矩阵返回特征值

实例——矩阵的特征值分解示例

源文件：yuanwenjian\ch02\tezhengzhifj.m

MATLAB 程序如下：

扫一扫，看视频

```
   >> A=magic(6);   %创建六阶魔方矩阵
   >> [v,d]=eig(A)  %求矩阵 A 的特征值构成的对角矩阵 d，以及特征向量构成的矩阵 v
   v =
```

```
         0.4082      -0.2887      0.4082      0.1507      0.4714      -0.4769
         0.4082       0.5774      0.4082      0.4110      0.4714      -0.4937
         0.4082      -0.2887      0.4082     -0.2602     -0.2357       0.0864
         0.4082       0.2887     -0.4082      0.4279     -0.4714       0.1435
         0.4082      -0.5774     -0.4082     -0.7465     -0.4714       0.0338
         0.4082       0.2887     -0.4082      0.0171      0.2357       0.7068
  d =
    111.0000            0            0            0            0            0
         0        27.0000           0            0            0            0
         0            0      -27.0000            0            0            0
         0            0            0       9.7980            0            0
         0            0            0            0      -0.0000            0
         0            0            0            0            0      -9.7980
```

2. SVD（奇异值）分解

SVD（奇异值）分解是将 $m \times n$ 矩阵 A 表示为 3 个矩阵乘积形式 USV^{T}，其中，U 为 $m \times m$ 酉矩阵、V 为 $n \times n$ 酉矩阵、S 为对角矩阵，其对角线元素为矩阵 A 的奇异值且满足 $s_1 \geqslant s_2 \geqslant \cdots \geqslant s_r > s_{r+1} = \cdots = s_n = 0$，$r$ 为矩阵 A 的秩。在 MATLAB 中，矩阵的奇异值分解由函数 svd 实现，其调用格式见表 2.13。

表 2.13　svd 函数的调用格式

命 令 格 式	说　　明
s = svd (A)	返回矩阵 A 的奇异值向量 s
[U,S,V] = svd (A)	返回矩阵 A 的奇异值分解因子 U、S、V
[U,S,V] = svd (A,0)	返回 $m \times n$ 矩阵 A 的"经济型"奇异值分解，若 $m>n$，则只计算出矩阵 U 的前 n 列，矩阵 S 为 $n \times n$ 矩阵，否则同[U,S,V] = svd (A)
[…] = svd(A,"econ")	使用上述任一输出参数组合生成 A 的精简分解
[…] = svd(…,outputForm)	在上述调用格式的基础上，还可以指定奇异值的输出格式（"vector"或"matrix"）

实例——矩阵的 SVD 分解示例

源文件：yuanwenjian\ch02\qiyizhifj.m

扫一扫，看视频

MATLAB 程序如下：

```
>> A=hilb(4)                              %创建四阶希尔伯特矩阵 A
A =
    1.0000    0.5000    0.3333    0.2500
    0.5000    0.3333    0.2500    0.2000
    0.3333    0.2500    0.2000    0.1667
    0.2500    0.2000    0.1667    0.1429
>> [U,S,V] = svd (A)                       %对矩阵 A 进行奇异值分解
U =
   -0.7926    0.5821   -0.1792   -0.0292
   -0.4519   -0.3705    0.7419    0.3287
   -0.3224   -0.5096   -0.1002   -0.7914
   -0.2522   -0.5140   -0.6383    0.5146
S =
    1.5002         0         0         0
         0    0.1691         0         0
         0         0    0.0067         0
```

```
         0        0        0    0.0001          %对角线元素为矩阵 A 的奇异值
    V =
    -0.7926    0.5821   -0.1792   -0.0292
    -0.4519   -0.3705    0.7419    0.3287
    -0.3224   -0.5096   -0.1002   -0.7914
    -0.2522   -0.5140   -0.6383    0.5146
    >> U*S*V'                                   %验证分解是否正确
    ans =
     1.0000    0.5000    0.3333    0.2500
     0.5000    0.3333    0.2500    0.2000
     0.3333    0.2500    0.2000    0.1667
     0.2500    0.2000    0.1667    0.1429
```

3. LU 分解

LU 分解又称为三角分解，是将一个矩阵 A 通过初等行变换分解为一个下三角矩阵 L 与一个上三角矩阵 U 的乘积；还可以得到单位下三角矩阵 L、上三角矩阵 U、置换矩阵 P，并满足 $A = P' \times L \times U$。在 MATLAB 中，LU 分解由函数 lu 实现，常用的调用格式有以下两种，即

$$[L,U]=\text{lu}(A) \quad 或 \quad [L,U,P] = \text{lu}(A)$$

🔊 **提示：**

在实际应用中，由于第一种调用格式输出的矩阵 L 并不一定是下三角矩阵，这对于分析和计算都是不利的，因此一般都使用第二种格式的 lu 分解命令。

实例——矩阵的 LU 分解示例

源文件：yuanwenjian\ch02\lufj.m

MATLAB 程序如下：

扫一扫，看视频

```
>> A=[ 1 2 3;2 2 8;3 -10 -2]        %创建三阶矩阵 A
>> [L,U] = lu(A)                    %对矩阵进行 LU 分解，得到矩阵 L（不是单位下三角矩阵）、上三角矩阵 U
L =
    0.3333    0.6154    1.0000
    0.6667    1.0000         0
    1.0000         0         0
U =
    3.0000  -10.0000   -2.0000
         0    8.6667    9.3333
         0         0   -2.0769
>> [L,U,P] = lu(A)                  %得到单位下三角矩阵 L、上三角矩阵 U、置换矩阵 P
L =
    1.0000         0         0
    0.6667    1.0000         0
    0.3333    0.6154    1.0000
U =
    3.0000  -10.0000   -2.0000
         0    8.6667    9.3333
         0         0   -2.0769
P =
     0     0     1
     0     1     0
     1     0     0
```

4．楚列斯基（Cholesky）分解

楚列斯基（Cholesky）分解法又叫平方根法，是求解对称正定线性方程组最常用的方法之一。使用该方法，可将对称正定矩阵 A 分解为 $A = R'*R$，其中 R 为上三角矩阵。在 MATLAB 中，利用函数 chol 可实现楚列斯基分解，常用的调用格式如下：

$$R = \mathrm{chol}(A)$$

扫一扫，看视频

实例——矩阵的楚列斯基分解示例

源文件：yuanwenjian\ch02\choleskyfj.m

MATLAB 程序如下：

```
>> A=[1 1 1 1;1 2 3 4;1 3 6 10;1 4 10 20];      %利用直接输入法创建矩阵 A
>> R=chol(A)                       %对矩阵 A 进行楚列斯基（Cholesky）分解，得到上三角矩阵 R
R =
     1     1     1     1
     0     1     2     3
     0     0     1     3
     0     0     0     1
>> R'*R                            %验证对称正定矩阵 A = R'*R
ans =
     1     1     1     1
     1     2     3     4
     1     3     6    10
     1     4    10    20
```

5．QR 分解

QR 分解法是将矩阵分解成一个正规正交矩阵 Q 与上三角形矩阵 R 的乘积，是目前求一般矩阵全部特征值的最有效且广泛应用的方法。在实际应用中，常用于求解线性最小二乘问题。QR 分解由函数 qr 实现，常用的调用格式如下：

$$[Q,R] = \mathrm{qr}(A) \quad \text{或} \quad [Q,R,P] = \mathrm{qr}(A)$$

在第二种调用格式中，P 为置换矩阵，使得 R 的对角线元素按绝对值大小降序排列，满足 $A*P = Q*R$。

扫一扫，看视频

实例——矩阵的 QR 分解示例

源文件：yuanwenjian\ch02\qrfj.m

MATLAB 程序如下：

```
>> A=hilb(4)                       %创建四阶希尔伯特矩阵 A
A =
    1.0000    0.5000    0.3333    0.2500
    0.5000    0.3333    0.2500    0.2000
    0.3333    0.2500    0.2000    0.1667
    0.2500    0.2000    0.1667    0.1429
>> [Q,R] = qr(A)                   %对矩阵 A 进行 QR 分解，得到正交矩阵 Q 和上三角阵 R
Q =
   -0.8381    0.5226   -0.1540   -0.0263
   -0.4191   -0.4417    0.7278    0.3157
   -0.2794   -0.5288   -0.1395   -0.7892
   -0.2095   -0.5021   -0.6536    0.5261
```

```
R =
   -1.1932   -0.6705   -0.4749   -0.3698
        0   -0.1185   -0.1257   -0.1175
        0         0   -0.0062   -0.0096
        0         0         0    0.0002
>> Q*R                                    %验证 A=QR
ans =
    1.0000    0.5000    0.3333    0.2500
    0.5000    0.3333    0.2500    0.2000
    0.3333    0.2500    0.2000    0.1667
    0.2500    0.2000    0.1667    0.1429
```

6. 舒尔（Schur）分解

舒尔（Schur）分解由函数 schur 实现。舒尔分解在半定规划、自动化等领域有着重要而广泛的应用。其调用格式见表 2.14。

表 2.14　schur 函数的调用格式

命 令 格 式	说　　明
T = schur(A)	返回舒尔矩阵 T，T 是主对角线元素为特征值的三角矩阵。若 A 有复数特征值，则相应的对角元素以 2×2 的块矩阵形式给出
T = schur(A,flag)	若 A 有复数特征值，则 flag='complex'；否则 flag='real'
[U,T] = schur(A,…)	返回正交矩阵 U 和舒尔矩阵 T，满足 A = U*T*U'

实例——矩阵的舒尔分解示例

源文件：yuanwenjian\ch02\shuerfj.m

MATLAB 程序如下：

扫一扫，看视频

```
>> A=hilb(4);        %创建四阶希尔伯特矩阵 A
>> [U,T]=schur(A)    %对矩阵 A 进行舒尔分解，得到正交矩阵 U 和舒尔矩阵 T，满足 A=U*T*U'
U =
    0.0292    0.1792   -0.5821    0.7926
   -0.3287   -0.7419    0.3705    0.4519
    0.7914    0.1002    0.5096    0.3224
   -0.5146    0.6383    0.5140    0.2522
T =
    0.0001         0         0         0
         0    0.0067         0         0
         0         0    0.1691         0
         0         0         0    1.5002    %主对角线元素为特征值
>> lambda=eig(A)                            %返回矩阵 A 的特征值列向量
lambda =
    0.0001
    0.0067
    0.1691
    1.5002
```

2.3.3　向量的基本运算

向量可以看成是一种特殊的矩阵，因此矩阵的运算对向量同样适用。除此以外，向量还是矢量运算的基础，所以还有一些特殊的运算。向量的基本运算主要包括向量的点积运算、叉积运算和混合积运算。

1. 点积运算

点积（也称为数量积、点乘），是欧几里德空间的标准内积。在 MATLAB 中，用函数 dot 计算两个向量的点积，其调用格式见表 2.15。

表 2.15　dot 函数的调用格式

命 令 格 式	说　　明
dot(a,b)	返回向量 a 和 b 的点积。需要说明的是，a 和 b 必须同维。另外，当 a、b 都是列向量时，dot(a,b) 等同于 a·b
dot(a,b,dim)	返回向量 a 和 b 在 dim 维的点积

扫一扫，看视频

实例——向量的点积运算示例

源文件：yuanwenjian\ch02\dianji.m

MATLAB 程序如下：

```
>> a=[2 4 5 3 1];
>> b=[3 8 10 12 13];          %利用直接输入法创建两个长度相同的向量 a 和 b
>> c=dot(a,b)                 %求向量的标量点积
c =
      137
```

2. 叉积运算

在空间解析几何学中，两个向量叉积的结果是一个过两相交向量交点且垂直于两向量所在平面的向量。在 MATLAB 中，向量的叉积运算可由函数 cross 实现，其调用格式见表 2.16。

表 2.16　cross 函数的调用格式

命 令 格 式	说　　明
cross(a,b)	返回向量 a 和 b 的叉积。需要说明的是，a 和 b 的长度必须为 3
cross(a,b,dim)	返回向量 a 和 b 在 dim 维的叉积。需要说明的是，a 和 b 必须有相同的维数，size(a,dim) 和 size(b,dim) 的结果必须为 3

扫一扫，看视频

实例——向量的叉积运算示例

源文件：yuanwenjian\ch02\chaji.m

MATLAB 程序如下：

```
>> a=[2 3 4 6];
>> b=[3 4 6 8];              %利用直接输入法创建两个长度为 4 的向量 a 和 b
>> c=cross(a,b)             %求向量的叉积
a =
     2    3    4    6
错误使用 cross
在获取交叉乘积的维度中，A 和 B 的长度必须为 3
>> a=[3 4 6];
>> b=[4 6 8];
>> c=cross(a,b)            %求向量的叉积
c =
    -4    0    2
```

3. 混合积运算

混合积又称三重积，是三个向量中的一个和另两个向量的叉积相乘得到的点积。在 MATLAB

中，向量的混合积运算可由函数 dot 和 cross 共同实现。

实例——向量的混合积运算示例

源文件：yuanwenjian\ch02\hunheji.m

MATLAB 程序如下：

```
>> a=[2 3 4];
>> b=[3 4 6];
>> c=[1 4 5];              %利用直接输入法创建长度均为 3 的向量 a、b、c
>> d=dot(a,cross(b,c))    %求向量 b、c 的叉积，再求向量 a 与叉积结果的点积
d =
        -3
```

2.4　数　据　分　析

在信号处理过程中，经常会对信号进行一些数据分析。本节将对 MATLAB 数理统计工具箱中的一些常用函数进行简单介绍，比如样本均值、样本方差与标准差、协方差和相关系数等。

2.4.1　样本均值

MATLAB 中计算样本均值的函数为 mean，其调用格式见表 2.17。

表 2.17　mean 函数的调用格式

命 令 格 式	说　　明
M = mean(A)	如果 A 为向量，输出 M 为 A 中所有参数的平均值；如果 A 为矩阵，输出 M 是一个行向量，其每一个元素是对应列的元素的平均值
M = mean(A,dim)	按指定的维求平均值
M = mean(A,'all')	计算 A 的所有元素的均值
M = mean(A,vecdim)	计算 A 中向量 vecdim 所指定的维度上的均值
M = mean(…,outtype)	使用前面语法中的任何输入参数返回指定的数据类型的均值。outtype 可以是'default'、'double'或'native'
M = mean(…,nanflag)	指定在上述任意语法的计算中包括还是忽略 NaN 值

MATLAB 还提供了其他几个求平均数的函数，例如 geomean（几何平均）、harmmean（调和平均）和 trimmean（调整平均），调用格式与 mean 函数类似，这里不再赘述。

实例——测量数据的样本均值分析

源文件：yuanwenjian\ch02\junzhifx.m

6 位受试者的测量数据见表 2.18，试求解这些测量数据的样本均值。

表 2.18　测量数据

受试者 i	1	2	3	4	5	6
三头肌皮褶厚度 x_1	19.5	24.7	30.7	29.8	19.1	25.6
大腿围长 x_2	43.1	49.8	51.9	54.3	42.2	53.9
中臂围长 x_3	29.1	28.2	37	31.1	30.9	23.7
身体脂肪 y	11.9	22.8	18.7	20.1	12.9	21.7

操作步骤：

（1）创建所有测试数据矩阵：

```
>> x1=[19.5 24.7 30.7 29.8 19.1 25.6];              %三头肌皮褶厚度
>> x2=[43.1 49.8 51.9 54.3 42.2 53.9];              %大腿围长
>> x3=[29.1 28.2 37 31.1 30.9 23.7];                %中臂围长
>> x4=[11.9 22.8 18.7 20.1 12.9 21.7];              %身体脂肪
>> A=zeros(4,6);                                    %初始化测试数据矩阵
>> A(1,:)=x1; A(2,:)=x2; A(3,:)=x3; A(4,:)=x4;      %测试数据矩阵赋值
```

（2）求解均值：

```
>> A1=mean(A)                                       %每一位受试者的样本均值
A1 =
   25.9000   31.3750   34.5750   33.8250   26.2750   31.2250
>> A2=geomean(A)                                    %几何平均
A2 =
  23.2267   29.8214   32.4032   31.7134   23.8080   29.0241
>> A3=harmmean(A)                                   %调和平均
A3 =
  20.7381   28.5946   30.2242   29.8778   21.5129   27.4175
>> A4=trimmean(A,1)  %调整平均，在每列元素中分别去除 4×0.5%个最大值和最小值，然后求每列的平均值
A4 =
   25.9000   31.3750   34.5750   33.8250   26.2750   31.2250
```

（3）绘制均值曲线：

```
>> plot(A1,'ro')
>> hold on
>> plot(A2,'b-')
>> plot(A3,'m--')
>> plot(A4,'k-.')
>> hold off
>> title('均值曲线')
>> xlabel('受试者编号');ylabel('测试数据均值')
>> legend('样本平均','几何平均','调和平均','调整平均')
```

在图像窗口中显示平均值结果对比图，如图 2.1 所示。

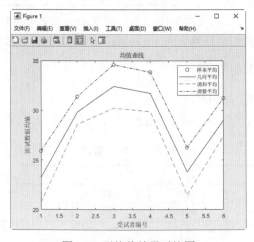

图 2.1　平均值结果对比图

2.4.2　样本方差与标准差

MATLAB 中计算样本方差的函数为 var，其调用格式见表 2.19。

表 2.19　var 函数的调用格式

命令格式	说明
V = var(A)	如果 A 是向量，输出 A 中所有元素的样本方差；如果 A 是矩阵，输出 V 是行向量，其每一个元素是对应列的元素的样本方差，按观测值数量-1 实现归一化
V = var(A,w)	w 是权重向量，其元素必须为正，长度与 A 匹配
V = var(A,w,dim)	返回沿 dim 指定的维度的方差
V = var(A,w,'all')	当 w 为 0 或 1 时，计算 A 的所有元素的方差
V = var(A,w,vecdim)	当 w 为 0 或 1 时，计算向量 vecdim 中指定维度的方差
V = var(…,nanflag)	指定在上述任意语法的计算中包括（'includenan'）还是忽略（'omitnan'）NaN 值

MATLAB 中计算样本标准差的函数为 std，其调用格式见表 2.20。

表 2.20　std 函数的调用格式

命令格式	说明
S = std(A)	按照样本方差的无偏估计计算样本标准差，如果 A 是向量，输出 S 是 A 中所有元素的样本标准差；如果 A 是矩阵，输出 S 是行向量，其每一个元素是对应列的元素的样本标准差
S = std(A,w)	为上述语法指定一个权重方案。w = 0 时（默认值），S 按 N-1 进行归一化。当 w = 1 时，S 按观测值数量 N 进行归一化
S = std(A,w,'all')	当 w 为 0 或 1 时，计算 A 的所有元素的标准差
S = std(A,w,dim)	使用上述任意语法沿维度 dim 返回标准差
S = std(A,w,vecdim)	当 w 为 0 或 1 时，计算向量 vecdim 中指定维度的标准差
S = std(…,nanflag)	指定在上述任意语法的计算中包括（'includenan'）还是忽略（'omitnan'）NaN 值

实例——估计正态分布的参数

已知某批电线的寿命服从正态分布 $N(\mu, \sigma^2)$，从中抽取 4 组进行寿命试验，测得数据（单位：h）为 2501，2253，2467，2650。试根据测得的数据估计参数 μ 和 σ。

扫一扫，看视频

源文件：yuanwenjian\ch02\gujicanshu.m

MATLAB 程序如下：

```
>> clear
>> A=[2501,2253,2467,2650];
>> miu=mean(A)          %遵从正态分布的随机变量的均值 μ
miu =
   2.4678e+03
>> sigma=var(A,1)       %随机变量的方差 σ^2
sigma =
   2.0110e+04
>> sigma^0.5            %参数 σ
ans =
  141.8086
>> sigma2=std(A,1)
sigma2 =
  141.8086
```

可以看出，两个估计值 μ 和 σ 分别为 2467.8h 和 141.8086h。

2.4.3 协方差和相关系数

MATLAB 中计算协方差的函数为 cov，其调用格式见表 2.21。

表 2.21　cov 函数的调用格式

命 令 格 式	说　明
C = cov(A)	A 为向量时，计算其方差；A 为矩阵时，计算其协方差矩阵，其中协方差矩阵的对角元素是 A 矩阵的列向量的方差，按观测值数量-1 实现归一化
C = cov(A,B)	返回两个随机变量 A 和 B 之间的协方差
C = cov(...,w)	为之前的任何语法指定归一化权重。如果 w＝0（默认值），则 C 按观测值数量-1 实现归一化；w＝1 时，按观测值数量对它实现归一化
C = cov(...,nanflag)	指定一个条件，用于在之前的任何语法的计算中忽略 NaN 值。nanflag 的取值可为以下选项之一，分别为 'includenan'：计算协方差之前包含输入中的所有 NaN 值。 'omitrows'：计算协方差之前忽略包含一个或多个 NaN 值的任何输入行。 'partialrows'：对于每个双列协方差计算结果，仅忽略那些成对的 NaN 行

MATLAB 中计算相关系数的函数为 corrcoef，其调用格式见表 2.22。

表 2.22　corrcoef 函数的调用格式

命 令 格 式	说　明
R = corrcoef(A)	返回 A 的相关系数的矩阵，其中 A 的列表示随机变量，行表示观测值
R = corrcoef(A,B)	返回两个随机变量 A 和 B 之间的相关系数矩阵 R
[R,P]=corrcoef(...)	返回相关系数的矩阵和 P 值矩阵，用于测试观测到的现象之间没有关系的假设
[R,P,RLO,RUP]=corrcoef(...)	RLO、RUP 分别是相关系数 95%置信度的估计区间上、下限。如果 R 包含复数元素，此语法无效
...=corrcoef(...,Name,Value)	在上述语法的基础上，通过一个或多个名称-值对组参数指定其他选项

实例——计算协方差与相关系数

源文件：yuanwenjian\ch02\cov_corrcoef.m

表 2.23 显示了钢材消耗量与国民收入，求数据的样本均值与协方差、相关系数。

表 2.23　钢材消耗量与国民收入

钢材消费量 x/万 t	549	429	538	698	872	988	807	738
国民收入 y/亿元	910	851	942	1097	1284	1502	1394	1303
钢材消费量 x/万 t	1025	1316	1539	1561	1785	1762	1960	1902
国民收入 y/亿元	1555	1917	2051	2111	2286	2311	2003	2435

MATLAB 程序如下：

```
>> clear
>> x=[549 429 538 698 872 988 807 738 1025 1316 1539 1561 1785 1762 1960 1902];
>> y=[910 851 942 1097 1284 1502 1394 1303 1555 1917 2051 2111 2286 2311 2003 2435];
>> A1=mean(x)
A1 =
    1.1543e+03
>> A2=cov(x)
```

```
A2 =
    2.8089e+05
>> B1=mean(y)
B1 =
        1622
>> B2=cov(y)
B2 =
    2.9055e+05
>> C=corrcoef(x,y)          %钢材消费量与国民收入之间的相关系数矩阵。有两个输入参数，C 是 2×2
                            矩阵，对角线元素为 1，非对角线元素为相关系数
C =
    1.0000    0.9682
    0.9682    1.0000
```

2.5 文件管理

本节介绍有关文件管理的一些基本操作方法，包括打开文件、删除文件、加载文件、保存文件等，这些都是应用 MATLAB 最基础的知识。

1. 打开文件

在 MATLAB 中，open 命令用于在应用程序中打开文件，其调用格式见表 2.24。

表 2.24 open 命令的调用格式

命 令 格 式	说　　明
open name	在适当的应用程序中打开指定的文件或变量
A = open(name)	如果 name 是 MAT 文件，将返回结构体；如果 name 是图窗，则返回图窗句柄；否则，open 将返回空数组

使用 open 命令可打开的文件类型有.m、.mat、.fig、.slx、.prj、.doc*、.pdf、.ppt*、.xls*、.html、.exe.txt 等，执行命令后，将自动在对应的编辑器中打开文件。

实例——打开火车故障检测系统的仿真数据文件

扫一扫，看视频

源文件：yuanwenjian\ch02\huochefangzhen.txt、openfiles.m
打开火车故障检测系统的仿真数据，包括一个文本文件和一个数据表格文件。
MATLAB 程序如下：

```
>> open huochefangzhen.txt    %将文件路径设置为当前路径，在编辑器中打开文本文件 huochefangzhen.txt，
                              显示文件中的数据，如图 2.2 所示
>> open huocheyuzhi.xlsx      %将文件路径设置为当前路径，在导入向导中打开电子表格 huocheyuzhi.xlsx，
                              显示文件中的数据，如图 2.3 所示
```

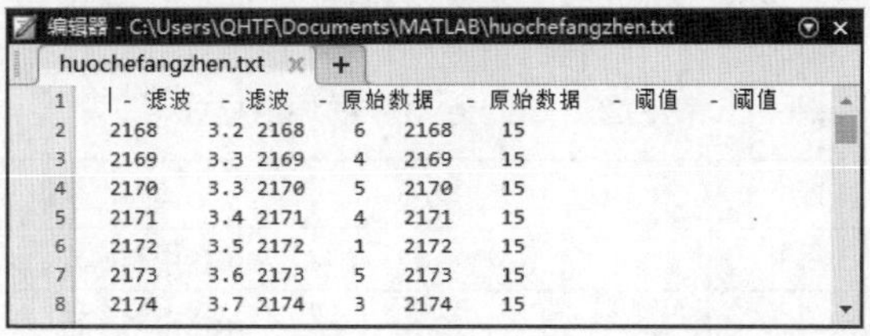

编辑器 - C:\Users\QHTF\Documents\MATLAB\huochefangzhen.txt					⊙ ×
huochefangzhen.txt × +					
1		- 滤波	- 滤波 - 原始数据 - 原始数据 - 阈值 - 阈值
2	2168	3.2 2168	6	2168	15
3	2169	3.3 2169	4	2169	15
4	2170	3.3 2170	5	2170	15
5	2171	3.4 2171	4	2171	15
6	2172	3.5 2172	1	2172	15
7	2173	3.6 2173	5	2173	15
8	2174	3.7 2174	3	2174	15

图 2.2 打开文本文件

图 2.3　打开电子表格文件

单击"导入所选内容"按钮，可将电子表格中的数据导入到 MATLAB 工作区，以变量名 huocheyuzhi 保存。

动手练一练——打开火车故障检测系统中的数据波形文件

扫一扫，看视频

利用 open 命令打开火车故障检测系统中的仿真数据图形（图 2.4）和阈值数据波形图（图 2.5），练习在 MATLAB 中打开图片文件的操作。

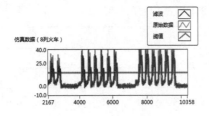

图 2.4　仿真数据图形

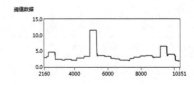

图 2.5　阈值数据波形图

思路点拨：

源文件：yuanwenjian\ch02\open_tu.m

（1）将图片所在目录设置为当前工作目录。

（2）利用 open 命令打开仿真数据图形 fangzhen.bmp。

（3）打开阈值数据波形 yuzhi.tif。

2．删除文件

在 MATLAB 中，delete 命令用于在应用程序中删除文件，其调用格式见表 2.25。

表 2.25　delete 命令的调用格式

命 令 格 式	说　　明
delete filename	从磁盘中删除 filename
Delete filename1…filenameN	从磁盘上删除指定的文件
delete(obj)	删除指定的对象

3．加载文件

在 MATLAB 中，load 命令用于将文件变量加载到工作区中，其调用格式见表 2.26。

表 2.26　load 命令的调用格式

命 令 格 式	说　　　明
load(filename)	从 filename 加载数据
load(filename,variables)	加载 MAT 文件 filename 中的指定变量。mat 数据格式是 MATLAB 中数据存储的标准格式
load(filename,'-ascii')	将 filename 视为 ASCII 文件，而不管文件扩展名如何
load(filename,'-mat')	将 filename 视为 MAT 文件，而不管文件扩展名如何
load(filename,'-mat',variables)	加载 filename 中的指定变量
S =load(…)	使用前面语法组中的任意输入参数将数据加载到 S 中
load filename	从 filename 加载数据，使用空格（而不是逗号）分隔各个输入项

执行上述命令后，则系统自动在工作区加载文件中的变量。

实例——加载数据集

源文件：yuanwenjian\ch02\load_mat.m

MATLAB 程序如下：

```
>> clear                        %清除工作区的变量
>> load clown                   %使用命令格式加载数据集
>> clear
>> load ('clown')               %使用函数格式加载数据集，不指定数据集的后缀
>> clear
>> load ('clown.mat')           %使用函数格式加载数据集，指定完整的数据集名称
```

上述三种使用格式是等效的。

实例——加载数据集中的变量

源文件：yuanwenjian\ch02\show_mat.m

MATLAB 程序如下：

```
>> load chess X map             %命令格式加载数据集 chess.mat 中的变量 X 和 map
>> imshow(X,map)                %使用 map 颜色图显示数据 X 对应的图像
```

运行结果如图 2.6 所示。

图 2.6　加载数据集中的变量图像

4. 保存文件

在 MATLAB 中，save 命令可以将工作区中的变量保存到文件中，其调用格式见表 2.27。

表 2.27　save 命令的调用格式

命 令 格 式	说　　明
save(filename)	将当前工作区中的所有变量保存在二进制文件（MAT 文件）filename 中。如果 filename 已存在，save 会覆盖该文件
save(filename,variables)	将 variables 指定的结构体数组的变量或字段保存在二进制文件（MAT 文件）filename 中
save(filename,variables,fmt)	在上一语法格式的基础上，保存为 fmt 指定的文件格式
save(filename,variables,'-append')	将新变量追加到一个现有文件 filename 中。对于 ASCII 文件，'-append'会将数据添加到文件末尾
save filename	第一种使用格式的命令语法，将工作区的所有变量保存到 MAT 文件 filename 中

实例——保存变量到文件中

源文件：yuanwcnjian\ch02\save_demo.m

MATLAB 程序如下：

```
>> [X,Y,Z]= sphere;              %创建单位球面的坐标点（X,Y,Z）
>> save('qiu.mat','X','Y','Z')   %将坐标变量保存到当前目录下的二进制文件 qiu.mat 中
>> save qiu.xlsx X Y Z           %将变量保存到当前目录下的电子表格文件 qiu.xlsx 中
```

执行程序，在当前文件夹面板中可以看到创建的 qiu.mat 文件和 qiu.xlsx 文件。

第 3 章　MATLAB 程序设计

内容指南

任何一门编程语言都要面临程序的结构设计，也就是控制程序代码执行的顺序，MATLAB 也不例外。MATLAB 的程序结构分为三种：顺序结构、循环结构和分支结构（或称为选择结构）。在实际应用中，通常需要结合使用多种流程控制语句，实现程序的跳转和循环等功能。

内容要点

➢ M 文件
➢ 流程控制

3.1　M 文 件

在实际应用中，如果要进行复杂的运算，输入的命令行会很多很复杂，可以使用 MATLAB 提供的一种强大的工作方式，即利用 M 文件编程。

M 文件因其扩展名为.m 而得名，它实质上是一个标准的文本文件，可以在任何文本编辑器中进行编辑、存储、修改和读取。M 文件的语法类似于一般的高级语言，是一种程序化的编程语言，但它又比一般的高级语言简单，且程序容易调试、交互性强。MATLAB 在初次运行 M 文件时会将其代码装入内存，再次运行该文件时会直接从内存中取出代码运行，因此会大大加快程序的运行速度。

M 文件有两种形式：一种是命令文件（也称为脚本文件）；另一种是函数文件。下面分别来了解一下这两种形式。

3.1.1　命令文件

命令文件是一串按照用户意图排列而成的 MATLAB 指令集合，没有输入参数，也没有输出参数。在实际应用中，如果要输入较多的命令，且需要经常重复输入时，就可以利用 M 文件来实现。需要运行这些命令时，只需在命令行窗口中输入 M 文件的文件名并执行即可。命令文件中的语句可以直接访问 MATLAB 工作区中的所有变量，且在运行过程中所产生的变量均是全局变量。这些变量一旦生成，就一直保存在内存中，除非用 clear 命令将它们清除，或退出 MATLAB 应用程序。

M 文件可以在任何文本编辑器中进行编辑，MATLAB 也提供了相应的 M 文件编辑器，如图 3.1 所示。执行以下任一种操作，均可打开 M 文件编辑器。

- 在命令行窗口中执行 edit 命令。
- 按快捷键 Ctrl+N。
- 在功能区的"主页"选项卡选择"新建"→"脚本"命令。
- 直接单击"主页"选项卡的"新建脚本"按钮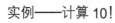。

扫一扫，看视频

实例——计算 10！

图 3.1　M 文件编辑器

源文件：yuanwenjian\ch03\jiecheng.m

操作步骤：

（1）打开 M 文件编辑器，并输入下面内容：

```
% 以下命令用来求10!
s=1;
for i=2:10                %开始for 循环
    s=s*i;
end
disp('10 的阶乘为: ');      %显示结果
disp(s)
```

M 文件中的符号"%"用来对程序进行注释，在实际运行时并不执行。

（2）在功能区单击"保存"按钮■，将 M 文件保存在搜索路径下，并命名为 jiecheng.m。

（3）在命令行窗口中输入 jiecheng，并按 Enter 键执行命令，即可显示运行结果，如下所示：

```
>> jiecheng
10 的阶乘为:
    3628800
```

3.1.2　函数文件

函数文件是一种运行在自己独立的工作空间的 M 文件，通过输入形参表接收数据，通过输出形参返回结果到调用文件。

函数文件的基本格式表示如下：

```
function [输出形参表]=fname(输入形参表)
%H1 注释行
%其他注释行...
（可执行代码）
...
（return）
```

函数文件以 function 开头的引导行，是函数定义语句，表示该 M 文件是一个函数文件。如果函数的输出参数多于一个，应该用方括号括起来，并以逗号分隔；传递给函数的变量不要与函数定义行中的参数同名；函数名的命名规则与变量命名规则相同；保存函数文件时，系统默认与函数名相同的文件名，如果保存的文件名与函数名不同，则在调用时必须使用文件名。

以%开头的帮助文本的首行（H1 行）通常包括函数的功能、各参数的意义、调用格式以及程序的作者、日期等，用于使用 help 命令查找帮助，或使用 lookfor 命令搜索函数。

函数体是函数的执行代码，是函数文件的主要部分。

函数文件与命令文件的主要区别在于：命令文件中的变量在执行后仍会保存在内存中，直到被

clear 命令清除，而函数文件的变量仅在函数的运行期间有效，一旦函数运行完毕，其所定义的一切变量都会被系统自动清除。

实例——数列求和

源文件：yuanwenjian\ch03\sum_series.m
本实例编写一个函数文件，用于计算等差数列 2、4、6、...、100 的和。

操作步骤：

（1）打开 M 文件编辑器，并编写函数 sum_series，程序如下：

```
function sum_series()
%本程序用于求等差数列 2、4、6、...、100 的和
s=0;
for i=2:2:100
    s=s+i;
end
disp('2+4+6+...+100=');
disp(s)
```

（2）在功能区单击"保存"按钮 ，将 M 文件保存在搜索路径下，命名为 sum_series.m。
（3）在命令行窗口中输入 sum_series，并按 Enter 键执行命令，即可显示运行结果，如下所示：

```
>> sum_series
2+4+6+...+100=
        2550
```

3.2 流程控制

MATLAB 的程序结构大致可分为顺序结构、循环结构与分支结构三种，下面将分别介绍这三种程序结构及相应的流程控制。

3.2.1 顺序结构

顺序结构是最简单的一种程序结构，它由多个 MATLAB 语句顺序构成，各语句之间用分号";"隔开，若不加分号，则必须分行编写，程序执行时按由上至下的顺序逐行进行。

实例——矩阵求和

源文件：yuanwenjian\ch03\shunxu.m

扫一扫，看视频

操作步骤：

（1）新建一个 M 文件，在文件中输入如下的内容：

```
disp('这是一个顺序结构的例子');
disp('矩阵 A、B 分别为');
A=[1 2;3 4];
B=[5 6;7 8];
A,B
disp('A 与 B 的和为：');
```

```
C=A+B
```

（2）将 M 文件以文件名 shunxu.m 保存在搜索路径下，在命令行窗口中输入 M 文件名，运行结果如下：

```
>> shunxu
这是一个顺序结构的例子
矩阵 A、B 分别为
A =
     1     2
     3     4
B =
     5     6
     7     8
A 与 B 的和为：
C =
     6     8
    10    12
```

3.2.2 循环结构

在编写程序进行数值实验或工程计算时，循环结构是一种常用的结构。在循环结构中，被重复执行的语句组称为循环体，常用的循环结构有两种：for-end 循环与 while-end 循环。下面分别简要介绍相应的用法。

1．for-end 循环

在 for-end 循环中，循环次数一般情况下是已知的，除非用其他语句提前终止循环。这种循环以 for 开头，以 end 结束，其一般形式如下：

```
for  变量＝表达式
    可执行语句 1
    ...
    可执行语句 n
end
```

其中，表达式通常为形如 $m{:}s{:}n$（s 的默认值为 1）的向量，即变量的取值从 m 开始，以间隔 s 递增一直到 n，变量每取一次值，循环便执行一次。

扫一扫，看视频

实例——矩阵转置

源文件：yuanwenjian\ch03\forxh.m

操作步骤：

（1）新建一个 M 文件，在文件中输入如下的内容：

```
A=[ 3 6 9;2 5 8];          %初始矩阵
for k=1:size(A,2)          %循环变量从 k 到 A 的列数 3
    B(k,:)=A(:,k)';        %转置 A 的列
end
B
```

（2）将 M 文件以文件名 forxh.m 保存在搜索路径下，在命令行窗口中输入 M 文件名，运行结果如下：

```
>> forxh
B =
     3     2
     6     5
     9     8
```

2. while-end 循环

如果不知道所需要的循环到底要执行多少次，可以选择 while-end 循环，这种循环以 while 开头，以 end 结束，其一般形式如下：

```
while  表达式
    可执行语句 1
    ...
    可执行语句 n
end
```

其中，表达式即循环控制语句，它一般是由逻辑运算或关系运算及一般运算组成的表达式。若表达式的值非 0，则执行一次循环，否则停止循环。这种循环方式在编写某一数值算法时用得非常多。一般来说，能用 for-end 循环实现的程序也能用 while-end 循环实现，见下例。

实例——利用 while-end 循环计算 10！

源文件：yuanwenjian\ch03\whilexh.m

操作步骤：

（1）新建一个 M 文件，在文件中输入如下的内容：

扫一扫，看视频

```
i=2;                    %初始化循环变量
s=1;                    %初始化计算结果
while i<=10
    s=s*i;
    i=i+1;              %循环变量递增
end
disp('10 的阶乘为：');
s
```

（2）将 M 文件以文件名 whilexh.m 保存在搜索路径下，在命令行窗口中输入 M 文件名，运行结果如下：

```
>> whilexh
10 的阶乘为：
s =
    3628800
```

3.2.3 分支结构

分支结构也叫选择结构，即根据表达式值的情况选择执行语句。MATLAB 提供了两种常用的分支结构：if-else-end 结构和 switch-case-end 结构。

1. if-else-end 结构

这种结构是复杂结构中最常用的一种分支结构，它有以下三种形式。

（1）若表达式的值非 0，则执行 if 与 end 之间的语句组，否则直接执行 end 后面的语句。

```
if 表达式
    语句组
end
```

（2）若表达式的值非0，则执行语句组1，否则执行语句组2。

```
if 表达式
    语句组 1
else
    语句组 2
end
```

（3）程序执行时先判断表达式1的值，若非0则执行语句组1，然后执行 end 后面的语句，否则判断表达式2的值，若非0则执行语句组2，然后执行 end 后面的语句，否则继续上面的过程。如果所有的表达式都不成立，则执行 else 与 end 之间的语句组 n。

```
if 表达式 1
    语句组 1
elseif 表达式 2
    语句组 2
elseif 表达式 3
    语句组 3
    ...
else
    语句组 n
end
```

扫一扫，看视频

实例——求分段函数的值

源文件：yuanwenjian\ch03\f.m

编写一个求 $f(x) = \begin{cases} 3x+2 & x<-1 \\ x & -1 \leq x \leq 1 \\ 2x+3 & x>1 \end{cases}$ 值的函数，并用它来求 $f(0)$ 的值。

操作步骤：

（1）编写函数文件 f.m 如下：

```
function y=f(x)
%此函数用来求分段函数 f(x)的值
%当 x<-1 时,f(x)=3x+2;
%当-1≤x≤1 时，f(x)=x;
%当 x>1 时，f(x)=2x+3;
if x<-1
    y=3*x+2;
elseif -1≤x && x≤1
    y=x;
else
    y=2*x+3;
end
```

（2）求 $f(0)$ 如下：

```
>> y=f(0)
y =
    0
```

2．switch-case-end 结构

一般情况下，这种分支结构也可以由 if-else-end 结构实现，但会使程序变得更加复杂且不易维护。switch-case-end 分支结构一目了然，而且更便于后期维护，这种结构的形式如下：

```
switch     变量或表达式
    case   常量表达式 1
           语句组 1
    case   常量表达式 2
           语句组 2
    ...
    case   常量表达式 n
           语句组 n
    otherwise
           语句组 n+1
    end
```

其中，switch 后面的表达式可以是任何类型的变量或表达式，如果该表达式的值与其后某个 case 后的常量表达式的值相等，就执行这个 case 和下一个 case 之间的语句组，否则就执行 otherwise 后面的语句组 n+1。执行完一个语句组，程序便退出该分支结构，执行 end 后面的语句。

实例——成绩评定

源文件： yuanwenjian\ch03\grade_assess.m、cjpd.m

扫一扫，看视频

编写一个学生成绩评定函数，要求：若该生考试成绩在 85~100 分之间，则评定为"优秀"；若在 70~84 分之间，则评定为"良好"；若在 60~69 分之间，则评定为"及格"；若在 60 分以下，则评定为"不及格"。

操作步骤：

（1）首先编写名为 grade_assess.m 的函数文件：

```
function grade_assess(Name,Score)
%此函数用来评定学生的成绩
%Name,Score 为参数，需要用户输入
%Name 中的元素为学生姓名
%Score 中元素为学分数

%统计学生人数
n=length(Name);

%将分数区间划开：优（85~100），良（70~84），及格（60~69），不及格（60 以下）
for i=0:15
    A_level{i+1}=85+i;
    if i<=14
        B_level{i+1}=70+i;
        if i<=9
            C_level{i+1}=60+i;
        end
    end
end
```

```matlab
%创建存储成绩等级的数组
Level=cell(1,n);

%创建结构体 S
S=struct('Name',Name,'Score',Score,'Level',Level);

%根据学生成绩，给出相应的等级
for i=1:n
    switch S(i).Score
        case A_level
            S(i).Level='优';          %分数在85～100分之间为"优"
        case B_level
            S(i).Level='良';          %分数在70～84分之间为"良"
        case C_level
            S(i).Level='及格';        %分数在60～69分之间为"及格"
        otherwise
            S(i).Level='不及格';      %分数在60分以下为"不及格"
    end
end

%显示所有学生的成绩等级评定
disp(['学生姓名',blanks(4),'得分',blanks(4),'等级']);
for i=1:n
    disp([S(i).Name,blanks(8),num2str(S(i).Score),blanks(6),S(i).Level]);
end
```

（2）将函数文件以文件名 grade_assess.m 保存在搜索路径下，在命令行窗口中构造一个姓名名单以及相应的分数，调用函数文件查看程序的运行结果：

```matlab
>> Name={'赵一','王二','张三','李四','孙五','钱六'};
>> Score={90,46,84,71,62,100};
>> grade_assess(Name,Score)
学生姓名      得分    等级
赵一          90      优
王二          46      不及格
张三          84      良
李四          71      良
孙五          62      及格
钱六          100     优
```

3.2.4 交互式输入

在利用 MATLAB 编写程序时，有时需要通过交互的方式来协调程序的运行。本小节介绍几个常用的交互命令，即 input 命令、keyboard 命令以及 listdlg 命令的功能与用法。

1. input 命令

input 命令用来提示用户从键盘输入数值、字符串或表达式，并将相应的值赋给指定的变量，其调用格式见表 3.1。

表 3.1 input 命令的调用格式

命 令 格 式	说 明
s=input('message')	在屏幕上显示提示信息"message",待用户输入信息后,将相应的值赋给变量 s,若无输入则返回空矩阵
s=input('message', 's')	在屏幕上显示提示信息"message",并将用户的输入信息以字符串的形式赋给变量 s,若无输入则返回空矩阵

✖ 小技巧

在参数 message 中可以出现一个或若干个"\n",表示在输入的提示信息后有一个或若干个换行。如果要在提示信息中出现"\",输入"\\"即可。

扫一扫,看视频

实例——键盘输入数据并求和

源文件:yuanwenjian\ch03\sum_ab.m

根据提示信息,通过键盘输入两个数据并求和。

操作步骤:

(1) 新建一个函数文件,编写没有输入参数的函数 sum_ab.m 如下:

```
function c=sum_ab
%此函数用来求两个数或矩阵之和
a=input('请输入 a\n');
b=input('请输入 b\n');
[ma,na]=size(a);
[mb,nb]=size(b);
if ma~=mb||na~=nb
    error('a 与 b 维数不一致! ');
else
    c=a+b;
end
```

(2) 将函数文件以文件名 sum_ab.m 保存在搜索路径下,在命令行窗口中调用函数,运行结果如下:

```
>> c=sum_ab
请输入 a
5                      %键盘输入
请输入 b
[2 4]                  %键盘输入
错误使用 sum_ab
a 与 b 维数不一致!
>> c=sum_ab
请输入 a
[4 5;3 4]              %键盘输入
请输入 b
[1 2;2 3]              %键盘输入
c =
     5      7
     5      7
```

2. keyboard 命令

该命令常用于调试程序时,暂停执行正在运行的程序,并将控制权交给键盘。当程序暂停时,命令行窗口中的命令提示符将更改为"K>>"，指示 MATLAB 处于调试模式。此时，用户可以查看或更改变量的值，然后执行 dbcont 命令继续运行程序，以查看新值是否会产生预期的结果。

扫一扫，看视频

实例——修改变量的值

源文件：yuanwenjian\ch03\keyboard_test.m、sincos.m
在程序执行过程中暂停程序，修改变量的值。

操作步骤：

（1）新建一个函数文件，编写一个自定义函数，计算函数值，程序如下：

```
function y=sincos
%此函数用来求输入参数 x 的三角函数值
x=input('请输入 x\n');
keyboard
y=sin(x).*cos(x);
```

（2）将函数文件以文件名 sincos.m 保存在搜索路径下，在命令行窗口中调用函数，运行结果如下：

```
>> y=sincos
请输入 x
3                   %键盘输入 3，按 Enter 键将在函数文件 keyboard 命令所在的行暂停。函数文件中
                     相应的位置显示一个绿色的箭头，如图 3.2 所示
K>> x=x*pi/4         %指示符变更，修改变量的值
x =
   2.3562
K>> dbcont          %从暂停处使用新值继续运行程序，输出函数值
y =
  -0.5000
>>                   %恢复命令指示符
```

图 3.2 进入调试模式

3. listdlg 命令

该命令的功能为创建一个列表选择对话框供用户选择输入，其调用格式见表 3.2。

表 3.2 listdlg 命令的调用格式

命 令 格 式	说 明
[indx,tf] = listdlg('ListString',list)	创建一个模态对话框，从指定的列表中选择一个或多个项目。list 值是要显示在对话框中的项目列表。返回两个输出参数 indx 和 tf，其中包含有关用户选择了哪些项目的信息。对话框中包括"全选""取消"和"确定"按钮。可以使用名称-值对组'SelectionMode','single'将选择限制为单个项目
[indx,tf] = listdlg('ListString',list, Name,Value)	使用一个或多个名称-值对组参数指定其他选项

实例——创建列表选择对话框

源文件：yuanwenjian\ch03\liebiaodiag.m

MATLAB 程序如下：

```
>> [indx,tf] = listdlg('PromptString', {'选择要下载版本'}, 'ListString', {'2022a',
'2020a','2018a','2016a '})                %创建一个列表选择对话框
```

执行程序，得到如图 3.3 所示的列表选择对话框。

图 3.3　列表选择对话框

单击可以选中一个列表项；按住 Shift 键或 Ctrl 键单击，可以选中连续或不连续的多个列表项；单击"全选"按钮可以选中列表框中的所有列表项。

选中需要的列表项之后，单击"确定"按钮即可关闭对话框，并返回输出参数 indx 和 tf 的值。例如，选中列表项"2022a"和"2018a"的输出结果如下：

```
indx =
    1    3             %选定行的索引
tf =
    1                  %选择逻辑值
```

如果在对话框中单击"取消"按钮、按 Esc 键或者单击对话框标题栏中的关闭按钮，则将以空数组形式返回 indx 值。

选择逻辑值 tf 指示用户是否作出了选择。如果在对话框中单击"确定"按钮、双击某个列表项或者按 Return 键，则 tf 返回值为 1。如果在对话框中单击"取消"按钮、按 Esc 键或者单击对话框标题栏中的关闭按钮，则 tf 返回值为 0。

第 4 章　绘制二维图形

内容指南

MATLAB 不仅拥有强大的数值运算功能，同时还具有强大的图形功能，这是其他用于科学计算的编程语言不可比拟的。在 MATLAB 中，二维图形是将用向量或矩阵表示的数据以数据点或曲线形式展示的平面图形，通常显示在图形窗口中。

本章将介绍 MATLAB 的图形窗口和二维图形的绘制。希望通过本章的学习，读者能够使用 MATLAB 进行二维绘图。

内容要点

➢ 图形窗口
➢ 二维绘图命令
➢ 修饰处理二维图形

4.1　图　形　窗　口

图形窗口是 MATLAB 数据可视化的平台，如果能熟练掌握图形窗口的各种操作，读者便可以根据自己的需要来获得各种高质量的图形。

4.1.1　创建图形窗口

在 MATLAB 中，使用 figure 函数创建图形窗口，其调用格式见表 4.1。

表 4.1　figure 函数的调用格式

命 令 格 式	说　　明
figure	使用默认参数创建一个图形窗口
figure(Name, Value,...)	用指定的名称-值对参数创建一个图形窗口。如果没有指定属性，则用默认值创建，等同于 figure
f=figure(...)	在上述任何一种调用格式的基础上，返回 Figure 对象，常用于查询、修改指定的图形窗口属性
figure(f)	将 f 指定的图形窗口作为当前图形窗口，显示在其他所有图形窗口之上
figure(n)	查找 Number 属性（编号）值为正整数 n 的图形窗口，并将其作为当前图形窗口。如果该窗口不存在，则创建一个编号为 n 的图形窗口

此外，在 MATLAB 的命令行窗口输入绘图命令（如 plot 命令），如果当前没有打开图形窗口，则系统会自动建立一个图形窗口显示图形；如果已有打开的图形窗口，则自动将图形输出到当前窗口。当前窗口通常是最后一个使用的图形窗口。

如果要关闭图形窗口，可以执行 close 命令，或直接单击图形窗口右上角的关闭按钮。如果不想关闭图形窗口，仅想清除将该窗口中的内容，可以使用函数 clf 实现。另外，命令 clf('reset')除了能够消除当前图形窗口的所有内容以外，还可以将该图形除位置和单位属性外的所有属性都恢复为默认状态。当然，也可以通过使用图形窗口中的菜单项来实现相应的功能，这里不再赘述。

扫一扫，看视频

实例——新建图形窗口

源文件：yuanwenjian\ch04\createfig.m

在 MATLAB 命令行窗口输入如下命令：

```
>> f=figure('Name','Design Canvas','MenuBar','none');   %创建图窗，指定图窗名称，
                                                          不显示菜单栏

>> f.Color='#4DBEEE';        %设置背景颜色
>> f.Resize='off'            %不可调整图窗大小，并显示图窗属性
f =
  Figure (1: Design Canvas) - 属性:
      Number: 1
        Name: 'Design Canvas'
       Color: [0.3020 0.7451 0.9333]
    Position: [713 179 560 420]
       Units: 'pixels'
    显示 所有属性
```

运行结果如图 4.1 所示。

图 4.1　创建的图形窗口

4.1.2　使用工具条

为便于读者使用图形窗口中的工具条（图 4.2）查看图形，本小节简要介绍图形窗口工具条中各个按钮的功能。

图 4.2　工具条

➢ ：单击此图标将新建一个图形窗口，该窗口不会覆盖当前的图形窗口，编号紧接着当前打开的图形窗口的最后一个编号顺排。

➢ ：打开图形窗口文件（扩展名为.fig）。

➢ ：将当前的图形以.fig 文件的形式进行保存。

➢ ：打印图形。

➢ ：链接/取消链接绘图。例如，在如图4.3（a）所示的图窗中单击该图标，弹出如图4.3（b）所示的对话框，用于指定数据源属性。一旦在变量与图形之间建立了实时链接，对变量的修改将即时反映到图形上。

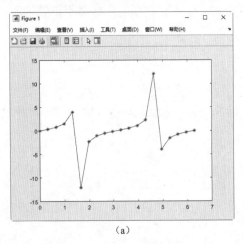

（a）

（b）

图 4.3　链接绘图

➢ ▯：插入颜色栏。单击此图标后会在图形的右边出现一个色轴，如图4.4所示，这会给用户在编辑图形色彩时带来很大的方便。

➢ ▣：此图标用来给图形添加图例。图例默认显示在图形右上角，双击图例中数据名称所在的区域，可以将图例名称修改为需要的内容。

➢ ▨：编辑绘图。单击此图标后，用鼠标双击图形对象，打开如图4.5所示的"属性检查器"对话框，可以编辑图形的属性。

➢ ▤：此图标用来打开"属性检查器"（图4.5）。

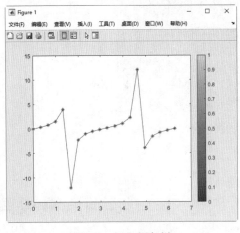

图 4.4　插入颜色栏

图 4.5　"属性检查器"对话框

将鼠标指针移到绘图区，绘图区右上角显示一个工具条，如图4.6所示。

➢ ▥：将图形另存为图片，或者复制为图像或向量图。

➢ ▧：选中此工具后，鼠标指针显示为实心十字形"＋"，在图形上按住鼠标左键拖动，所选区域将默认以红色刷亮显示，如图4.7所示。

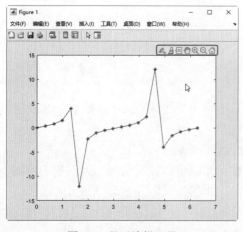

图 4.6　显示编辑工具

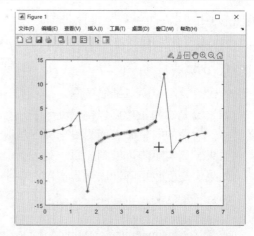

图 4.7　刷亮/选择数据

➤ ▤：数据提示。单击此图标后，光标会变为空心十字形"✛"，单击图形的某一点，显示该点在所在坐标系中的坐标值，如图 4.8 所示。

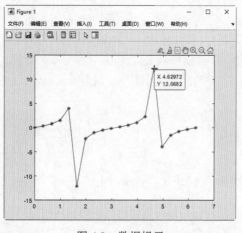

图 4.8　数据提示

➤ ✋：按住鼠标左键平移图形。
➤ 🔍：用鼠标单击或框选图形，可以放大图形窗口中的整个图形或图形的一部分。
➤ 🔍：缩小图形窗口中的图形。
➤ 🏠：将视图还原到缩放、平移之前的状态。

4.2　二维绘图命令

MATLAB 提供了丰富的绘图命令,本节将简要介绍在 MATLAB 中绘制二维图形常用的几个命令。

4.2.1　plot 命令

plot 命令是最基本的二维绘图命令，也是最常用的一个绘图命令。执行 plot 命令时，系统会自动创建一个图形窗口用于显示图形。如果之前已经有打开的图形窗口，则将图形绘制在最近打开过的图形窗口中。

plot 命令主要有下面几种使用格式。

1. plot(x)

该命令绘制 x 的二维线条图。

如果 x 是实向量，则以向量元素的下标（即向量的长度，可用 MATLAB 函数 length 求得）为横坐标，对应的向量元素值为纵坐标，绘制一条连续曲线。

如果 x 是实矩阵，绘制 x 每一列元素值的曲线，曲线数等于 x 的列数。

如果 x 是复数矩阵，以元素实部为横坐标，以元素虚部为纵坐标，绘制每一列元素的曲线。

扫一扫，看视频

实例——绘制随机数矩阵的图形

源文件：yuanwenjian\ch04\plot_demo1.m

在 MATLAB 命令行窗口中输入如下命令：

```
>> close all          %关闭当前已打开的文件
>> clear              %清除工作区的变量
>> x=rand(3);         %创建三阶随机数矩阵 x
>> plot(x)            %绘制矩阵 x 的二维曲线图
```

运行程序，打开一个图窗，显示矩阵 x 每一列的曲线。在图窗的工具条上单击"链接/取消链接绘图"按钮，在打开的对话框中修改曲线的显示名称，如图 4.9 所示。修改完成后，单击"确定"按钮关闭对话框。在图窗的工具条上单击"插入图例"按钮，添加曲线的图例，如图 4.10 所示。

图 4.9　修改显示名称

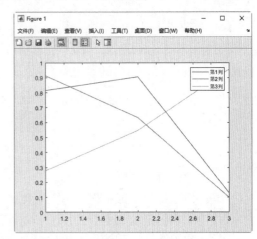

图 4.10　插入图例

2. plot(x,y)

绘制 x、y 定义坐标的二维曲线。

如果 x、y 是同维向量，绘制以 x 为横坐标、对应的 y 值为纵坐标的曲线。

如果 x 是向量，y 是有一维的长度与 x 的长度相同的矩阵，则绘制多根不同颜色的曲线，曲线数等于 y 的另一维数，x 作为这些曲线的横坐标。

如果 x 是矩阵，y 是向量，则绘制多根不同颜色的曲线，y 作为这些曲线的横坐标。

如果 x、y 是同维矩阵时，以 x 对应的列元素为横坐标，以 y 对应的列元素为纵坐标分别绘制曲线，曲线数等于矩阵的列数。

实例——绘制函数图形 1

源文件：yuanwenjian\ch04\plot_demo2.m

在 MATLAB 命令行窗口中输入如下命令：

```
>> x=-10:0.1:10;              %利用向量 x 定义函数取值点序列
>> y = exp(sin(x));           %函数表达式 y，是与 x 同维的向量
>> plot(x,y)
```

运行后所得的图形如图 4.11 所示。

3. plot(x1,y1,x2,y2,…)

这种格式的功能是在同一个图窗中绘制多条曲线。在这种用法中，（x_i,y_i）必须是成对出现的，其中 $i=1,2,…$。

实例——绘制函数图形 2

源文件：yuanwenjian\ch04\plot_demo3.m

在同一个图窗中绘制两个函数 $y = \sin 2x$、$y = \cos\left(x + \dfrac{\pi}{4}\right)$ 的图形。

在 MATLAB 命令行窗口中输入如下命令：

```
>> close all
>> x1=linspace(0,2*pi,100);
>> x2=x1+pi/4;                %两个函数的取值点序列为 x1 和 x2
>> y1=sin(2*x1);
>> y2=cos(x2);               %两个函数表达式为 y1 和 y2
>> plot(x1,y1,x2,y2)
```

运行结果如图 4.12 所示。

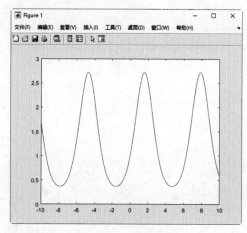

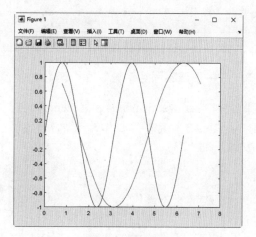

图 4.11　plot 作图 1　　　　　　　　图 4.12　plot 作图 2

4. plot(x,y,s)

这种格式绘制 x、y 定义坐标的二维曲线，并指定曲线样式。参数 s 是用单引号标记的字符串，用于设置数据点的类型、颜色以及数据点之间连线的类型、颜色等。在实际应用中，s 是某些字母或

符号的组合，见表 4.2～表 4.4。s 可以省略，此时将由 MATLAB 系统默认设置，即曲线一律采用"实线"线型，不同曲线将按表 4.3 所给出的前七种颜色（蓝、绿、红、青、品红、黄、黑）顺序着色。

表 4.2 线型符号及说明

线型符号	符号含义	线型符号	符号含义
-	实线（默认值）	:	点线
--	虚线	-.	点画线

表 4.3 颜色控制字符表

字 符	色 彩	RGB 值
b(blue)	蓝色	001
g(green)	绿色	010
r(red)	红色	100
c(cyan)	青色	011
m(magenta)	品红	101
y(yellow)	黄色	110
k(black)	黑色	000
w(white)	白色	111

表 4.4 标记样式控制字符表

字 符	数 据 点	字 符	数 据 点
+	加号	>	向右三角形
o	小圆圈	<	向左三角形
*	星号	s	正方形
.	实点	h	正六角星
x	交叉号	p	正五角星
d	菱形	v	向下三角形
^	向上三角形		

扫一扫，看视频

实例——使用不同线型绘制 3 个函数的曲线

源文件：yuanwenjian\ch04\plot_demo4.m
在 MATLAB 命令行窗口中输入如下命令：

```
>> close all
>> x=0:pi/10:2*pi;              %函数取值点序列
>> y1=sin(x);
>> y2=cos(2*x);
>> y3= sin(x)+cos(x);;          %3 个函数表达式
>> hold on                      %打开保持命令，保留当前图窗中的绘图，以便叠加绘图
>> plot(x,y1,'r*')              %红色星号绘制 y1
>> plot(x,y2,'k-.p')            %带黑色五角星标记的点画线绘制 y2
>> plot(x,y3,'b--d')            %蓝色菱形绘制 y3
>> hold off                     %关闭保持命令
```

运行结果如图 4.13 所示。

5．plot(x1,y1,s1,x2,y2,s2,…)

这种格式的用法与格式 3 相似，不同之处的是此格式有参数的控制，运行此命令等价于依次执行 plot(xi,yi,si)，其中 i=1,2,…。

实例——在同一坐标系绘制多个函数的图形

源文件：yuanwenjian\ch04\plot_demo5.m

在同一坐标系下绘制下列函数在[−5, 5]上的图形。

$$y_1 = e^{3\sin x}, \quad y_2 = \tan x$$

在 MATLAB 命令行窗口中输入如下命令：

```
>> clear
>> close all
>> x=-5:0.25:5;                    %函数取值点
>> y1=exp(3*sin(x));
>> y2=tan(x);                      %2 个函数表达式
>> plot(x,y1,'b-.*',x,y2,'rh-')    %y1 为蓝色带*号标记的点画线，y2 为红色带六角星标记的实线
```

运行结果如图 4.14 所示。

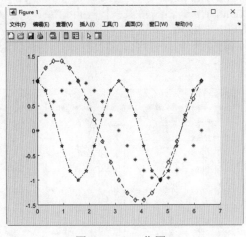

图 4.13　plot 作图 3

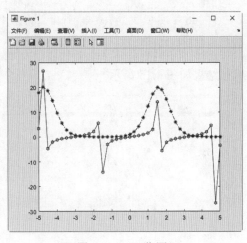

图 4.14　plot 作图 4

4.2.2　subplot 命令

如果要在同一图形窗口中分割出多个子图窗口，可以使用 subplot 命令，其调用格式见表 4.5。

表 4.5　subplot 命令的调用格式

命 令 格 式	说　明
subplot(m,n,p)	将当前窗口分割成 m×n 个视图区域，并指定第 p 个视图为当前视图
subplot(m,n,p,'replace')	删除位置 p 处的现有坐标区并创建新坐标区
subplot(m,n,p,'align')	创建新坐标区，以便对齐图框。此选项为默认行为
subplot(m,n,p,ax)	将现有坐标区 ax 转换为同一图窗中的子图
subplot('Position',pos)	在 pos 指定的自定义位置创建坐标区。指定 pos 作为[left bottom width height] 形式的四元素向量。如果新坐标区与现有坐标区重叠，新坐标区将替换现有坐标区

续表

命 令 格 式	说　明
subplot(…,Name,Value)	使用一个或多个名称-值对组参数修改坐标区属性
ax = subplot(…)	返回创建的 Axes 对象，可以使用 ax 修改坐标区
subplot(ax)	将 ax 指定的坐标区设为父图窗的当前坐标区。如果父图窗尚不是当前图窗，此选项不会使父图窗成为当前图窗

这里需要注意的是，子图的编号按行从左到右、从上到下排列。如果执行此命令之前没有打开任何图形窗口，则系统将自动创建一个图形窗口，并对其进行分割。

扫一扫，看视频

实例——分割子图绘图

源文件：yuanwenjian\ch04\subplot_demo.m

生成一个行向量 *a* 和一个实方阵 *b*，并在同一个图窗中不同的坐标系下分别绘制 *a*、*b* 的图像。

在 MATLAB 命令行窗口中输入如下命令：

```
>> close all                %关闭当前已打开的文件
>> clear                    %清除工作区的变量
>> a=linspace(1,10,20);     %在[1,10]创建20个等距点，组成向量a
>> b= hilb(4);              %创建4×4希尔伯特矩阵b
>> subplot(1,2,1),plot(a)   %分割为左、右并排的两个子图，在第一个子图中绘制向量a
>> subplot(1,2,2),plot(b)   %在第二个子图中绘制矩阵b
>> subplot(1,2,2,'replace') %清除第二个子图中的图形
```

运行结果如图 4.15 所示。

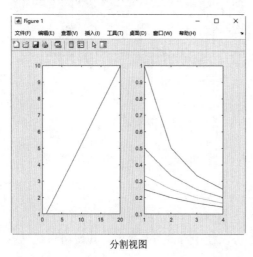

分割视图

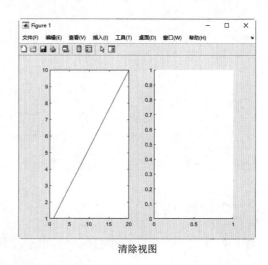

清除视图

图 4.15　视图分割

4.2.3　tiledlayout 命令

tiledlayout 命令用于创建分块图布局，在一个图窗中显示多个绘图。如果没有图窗，MATLAB 创建一个图窗并按照设置进行布局。如果当前图窗包含一个现有布局，MATLAB 使用新布局替换该布局。该命令的调用格式见表 4.6。

表 4.6 tiledlayout 命令的调用格式

命 令 格 式	说 明
tiledlayout(m,n)	创建分块图布局,将当前窗口布局为 m×n 图块排列。创建布局后,调用 nexttile 函数可以将坐标区对象放置到布局中,然后调用绘图函数在该坐标区中绘图
tiledlayout('flow')	指定'flow'布局的排列图块。初始状态下,只有一个空图块填充整个布局。当调用 nexttile 函数创建新的坐标区域时,布局都会根据需要进行调整以适应新坐标区,同时保持所有图块的纵横比约为 4:3
tiledlayout(…,Name,Value)	使用一个或多个名称-值对组参数指定布局属性
tiledlayout(parent,…)	在指定的父容器(可指定为 Figure、Panel 或 Tab 对象)中创建布局
t = tiledlayout(…)	返回 TiledChartLayout 对象 t,使用 t 配置布局的属性

分块图布局包含覆盖整个图窗或父容器的不可见图块网格。每个图块可以包含一个用于显示绘图的坐标区。创建布局后,调用 nexttile 命令以将坐标区对象放置到布局中。然后调用绘图函数在该坐标区中绘图。nexttile 命令的调用格式见表 4.7。

表 4.7 nexttile 命令的调用格式

命 令 格 式	说 明
nexttile	创建一个坐标区对象,再将其放入当前图窗中的分块图布局的下一个空图块中
nexttile(tilenum)	指定要在其中放置坐标区的图块编号。图块编号从 1 开始,按从左到右、从上到下的顺序递增。如果图块中有坐标区或图对象,nexttile 会将该对象设为当前坐标区
nexttile(span)	创建一个占据多行或多列的坐标区对象。指定 span 作为[r,c]形式的向量。坐标区占据 r 行×c 列的图块。坐标区的左上角位于第一个空的 r×c 区域的左上角
nexttile(tilenum,span)	创建一个占据多行或多列的坐标区对象。将坐标区的左上角放置在 tilenum 指定的图块中
nexttile(t,…)	在 t 指定的分块图布局中放置坐标区对象
ax = nexttile(…)	返回坐标区对象 ax,使用 ax 对坐标区设置属性

实例——图窗布局示例

源文件:yuanwenjian\ch04\tiledlayout_demo.m

在 MATLAB 命令行窗口中输入如下命令:

```
>> close all          %关闭当前已打开的文件
>> clear              %清除工作区的变量
>> x = linspace(-pi,pi);   %创建-π~π的向量 x,默认元素个数为 100
>> y = sin(abs(x));        %定义以向量 x 的绝对值为自变量的正弦函数表达式 y
>> tiledlayout(2,2)        %创建 2×2 的图窗布局
>> nexttile              %在第一个图块中创建一个坐标区对象
>> plot(x)               %在坐标区中绘制向量 x 的图形
>> nexttile              %创建第二个图块和坐标区
>> plot(x,y)             %在新坐标区中绘制函数曲线
>> nexttile([1 2])       %创建第三个图块,占据 1 行 2 列的坐标区
>> plot(x,y)             %在新坐标区中绘制函数曲线
```

运行结果如图 4.16 所示。

扫一扫,看视频

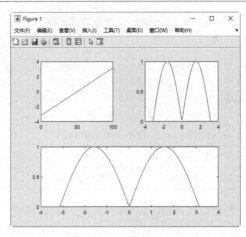

图 4.16　图窗布局

4.2.4　离散数据图形

MATLAB 还提供了一些在工程计算中常用的离散数据绘图命令，可以绘制常用的误差棒图、火柴杆图与阶梯图等。

1．误差棒图

MATLAB 绘制误差棒图的命令为 errorbar，其调用格式见表 4.8。

表 4.8　errorbar 命令的调用格式

命 令 格 式	说　　　明
errorbar(y,err)	创建 y 中数据的线图，并在每个数据点处绘制一个垂直误差条。err 中的值确定数据点上方和下方的每个误差条的长度，因此，总误差条长度是 err 值的 2 倍
errorbar(x,y,err)	绘制 y 对 x 的图，并在每个数据点处绘制一个垂直误差条
errorbar(…,ornt)	设置误差条的方向。ornt 的默认值为'vertical'，绘制垂直误差条；为'horizontal'绘制水平误差条；为'both'则绘制水平和垂直误差条
errorbar(x,y,neg,pos)	在每个数据点处绘制一个垂直误差条，其中 neg 确定数据点下方的长度，pos 确定数据点上方的长度
errorbar(x,y,yneg,ypos, xneg,xpos)	绘制 y 对 x 的图，并同时绘制水平和垂直误差条。yneg 和 ypos 分别设置垂直误差条下部和上部的长度；xneg 和 xpos 分别设置水平误差条左侧和右侧的长度
errorbar(…,LineSpec)	画出用 LineSpec 指定线型、标记符、颜色等的误差棒图
errorbar(…,Name,Value)	使用一个或多个"名称-值"对组参数修改线和误差条的外观
errorbar(ax,…)	在由 ax 指定的坐标区（而不是当前坐标区）中创建绘图
e = errorbar(…)	如果 y 为向量，返回一个 ErrorBar 对象。如果 y 是矩阵，为 y 中的每一列返回一个 ErrorBar 对象

扫一扫，看视频

实例——绘制铸件尺寸误差棒图

源文件：yuanwenjian\ch04\zhujianwuchabang.m

甲、乙两个铸造厂生产同种铸件，相同型号的铸件尺寸测量数据见表 4.9，绘出测量数据的误差棒图。

表 4.9　相同型号的铸件尺寸测量数据

甲	93.3	92.1	94.7	90.1	95.6	90.0	94.7
乙	95.6	94.9	96.2	95.1	95.8	96.3	94.1

在 MATLAB 程序命令行窗口中输入如下命令：

```
>> close all
>> x=[93.3 92.1 94.7 90.1 95.6 90.0 94.7];      %甲厂生产的铸件尺寸
>> y=[95.6 94.9 96.2 95.1 95.8 96.3 94.1];      %乙厂生产的铸件尺寸
>> e=abs(x-y);                                   %数据点上方和下方的误差条长度
>> errorbar(y,e)                                 %创建乙厂铸件尺寸的误差棒图
>> title('铸件误差棒图')
>> axis([0 8 88 106])                            %调整坐标轴的范围
```

运行结果如图 4.17 所示。

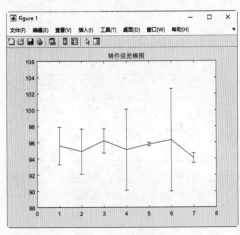

图 4.17 误差棒图

2. 火柴杆图

二维火柴杆图也称为棒棒糖图、针状图，常用于绘制离散序列，数据值表示为每个杆末端的标记，从基线（通常在 $y=0$ 处）延伸到数据值点的线称为杆。MATLAB 使用 stem 命令绘制二维火柴杆图，其调用格式见表 4.10。

表 4.10 stem 命令的调用格式

命 令 格 式	说 明
stem(Y)	按 Y 元素的顺序画出火柴杆图，在 x 轴上，火柴杆之间的距离相等；若 Y 为矩阵，则把 Y 分成几个行向量，在同一横坐标的位置上画出一个行向量的火柴杆图
stem(X,Y)	在 X 指定的值的位置画出列向量 Y 的火柴杆图，其中 X 与 Y 为同型的向量或矩阵，X 可以是行或列向量，Y 必须是包含 length(X) 行的矩阵
stem(…,'filled')	对火柴杆末端的圆形"火柴头"填充颜色
stem(…,LineSpec)	用参数 LineSpec 指定的线型、标记符号和火柴头的颜色画火柴杆图
stem(…,Name,Value)	使用一个或多个"名称-值"对组参数修改火柴杆图
stem(ax,…)	在 ax 指定的坐标区中，而不是当前坐标区（gca）中绘制图形
h = stem(…)	返回由 Stem 对象构成的向量

实例——绘制信号的火柴杆图

源文件：yuanwenjian\ch07\huochaigan.m

在 MATLAB 程序命令行窗口中输入如下命令：

```
>> close all
```

扫一扫，看视频

```
>> x = linspace(0, 20, 50);          %时域采样
>> y = sin(x + 1) + cos(x*2);        %信号表达式
>> subplot(2,1,1),stem(y)            %分割为上、下两个子图，在第一个子图中绘制信号的火柴杆图
>> subplot(2,1,2),stem(y,'fill','rh','LineStyle','-.')  %设置火柴头的样式和填充色，并设
                                                         置杆的线型
```

运行结果如图 4.18 所示。

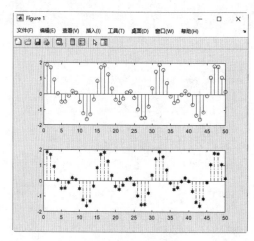

图 4.18　火柴杆图

3．阶梯图

阶梯图在电子信息工程以及控制理论中用得非常多，MATLAB 使用 stairs 命令绘制阶梯图，其调用格式见表 4.11。

表 4.11　stairs 命令的调用格式

命 令 格 式	说　　明
stairs(Y)	用参量 Y 的元素绘制阶梯图，若 Y 为向量，则横坐标 x 的范围从 1 到 m=length(Y)；若 Y 为 $m×n$ 矩阵，则对 Y 的每一行绘制阶梯图，其中 x 的范围从 1 到 n
stairs(X,Y)	结合 X 与 Y 绘制阶梯图，其中要求 X 与 Y 为同型的向量或矩阵。此外，X 可以为行向量或列向量，且 Y 为有 length(X)行的矩阵
stairs(…,LineSpec)	用参数 LineSpec 指定的线型、标记符号和颜色画阶梯图
stairs(…,Name，Value)	使用一个或多个"名称-值"对组参数修改阶梯图
stairs(ax,…)	将图形绘制到 ax 指定的坐标区中，而不是当前坐标区（gca）中
h = stairs(…)	返回一个或多个 Stair 对象
[xb,yb] = stairs(…)	该命令不绘图，而是返回大小相等的矩阵 xb 与 yb，可以用命令 plot(xb,yb)绘制阶梯图

扫一扫，看视频

实例——绘制阶梯图

源文件：yuanwenjian\ch04\jietitu.m

绘制函数的阶梯图。

在 MATLAB 程序命令行窗口中输入如下命令：

```
>> close all
>> x=-2:0.1:2;              %取值区间和取值点
>> y=exp(x).*cos(x);       %以 x 为自变量的函数表达式 y
>> stairs(x,y)             %绘制指数函数的阶梯图
```

```
>> hold on                              %保留当前图窗中的绘图
>> plot(x,y,'--*')                      %使用带星号标记的虚线绘制指数函数的二维线图
>> hold off                             %关闭保持命令
```

运行结果如图 4.19 所示。

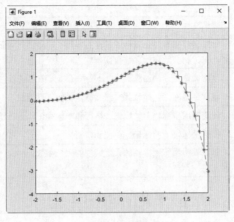

图 4.19　阶梯图

4.3　修饰处理二维图形

有时，利用绘图命令绘制的图形可能在外观上无法满足用户对可视化的要求。MATLAB 提供了许多图形控制的命令，可以让用户根据需要对图形进行修饰处理。

4.3.1　控制坐标轴

MATLAB 的绘图函数默认会根据曲线数据的范围自动选择合适的坐标系，使得曲线尽可能清晰地显示出来，用户也可以根据需要，用 axis 命令控制坐标轴的显示、刻度、长度等特征。该命令的调用格式见表 4.12。

表 4.12　axis 命令的调用格式

命 令 格 式	说　　明
axis([xmin xmax ymin ymax])	设置当前坐标轴的 x 轴与 y 轴的范围
axis([xmin xmax ymin ymax zmin zmax])	设置当前坐标轴的 x 轴、y 轴与 z 轴的范围
axis([xmin xmax ymin ymax zmin zmax cmin cmax])	设置当前坐标轴的 x 轴、y 轴与 z 轴的范围，以及当前颜色刻度范围
v = axis	返回一个包含 x 轴、y 轴与 z 轴的刻度因子的行向量，其中 v 为一个四维或六维向量，这取决于当前坐标是二维还是三维
axis auto	自动计算当前轴的范围，该命令也可以针对某一个具体坐标轴使用，例如： auto x 自动计算 x 轴的范围； auto yz 自动计算 y 轴与 z 轴的范围
axis manual	把坐标固定在当前的范围，若保持状态（hold）为 on，后面的图形仍用相同界限
axis tight	把坐标轴的范围定为数据的范围，即将三个方向上的纵高比设为同一个值
axis fill	该命令用于将坐标轴的取值范围分别设置为绘图所用数据在相应方向上的最大值和最小值
axis ij	将二维图形的坐标原点设置在图形窗口的左上角，坐标轴 i 垂直向下，坐标轴 j 水平向右

续表

命令格式	说　明
axis xy	使用笛卡儿坐标系
axis equal	设置坐标轴的纵横比，使在每个方向的数据单位都相同，其中 x 轴、y 轴与 z 轴将根据所给数据在各个方向的数据单位自动调整其纵横比
axis image	效果与命令 axis equal 相同，只是图形区域刚好紧紧包围图形数据
axis square	设置当前图形为正方形（或立方体形），系统将调整 x 轴、y 轴与 z 轴，使它们有相同的长度，同时相应地自动调整数据单位之间的增加量
axis normal	自动调整坐标轴的纵横比，还有用于填充图形区域的、显示于坐标轴上的数据单位的纵横比
axis vis3d	该命令将冻结坐标系此时的状态，以便进行旋转
axis off	关闭所用坐标轴上的标记、格栅和单位标记，但保留由 text 和 gtext 设置的对象
axis on	显示坐标轴上的标记、单位和格栅
[mode,visibility,direction] = axis('state')	返回表明当前坐标轴的设置属性的三个参数 mode、visibility、dirextion，它们的可能取值见表 4.13

表 4.13　参数取值

参　　数	可　能　取　值
mode	'auto'或'manual'
visibility	'on'或'off'
dirextion	'xy'或'ij'

实例——显示指定区间的图形

源文件：yuanwenjian\ch04\axis_demo.m

绘制函数 $y = e^x \sin 4x$ 在 $x \in \left[0, \dfrac{\pi}{2}\right]$，$y \in [-2, 2]$ 上的图形。

在 MATLAB 命令行窗口中输入如下命令：

```
>> close all
>> x=linspace(0,pi/2,50);          %取值点
>> y=exp(x).*sin(4.*x);            %函数表达式
>> plot(x,y,'rh')                  %红色六角星绘制函数曲线，如图 4.20（a）所示
>> axis([0 pi/2 -2 2])             %调整坐标轴范围，如图 4.20（b）所示
```

运行结果如图 4.20 所示。

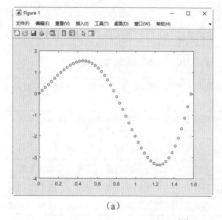

（a）

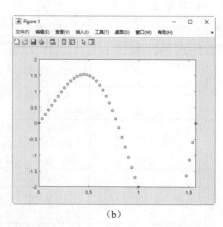

（b）

图 4.20　轴控命令 axis 的效果

4.3.2　注释图形

MATLAB 中提供了一些常用的图形标注函数，用于为图形添加标题、坐标轴标注、图例，也可以在图形的任意位置添加说明、注释等文本，以增强图形的可读性。本小节介绍在实际中应用较多的几个图形注释命令。

1. 设置图形标题

在 MATLAB 绘图命令中，title 命令用于为图形对象设置标题，其调用格式见表 4.14。

表 4.14　title 命令的调用格式

命 令 格 式	说　　　明
title('string')	在当前坐标轴上方正中央放置字符串 string 作为图形标题
title(fname)	先执行能返回字符串的函数 fname，然后在当前轴上方正中央放置返回的字符串作为标题
title('text','PropertyName',PropertyValue,...)	对由命令 title 生成的图形对象的属性进行设置，输入参数 "text" 为要添加的标注文本
h = title(...)	返回作为标题的 Text 对象句柄

📢 提示：

可以利用 gcf 与 gca 来分别获取当前图形窗口与当前坐标轴的句柄。

2. 标注坐标轴

对 x 轴、y 轴、z 轴进行标注的命令分别为 xlabel、ylabel、zlabel，它们的调用格式都是一样的，本小节以 xlabel 为例进行说明，见表 4.15。

表 4.15　xlabel 命令的调用格式

命 令 格 式	说　　　明
xlabel('string')	在当前轴对象中的 x 轴上标注说明语句 string
xlabel(fname)	先执行函数 fname，返回一个字符串，然后在 x 轴旁边显示出来
xlabel('text','PropertyName',PropertyValue,...)	指定轴对象中要控制的属性名和要改变的属性值，参数'text'为要添加的标注名称

实例——绘制有标题和坐标标注的图形

源文件：yuanwenjian\ch04\txbiaozhu.m

在 MATLAB 命令行窗口中执行如下命令：

```
>> x=linspace(0,4*pi,1000);
>> tiledlayout(1,2);                %创建 1 行 2 列的分块图布局
>> h1=nexttile;                     %在第一个图块中创建并返回坐标区对象
>> plot(h1,x,sin(x))                %在 h1 指定的坐标区中绘制正弦曲线
>> h2=nexttile;                     %在第二个图块中创建并返回坐标区对象
>> plot(h2,x,cos(x))                %在 h2 指定的坐标区中绘制余弦曲线
>> t1=title(h1,'正弦波\clubsuit ');  %添加标题，并返回标题对象
%设置标题字号、字形、颜色属性
>> t1.FontSize=30;
>> t1.FontWeight='bold';
>> t2=title(h2,'余弦波');
```

扫一扫，看视频

```
>> t2.Color='r';
>> t2.FontSize=20;
>> t2.FontWeight='bold';
>> xlabel('x 值')
>> ylabel('y 值')                              %标注坐标轴
```

运行结果如图 4.21 所示。

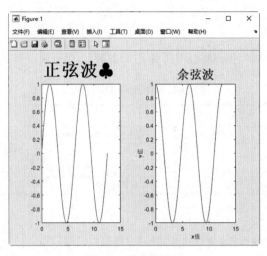

图 4.21　图形标注 1

扫一扫，看视频

动手练一练——绘制三角函数图形

在区间 $x \in [-2\pi, 2\pi]$ 绘制三角函数 $y = \sin^2 x + \cos 2x$ 的图形，并添加标题、标注坐标轴。

思路点拨：

源文件：yuanwenjian\ch04\sjhst.m

（1）在指定区间定义函数取值点。

（2）定义函数表达式。

（3）利用 plot 命令绘制函数曲线。

（4）利用 title 命令添加图形标题。

（5）使用 xlabel 和 ylabel 命令标注坐标轴。

3. 添加标注文本

在详细标注图形时，最常用的两个命令是 text 与 gtext，它们均可以在图形显示区域的任意位置进行标注。

text 命令的调用格式见表 4.16。

表 4.16　text 命令的调用格式

命 令 格 式	说　　明
text(x,y,string)	在图形中指定的位置(x,y)上显示字符串 string
text(x,y, string, Name, Value,…)	在上一语法格式的基础上，通过一个或多个名称-值对参数设置标注文本的属性

gtext 命令的调用格式见表 4.17。

表 4.17 gtext 命令的调用格式

命 令 格 式	说 明
gtext(str)	在鼠标选择的位置插入文本 str
gtext(str,Name,Value, …)	在上一语法格式的基础上，使用一个或多个名称-值对参数设置文本属性
t = gtext(…)	在以上任一语法格式的基础上，返回由 gtext 创建的文本对象的数组

执行 gtext 命令时，将鼠标指针移到在图窗上时，指针变为十字准线。通过移动鼠标进行定位，指针移到预定位置后按下鼠标左键或键盘上除 Enter 键以外的任意键，即可在指定位置添加文本。

实例——标注函数曲线

源文件：yuanwenjian\ch04\biaozhuqx.m

在区间 $x \in [0,2]$ 绘制倒数函数 $y = \dfrac{1}{x}$ 的图像，标出 $\dfrac{1}{4}$、$\dfrac{1}{2}$ 在图像上的位置，并在曲线上标注函数名。

在 MATLAB 命令行窗口中执行如下命令：

```
>> x=0:0.1:2;                                    %取值点
>> plot(x,1./x)                                  %绘制函数曲线
>> t=title('倒数函数');                           %添加标题，并返回标题对象
>> t.Color='b';
>> t.FontSize =18;
>> t.FontWeight='bold';                          %设置标题文本的颜色、字号和字型
>> xlabel('x'),ylabel('1./x')                    %标注坐标轴
%在指定坐标点添加标注文本
>> text(0.25, 1./0.25,'<---1./0.25')
>> text(0.5, 1./0.5,'1./0.5\rightarrow','HorizontalAlignment','right')  %标注文本右对齐
>> h = gtext('y=1./x');                          %添加标注，并返回标注文本对象
>> h.FontSize = 14;
>> h.Color = 'r';                                %设置标注文本的字号和颜色
```

运行结果如图 4.22 所示。

注意：

> text 命令中的'\rightarrow'是 TeX 字符串。在 MATLAB 中，TeX 中的一些希腊字母、常用数学符号、二元运算符号、关系符号以及箭头符号都可以直接使用。

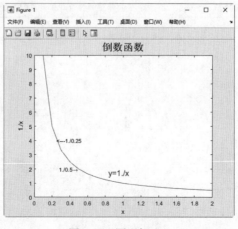

图 4.22 图形标注 2

动手练一练——标注三角函数图形

在区间 $x \in [-3,3]$ 绘制函数 $y = x^3 + \mathrm{e}^x$ 的图形，并分别标注局部最小值和最大值。

思路点拨：

源文件：yuanwenjian\ch04\bzsjhs.m

（1）在指定区间定义函数取值点。

（2）定义函数表达式。

（3）利用 plot 命令绘制函数曲线。

（4）使用两个向量 xt、yt 分别定义 x 轴、y 轴的标注位置。

（5）使用单元型变量定义要显示的文本内容。

（6）使用 text 命令在[xt,yt]指定的标注位置添加文本标注。

4．添加图例

如果一幅图中显示多条曲线，用户可以根据自己的需要，利用 legend 命令添加图例，以便对曲线进行标识。该命令的调用格式见表 4.18。

表 4.18　legend 命令的调用格式

命令格式	说　明
legend(subset,'string1','string2',...)	仅在图例中包括 subset 中列出数据序列的项。subset 以图形对象向量的形式指定
legend(labels)	使用字符向量元胞数组、字符串数组或字符矩阵，将每一行字符串设置为图例标签
legend(target,...)	在 target 指定的坐标区或图中添加图例
legend(vsbl)	控制图例的可见性，vsbl 可设置为'hide'、'show'或'toggle'
legend(bkgd)	删除图例背景和轮廓。bkgd 的默认值为'boxon'，即显示图例背景和轮廓
legend('off')	从当前的坐标轴中移除图例
legend	为每个绘制的数据序列创建一个带有描述性标签的图例
legend(...,Name,Value)	使用一个或多个名称-值对组参数来设置图例属性。设置属性时，必须使用元胞数组{}指定标签
legend(...,'Location',lcn)	设置图例位置。'Location'指定放置位置，包括'north'、'south'、'east'、'west'、'northeast'等
legend(...,'Orientation',ornt)	ornt 指定图例放置方向，默认值为 'vertical'，即垂直堆叠图例项；'horizontal'表示并排显示图例项
lgd = legend(...)	返回 Legend 对象，常用于在创建图例后查询和设置图例属性
h = legend(...)	返回图例的句柄向量

实例——添加图例

源文件：yuanwenjian\ch04\tuli.m

在同一坐标系下绘制 $y_1 = \sin x$，$y_2 = \sin\left(x + \dfrac{\pi}{4}\right)$，$y_3 = \sin\left(x + \dfrac{\pi}{2}\right)$ 的图像，并添加图例以便区分。

在 MATLAB 命令行窗口中执行如下命令：

```
>> close all
>> x=linspace(0,2*pi,50);          %取值点
>> y1=sin(x);
>> y2= sin(x+pi/4);
>> y3= sin(x+pi/2);                %函数表达式
```

```
>> plot(x,y1,'*-.r',x,y2,'+b--',x,y3,'mh')          %同一坐标系下绘图
>> title('正弦曲线')
>> xlabel('xValue'),ylabel('yValue')                %标注坐标轴
>> axis([0,7,-1.5,2])                               %调整坐标轴范围
>> legend('sin(x)','sin(x+pi/4)','sin(x+pi/2)', 'Orientation', 'horizontal')
%添加水平排列的图例
```

运行结果如图 4.23 所示。

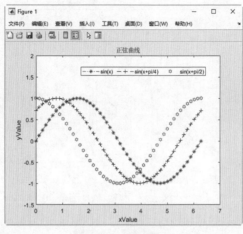

图 4.23　图形标注 3

5. 控制分格线

利用 grid 命令在图形的坐标面添加分格线，可以增强图形数据的可读性，该命令的调用格式见表 4.19。

表 4.19　grid 命令的调用格式

命 令 格 式	说　　明
grid on	给当前的坐标轴增加分格线
grid off	从当前的坐标轴中去掉分格线
grid	转换分格线显示与否的状态
grid(axes_handle,on|off)	对指定的坐标轴 axes_handle 是否显示分格线

实例——分格线示例

源文件：yuanwenjian\ch04\fengexian.m

扫一扫，看视频

绘制函数 $y_1 = \mathrm{e}^{\frac{-|x|}{10}} \cos(5|x|)$，$y_2 = \mathrm{e}^{\frac{-|x|}{10}} \sin(5|x|)$ 的图形，并显示分格线。

在 MATLAB 命令行窗口中输入如下命令：

```
>> clear
>> close all
>> x=linspace(0,2*pi,50);                          %函数取值点
>> y1= exp(-abs(x)/10).*cos(5*abs(x));
>> y2= exp(-abs(x)/10).*sin(5*abs(x));             %函数表达式
>> ax1=subplot(121);plot(x,y1,'r-.h');            %分割图窗，在第一个子图中绘制 y1
>> grid(ax1, 'on')                                 %在 ax1 指定的坐标区中显示分格线
```

```
>> title(ax1,'显示分格线')
>> ax2=subplot(122);plot(x,y2,'b-.^');                    %在第二个子图中绘制 y2，默认不显示分格线
>> title(ax2,'不显示分格线')
```

运行结果如图 4.24 所示。

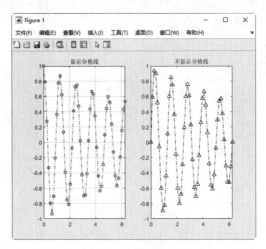

图 4.24　图形标注 4

4.3.3　缩放图形

在工程实际中，常常需要对图形进行缩放，以便仔细观察局部性质或观察整体效果，这时可以使用 zoom 命令。zoom 命令的调用格式见表 4.20。

表 4.20　zoom 命令的调用格式

命令格式	说　　明
zoom on	启用交互式图形缩放功能
zoom off	禁用交互式图形缩放功能
zoom out	将图形恢复原状
zoom reset	系统将记住当前图形的缩放状态，作为缩放状态的设置值，当使用 zoom out 或双击鼠标左键时，图形并不是返回到原状，而是返回 reset 时的缩放状态
zoom	用于切换缩放的状态：on 和 off
zoom xon	只对 x 轴进行放大
zoom yon	只对 y 轴进行放大
zoom(factor)	用缩放系数 factor 放大或缩小当前坐标区，而不影响交互式缩放的状态。若 factor>1，系统将图形放大 factor 倍；若 0<factor≤1，系统将图形缩小到 1/factor
zoom(fig, option)	对窗口 fig（不一定为当前窗口）中的二维图形进行放大，其中参数 option 为 on、off、xon、yon、reset、factor 等

在使用 zoom on 命令时，图形处于交互式的缩放状态，有两种方法缩放图形。一种方法是用鼠标单击需要放大的部分，可使此部分放大一倍，这一操作可进行多次，直到 MATLAB 的最大显示为止；右击，可使图形缩小一半，这一操作可进行多次，直到还原图形为止。另一种方法是用鼠标拖出要放大的部分，系统将放大选定的区域。该命令的作用与图形窗口中放大图标的作用是一样的。

扫一扫，看视频

实例——缩放函数曲线

源文件：yuanwenjian\ch04\suofangqx.m

绘制函数 $y = -e^{\frac{-|x|}{5}}\sin(5|x|)$ 的图形，并对图形进行缩放。

在 MATLAB 命令行窗口中输入如下命令：

```
>> clear
>> close all
>> x=linspace(0,2*pi,50);              %函数取值点
>> y= -exp(-abs(x)/5).*sin(5*abs(x));  %函数表达式
>> subplot(221);plot(x,y,'b-.');       %分割图窗，在子图中绘制曲线
>> subplot(222);plot(x,y,'b-.');
>> zoom xon          %仅对 x 维度启用缩放模式，此时图形上的鼠标指针显示为↔，按下拖动可沿 x 轴方
                      向放大图形，在坐标区显示指定范围的图形
>> subplot(223);plot(x,y,'b-.');
>> zoom(2)                              %图形约束比例放大 2 倍
>> subplot(224);plot(x,y,'b-.');
>> zoom on                             %启用缩放模式，可对图形进行自由缩放
>> zoom off                            %禁用缩放模式
```

运行结果如图 4.25 所示。

📢》 提示：

启用缩放模式后，在绘图坐标区中右击，弹出如图 4.26 所示的快捷菜单，利用该菜单可以选择缩放模式。

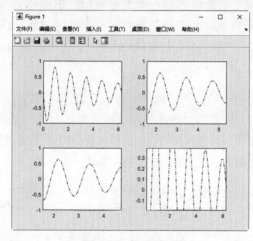

图 4.25 缩放图形

图 4.26 快捷菜单

第 5 章　数据拟合与插值

内容指南

在工程实验与工程测量中，数据拟合与插值属于离散数据分析处理范畴，可对测量出的离散数据分析处理，找出测量数据的数学规律。本章将主要介绍使用 MATLAB 进行数据拟合与插值的方法和技巧。

内容要点

➢ 数据拟合
➢ 数据插值

5.1　数据拟合

在工程实践中，经常需要根据实验测得的一些离散数据建立数学模型，用比较简单和满足相关物理意义的函数模型来逼近（称为拟合）实验数据，从而反映某些工程参数的规律。这就是一个数据拟合的过程。本节将介绍 MATLAB 的函数拟合命令以及用 MATLAB 实现的常用拟合算法。

5.1.1　多项式拟合

多项式拟合的目标是找出一组多项式系数，使多项式能够较好地拟合原始数据。多项式拟合并不能保证每个样本点都在拟合的曲线上，但能使整体的拟合误差较小，是数据拟合最常用的一种方法。

MATLAB 提供了 polyfit 函数实现多项式拟合，其调用格式见表 5.1。

表 5.1　polyfit 函数的调用格式

命 令 格 式	说　　明
p = polyfit(x,y,n)	对 x 和 y 进行 n 维多项式的最小二乘拟合，输出结果 p 为含有 n+1 个元素的行向量，该向量以维数递减的形式给出拟合多项式的系数
[p,s] = polyfit(x,y,n)	结果中的 s 包括对 x 进行 QR 分解的三角 R 因子、自由度和残差的范数
[p,s,mu] = polyfit(x,y,n)	在拟合过程中，首先对 x 进行数据标准化处理，以在拟合中消除量纲等的影响，mu 包含两个元素，分别是标准化处理过程中使用的 x 的均值和标准差

实例——用三次多项式拟合数据

源文件：yuanwenjian/ch05/nihedxs.m

用三次多项式拟合表 5.2 给定的数据。

表 5.2　给定数据

x	0.1	0.2	0.15	0.0	-0.2	0.3
y	0.95	0.84	0.86	1.06	1.50	0.72

在命令行中输入以下命令：

```
>> clear                        %清除工作区的变量
>> x=[0.1,0.2,0.15,0.0,-0.2,0.3];  %输入数据矩阵 x 和 y
>> y=[0.95,0.84,0.86,1.06,1.50,0.72];
>> p=polyfit(x,y,3)             %返回次数为 3 的多项式的系数向量
p =
   -4.6528    2.5546    -1.4880    1.0628
>> xi=-0.2:0.01:0.3;            %定义取值范围和取值点
>> yi=polyval(p,xi);           %计算 p 表示的多项式在 xi 的每个点处的值
>> plot(x,y,'r*',xi,yi,'k');    %分别用红色*和黑色线条绘制数据点与拟合曲线
>> title('多项式拟合')          %添加标题
```

拟合结果如图 5.1 所示。

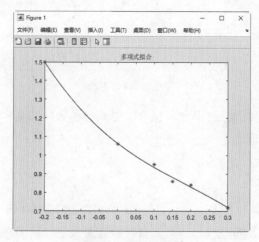

图 5.1　多项式拟合

实例——考查拟合的有效性

源文件：yuanwenjian/ch05/niheyxx.m

在区间[0,2]上对函数进行拟合，然后在区间[0,3]绘制图形，比较拟合区间和非拟合区间的图形。

在命令行中输入以下命令：

```
>> clear                        %清除工作区变量
>> x=0:0.1:2;                   %定义取值区间和取值点
>> y= (1+x)./(x.^3+2);          %定义函数
>> [p,s]=polyfit(x,y,3)         %返回三次多项式的系数向量，以及用于获取误差估计值的结构体 s
p =
    0.1950   -0.8571    0.8439    0.4773s =
s =
  包含以下字段的 struct:
       R: [4×4 double]
      df: 17
   normr: 0.0442
```

扫一扫，看视频

```
>> x1=0:0.3:3;                        %定义取值区间和取值点
>> y1= (1+x1)./(x1.^3+2);            %计算函数值
>> y2=polyval(p,x1);                 %计算 p 表示的多项式在 x1 的每个点处的值
>> plot(x1,y2,'r*',x1,y1,'k-')       %在区间[0,3]分别以红色*标记和黑色线条绘制拟合数据点和函数曲线
>> legend('拟合数据点','函数曲线')    %添加图例
```

拟合结果如图 5.2 所示。

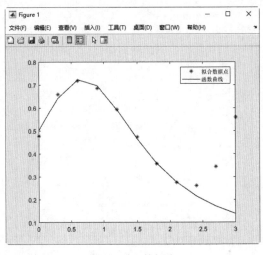

图 5.2 函数拟合

从图中可以看出，区间[0,2]经过拟合，拟合数据点与函数曲线基本吻合；区间(2,3]没有经过拟合，拟合数据点偏离了函数曲线。

5.1.2 直线拟合

一组数据 $[x_1,x_2,\cdots,x_n]$ 和 $[y_1,y_2,\cdots,y_n]$，已知 x 和 y 为线性关系，即 $y=kx+b$，对该直线进行拟合，就是求出待定系数 k 和 b 的过程。如果将直线拟合看成是一阶多项式拟合，那么可以直接利用 5.1.1 小节中的方法进行计算。由于最小二乘法直线拟合在数据处理中有其特殊的重要作用，这里再单独介绍另外一种方法——利用矩阵除法进行最小二乘拟合，源程序的 M 文件 linefit.m 如下：

```
function [k,b]=linefit(x,y)
n=length(x);
x=reshape(x,n,1);              %生成列向量
y=reshape(y,n,1);
A=[x,ones(n,1)];              %连接矩阵 A
bb=y;
B=A'*A;
bb=A'*bb;
yy=B\bb;
k=yy(1);                      %得到 k
b=yy(2);                      %得到 b
```

扫一扫，看视频

实例——对测量数据进行直线拟合

源文件：yuanwenjian/ch05/zhixiannihe.m

对表 5.3 的测量数据进行直线拟合。

表 5.3　测试数据

x	0.5	1	1.5	2	2.5	3
y	1.75	2.45	3.81	4.8	8	8.6

在命令行窗口中输入以下命令：

```
>> clear                         %清除工作区的变量
>> x=[0.5 1 1.5 2 2.5 3];        %输入测试数据
>> y=[1.75 2.45 3.81 4.8 8 8.6];
>> [k,b]=linefit(x,y)            %使用自定义函数对测试数据进行直线拟合，返回系数 k 和 b
k =
    2.9651
b =
   -0.2873
>> y1=polyval([k,b],x);          %系数 k 和 b 表示的多项式在 x 每个点处的值
>> plot(x,y1);                   %绘制拟合后的曲线
>> hold on                       %保留当前图窗中的绘图
>> plot(x,y,'*')                 %以星号标记绘制原始数据点
```

拟合结果如图 5.3 所示。

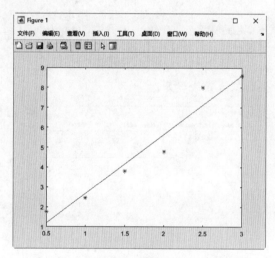

图 5.3　直线拟合

如果存在函数的线性组合 $g(x) = c_1 f_1(x) + c_2 f_2(x) + \cdots + c_n f_n(x)$，其中 $f_i(x)$ $(i = 1, 2, \cdots, n)$ 为已知函数，c_i $(i = 1, 2, \cdots, n)$ 为待定系数，对这种函数线性组合的曲线拟合也可以采用直线拟合方法。

实例——拟合函数线性组合

源文件：yuanwenjian/ch05/linefit2.m、nihexxzh.m

已知存在一个函数线性组合 $g(x) = c_1 + c_2 e^{-2x} + c_3 \cos(-2x) e^{-4x} + c_4 x^2$，求出待定系数 c_i，实验数据见表 5.4。

表 5.4　实验数据

x	0	0.2	0.4	0.7	0.9	0.92
y	2.88	2.2576	1.9683	1.9258	2.0862	2.109

扫一扫，看视频

操作步骤:

（1）编写如下 M 文件:

```
function yy=linefit2(x,y,A)
n=length(x);
y=reshape(y,n,1);
A=A';
yy=A\y;
yy=yy';
```

（2）将 M 文件以默认名称保存在搜索路径下，然后在命令行窗口中输入以下命令:

```
>> clear                                          %清空工作区的变量
>> x=[0 0.2 0.4 0.7 0.9 0.92 ];                   %输入实验数据
>> y=[2.88 2.2576 1.9683 1.9258 2.0862 2.109 ];
>> A=[ones(size(x));exp(-2*x);cos(-2*x).*exp(-4*x);x.^2];    %定义函数组合
>> yy=linefit2(x,y,A)                             %使用自定义函数求函数线性组合的系数向量
yy =
   1.1652    1.3660    0.3483    0.8608
>> plot(x,y, '*')                                 %使用星号标记绘制实验数据曲线
>> hold on                                        %保留当前图窗的绘图
>> x=[0:0.01:0.92]';                              %定义取值范围和取值点
>> A1=[ones(size(x)) exp(-2*x) cos(-2*x).*exp(-4*x) x.^2];   %定义函数组合
>> y1=A1*yy';                                     %计算各取值点对应的函数值
>> plot(x,y1)                                     %绘制拟合曲线
```

（3）从图 5.4 中可以看到，拟合效果良好。

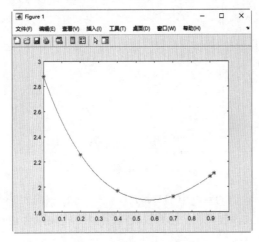

图 5.4　函数线性组合拟合

5.2　数　据　插　值

　　工程实践中，能够测量到的数据通常是一些不连续的点，而实际中往往需要知道这些离散点以外的其他点的数值。例如，现代机械工业中进行零件的数控加工，根据设计可以给出零件外形曲线的某些型值点，加工时为控制每步走刀方向及步数要求计算出零件外形曲线中其他点的函数值，才能加工出外表光滑的零件。这就是函数插值的问题。常用的函数插值方法有拉格朗日（Lagrange）

插值、埃尔米特（Hermite）插值、分段插值、三次样条插值等几种，下面分别进行介绍。

5.2.1　拉格朗日（Lagrange）插值

给定 n 个插值节点 $x_1, x_2, \cdots, x_n$ 和对应的函数值 $y_1, y_2, \cdots, y_n$，利用 n 次拉格朗日插值多项式公式 $L_n(x) = \sum_{k=0}^{n} y_k l_k(x)$，其中 $l_k(x) = \dfrac{(x-x_0)\cdots(x-x_{k-1})(x-x_{k+1})\cdots(x-x_n)}{(x_k-x_0)\cdots(x_k-x_{k-1})(x_k-x_{k+1})\cdots(x_k-x_n)}$，可以得到插值区间内任意 x 的函数值 y 为 $y(x) = L_n(x)$。从公式中可以看出，生成的多项式与用来插值的数据密切相关，数据变化则函数就要重新计算，所以当插值数据特别多时，计算量会比较大。MATLAB 中并没有现成的拉格朗日插值命令，下面是用 M 语言编写的函数文件：

```
function yy=lagrange(x,y,xx)
%Lagrange 插值，求数据(x,y)所表达的函数在插值点 xx 处的插值
m=length(x);
n=length(y);
if m~=n, error('向量 x 与 y 的长度必须一致');
end
s=0;
for i=1:n
  t=ones(1,length(xx));
  for j=1:n
    if j~=i
      t=t.*(xx-x(j))/(x(i)-x(j));
    end
  end
  s=s+t*y(i);
end
yy=s;
```

实例——拉格朗日插值示例

源文件：yuanwenjian/ch05/ lagrange_demo.m

用拉格朗日插值法在区间[-0.2,0.3]以 0.01 为步长，对表 5.5 所示的测量点数据进行插值。

表 5.5　测量点数据

x	0.1	0.2	0.15	0	-0.2	0.3
y	0.95	0.84	0.86	1.06	1.5	0.72

在命令行中输入以下命令：

```
>> close all                          %关闭所有打开的文件
>> clear                              %清除工作区的变量
>> x=[0.1,0.2,0.15,0,-0.2,0.3];       %输入测量数据
>> y=[0.95,0.84,0.86,1.06,1.5,0.72];
>> xi=-0.2:0.01:0.3;                  %定义插值点
>> yi=lagrange(x,y,xi);               %计算数据(x,y)表示的函数在插值点 xi 处的值
>> plot(x,y,'r*',xi,yi,'b');          %使用红色星号和蓝色线条分别描绘测量点与插值曲线
>> title('lagrange');                 %添加标题
```

运行结果如图 5.5 所示。

在图 5.5 中可以看出，拉格朗日插值的一个特点是：拟合曲线通过每一个测量数据点。

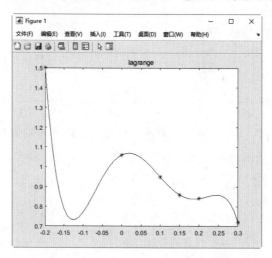

图 5.5　拉格朗日插值

5.2.2　埃尔米特（Hermite）插值

不少实际的插值问题不仅要求节点上函数值相等，而且要求对应的导数值也相等，甚至要求高阶倒数也相等，满足这种要求的插值多项式就是埃尔米特插值多项式。

已知 n 个插值节点 $x_1, x_2, \cdots, x_n$ 和对应的函数值 $y_1, y_2, \cdots, y_n$ 以及一阶导数值 $y_1', y_2', \cdots, y_n'$，则在插值区域内任意 x 的函数值 y 为

$$y(x) = \sum_{i=1}^{n} h_i[(x_i - x)(2a_i y_i - y_i') + y_i]$$

式中：$h_i = \prod_{j=1, j \neq i}^{n} \left(\frac{x - x_j}{x_i - x_j} \right)^2$；$a_i = \sum_{i=1, j \neq i}^{n} \frac{1}{x_i - x_j}$。

MATLAB 没有现成的埃尔米特插值命令，下面是用 M 语言编写的函数文件：

```
function yy=hermite(x0,y0,y1,x)
%hermite 插值，求数据(x0,y0)所表达的函数、y1 所表达的导数值，以及在插值点 x 处的插值
n=length(x0);
m=length(x);
for k=1:m
    yy0=0;
    for i=1:n
        h=1;
        a=0;
        for j=1:n
            if j~=i
                h=h*((x(k)-x0(j))/(x0(i)-x0(j)))^2;
                a=1/(x0(i)-x0(j))+a;
            end
        end
        yy0=yy0+h*((x0(i)-x(k))*(2*a*y0(i)-y1(i))+y0(i));
    end
    yy(k)=yy0;
```

```
end
```

实例——质点指定时刻的速度

某次实验中测得的某质点的速度和加速度随时间的变化数据见表 5.6，求该质点在时刻 1.8 处的速度。

表 5.6 质点的速度和加速度数据

t	0.1	0.5	1	1.5	2	2.5	3
y	0.95	0.84	0.86	1.06	1.5	0.72	1.9
$y1$	1	1.5	2	2.5	3	3.5	4

源文件：yuanwenjian/ch05/zhidiansd.m

在命令行窗口中输入以下命令：

```
>> close all                          %关闭所有打开的文件
>> clear                              %清除工作区的变量
>> t=[0.1 0.5 1 1.5 2 2.5 3];         %实验数据
>> y=[0.95 0.84 0.86 1.06 1.5 0.72 1.9];
>> y1=[1 1.5 2 2.5 3 3.5 4];
>> yy=hermite(t,y,y1,1.8)             %利用自定义函数求数据(t,y)表示的函数在插值点 1.8 处的
                                       值，其中函数的导数值为 y1

yy =
    1.3298
>> t1=[0.1:0.01:3];                   %定义插值点
>> yy1=hermite(t,y,y1,t1);            %利用自定义函数求数据(t,y)表示的函数在各个插值点处的值
>> plot(t,y,'o',t,y1,'*',t1,yy1,'k')  %分别绘制速度曲线、加速度曲线和速度插值曲线
```

插值结果如图 5.6 所示。

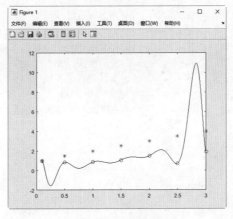

图 5.6 埃尔米特插值

5.2.3 分段线性插值

利用多项式进行函数的拟合与插值并不是次数越高精度越高。早在 20 世纪初，龙格（Runge）就给出了一个等距节点插值多项式不收敛的例子，从此这种高次插值的病态现象被称为龙格现象。针对这种问题，人们通过用折线连接插值点逼近原曲线，这就是所谓的分段线性插值。

MATLAB 提供了 interp1 函数进行分段线性插值，其调用格式见表 5.7。

表 5.7 interp1 函数的调用格式

命 令 格 式	说　　明
yi = interp1(x,Y,xi)	对一组节点（x,Y）进行插值，计算插值点 xi 的函数值。x 为节点向量值，Y 为对应的节点函数值；如果 Y 为矩阵，则插值对 Y 的每一列进行；如果 Y 的维数超过 x 或 xi 的维数，则返回 NaN
yi = interp1(Y,xi)	默认 x=1：n，n 为 Y 的元素个数值
yi = interp1(x,Y,xi,method)	method 指定的是插值使用的算法，默认为线性算法；其值可以是以下几种类型： 'nearest'：线性最近项插值 'linear'：线性插值（默认） 'spline'：三次样条插值 'pchip'：分段三次埃尔米特插值 'cubic'：同上
yi = interp1(Y,xi,method)	指定备选插值方法中的任意一种，并使用默认样本点

其中，对于'nearest'和'linear'方法，如果 xi 超出 x 的范围，则返回 NaN；而对于其他几种方法，系统将对超出范围的值进行外推计算，见表 5.8。

表 5.8 外推计算

命 令 格 式	说　　明
yi = interp1(x,Y,xi,method,'extrap')	利用指定的方法对超出范围的值进行外推计算
yi = interp1(x,Y,xi,method,extrapval)	返回标量 extrapval 为超出范围值
pp = interp1(x,Y,method,'pp')	利用指定的方法产生分段多项式

实例——对 $e^x \sin x$ 进行插值

源文件：yuanwenjian/ch05/fdxxcz.m

在命令行中输入以下命令：

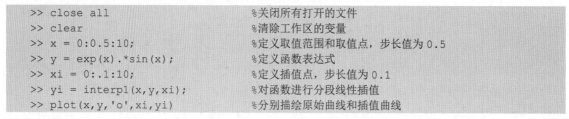

```
>> close all              %关闭所有打开的文件
>> clear                  %清除工作区的变量
>> x = 0:0.5:10;          %定义取值范围和取值点，步长值为 0.5
>> y = exp(x).*sin(x);    %定义函数表达式
>> xi = 0:.1:10;          %定义插值点，步长值为 0.1
>> yi = interp1(x,y,xi);  %对函数进行分段线性插值
>> plot(x,y,'o',xi,yi)    %分别描绘原始曲线和插值曲线
```

插值结果如图 5.7 所示。

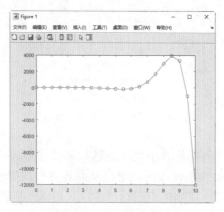

图 5.7 正弦分段线性插值

实例——Runge 现象示例

源文件：yuanwenjian/ch05/bjczjg.m

对函数 $f(x) = \dfrac{1}{1+x^2}$ ，在[−5,5]区间以 0.1 为步长分别进行拉格朗日插值和分段线性插值，比较两种插值结果。

在命令行中输入以下命令：

```
>> close all              %关闭所有打开的文件
>> clear                  %清除工作区的变量
>> x=[-5:1:5];            %定义取值区间和取值点，间隔值为 1
>> y=1./(1+x.^2);         %定义函数表达式，自变量为 x
>> x0=[-5:0.1:5];         %定义等距插值点，间隔值为 0.1
>> y0=lagrange(x,y,x0);   %对函数进行拉格朗日插值
>> y1=1./(1+x0.^2);       %定义函数表达式，自变量为 x0
>> y2=interp1(x,y,x0);    %对函数进行分段线性插值
>> plot(x0,y0,'o');       %用圆圈绘制拉格朗日插值点
>> hold on                %保留当前图窗中的绘图
>> plot(x0,y1,'k--');     %用黑色虚线绘制取值点步长值为 0.1 的函数曲线
>> plot(x0,y2,'r*')       %用红色星号描绘分段线性插值点
```

插值结果如图 5.8 所示。

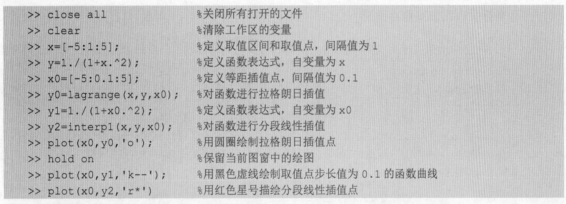

图 5.8　Runge 现象

从图 5.8 中可以看出，拉格朗日等距插值出的圆圈线已经严重偏离了原函数的虚线，不收敛；而分段线性插值出的星号线是收敛的。

5.2.4　三次样条插值

在工程实际中，往往要求一些图形是二阶光滑的，比如高速飞机的机翼形线。早期的工程制图在作这种图形的时候，将样条（富有弹性的细长木条）固定在样点上，其他地方自由弯曲，然后画出长条的曲线，称之为样条曲线。它实际上是由分段三次曲线连接而成，在连接点上要求二阶导数连续。这种方法在数学上被概括发展为数学样条，其中最常用的就是三次样条函数。

在 MATLAB 中，提供了 spline 函数进行三次样条插值，其调用格式见表 5.9。

表 5.9　spline 函数的调用格式

命 令 格 式	说　明
pp = spline(x,Y)	计算出三次样条插值的分段多项式，可以用函数 ppval(pp,x) 计算多项式在 x 处的值
yy = spline(x,Y,xx)	用三次样条插值利用 x 和 Y 在 xx 处进行插值，等同于 yi = interp1(x,Y,xi, 'spline ')

实例——对函数矩阵进行三次样条插值

源文件：yuanwenjian/ch05/ytcz.m

在命令行中输入以下命令：

```
>> close all                          %关闭所有打开的文件
>> clear                              %清除工作区的变量
>> x = 0:.25:1;                       %定义取值点
>> Y = [sqrt(x.^2 + x); sin(x).*x];   %定义函数
>> xx = 0:.1:1;                       %设置插值点
>> YY = spline(x,Y,xx);               %对函数进行三次样条插值
>> plot(x,Y(1,:),'m*',xx,YY(1,:),'b-.'); hold on;  %绘制第一个函数的原始曲线和插值曲线
>> plot(x,Y(2,:),'ro',xx,YY(2,:),'k-');    %绘制第二个函数的原始曲线和插值曲线
```

插值结果如图 5.9 所示。

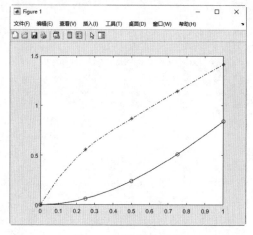

图 5.9　三次样条插值

第 6 章　信号分析基础

内容指南

可用计算机处理的信号都是数字信号，现实生活中数字信号无处不在。由于数字信号具有高保真、低噪声和便于处理的优点，因此得到了广泛的应用，例如太空中的卫星将测得的数据以数字信号的形式发送到地面接收站；对遥远星球和外部空间拍摄的照片也是采用数字方式处理，去除干扰，获得有用的信息；经济数据、人口普查结果、股票市场价格等都可以采用数字信号的形式获得。

内容要点

➢ 信号处理概述
➢ 信号的生成
➢ 信号参数

6.1　信号处理概述

目前，对于实时分析系统，高速浮点运算和数字信号处理已经变得越来越重要。实时分析系统广泛应用于生物医学数据处理、语音识别、数字音频和图像处理等各种领域。数据分析的重要性在于消除噪声干扰、纠正由于设备故障而遭到破坏的数据，或者补偿环境影响。图 6.1 所示是一个消除噪声前后的例子。

用于信号分析和处理的虚拟仪器执行的典型测量任务如下：

（1）计算信号中存在的总谐波失真。

（2）决定系统的脉冲响应或传递函数。

（3）估计系统的动态响应参数，例如上升时间、超调量等。

（4）计算信号的幅频特性和相频特性。

（5）估计信号中含有的交流成分和直流成分。

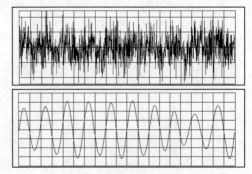

图 6.1　信号处理实例

所有这些任务都要求在数据采集的基础上进行信号处理。数据采集（Data Acquisition，DAQ），就是将被测对象的各种参量（物理量、化学量、生物量等）通过各种传感器进行适当转换后，再经信号调理、采样、量化、编码、传输等步骤送到控制器进行数据处理或记录的过程，如图 6.2 所示。

采集得到的测量信号是等时间间隔的离散数据序列，包含专门描述它们的数据类型——波形数据。从波形数据提取出需要的测量信息，可能需要经过数据拟合抑制噪声，减小测量误差，然后在频域或时域经过适当的处理才会得到所需的结果。另外，一般来说，在构造这个测量波形时已经包含了后续处理的要求（如采样频率的大小、样本数的多少等）。

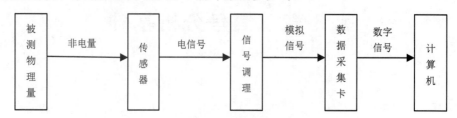

图 6.2　数据采集

6.2　信号的生成

对于任何测试来说，信号的生成非常重要。例如，当现实世界中的真实信号很难得到时，可以用仿真信号对其进行模拟，向数/模转换器提供信号。

6.2.1　信号的定义

所谓电子电路中的信号，就是电压或电流随时间变化的函数曲线，如果涉及波形，那就是特指交流电压或电流。

周期信号波形的主要参数有频率、峰值、有效值、占空比等，非周期信号（随机信号）的主要参数是频谱。

如果一个交流电压信号加在一个电阻上所发生的电功率和另一个直流电压加在同一电阻上所发生的电功率完全相同，那么这个交流信号的有效值就等于这个直流电压的电压值。

占空比是在波形的一个周期内，正电压部分所占时间和整个周期的比值；频谱是信号波形中各种不同频率分量的幅值、频率的关系函数，常用函数图形来表示。

扫一扫，看视频

实例——创建信号序列

源文件：yuanwenjian\ch06\xhxulie.m

MATLAB 程序如下：

```
>> close all
>> clear
>> T=1;                      %采样时间间隔
>> N=20;                     %采样点数为 20
>> t=0:N*T-1;                %采样时间序列
>> y1 = exp(0.1*t);
>> y2 = -exp(0.05*t);        %信号序列 y1 和 y2
>> tiledlayout(2,1)          %2 行 1 列分块图布局
>> ax1=nexttile;
>> stem(ax1,t,y1)            %在视图 1 中绘制信号序列 y1
>> ax2 = nexttile;
>> stem(ax2,t,y2)            %在视图 2 中绘制信号序列 y2
```

运行结果如图 6.3 所示。

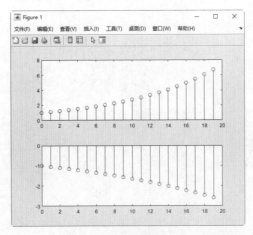

图 6.3 信号序列

6.2.2 信号的分类

信号的分类方法很多，可按照数学关系、取值特征、功率和能量、所具有的时间函数特性、取值是否为实数等进行分类。信号主要可分为确定性信号和非确定性信号（又称随机信号）、连续信号和离散信号（即模拟信号和数字信号）、能量信号和功率信号、时域信号和频域信号、实信号和复信号等。

信号按照数学关系可分为确定性信号和非确定性信号（又称随机信号），如图 6.4 所示。

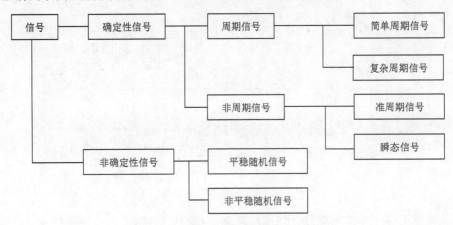

图 6.4 信号分类

确定性信号是指可以用明确的数学关系或者图表描述的信号，任何时刻都有确定性取值。若信号被表示为确定的时间函数，对于指定的某一时刻，可以确定相应的函数值，这种信号被称为确定性信号。确定性信号往往是人工设计的信号。

非确定性信号是指不能用数学式描述，其幅值、相位变化不可预知，所描述物理现象是一种随机过程的信号。非确定性信号取值具有不确定性，往往是自然界中的信号。

实例——确定性信号和非确定信号示例

源文件：yuanwenjian\ch06\xhfenlei.m

MATLAB 程序如下：

扫一扫，看视频

```
>> close all
>> clear
>> T=1;                              %定义采样时间间隔
>> N=100;                            %定义采样点数为100
>> t=0:N*T-1;                        %定义采样时间序列
>> subplot(211),
>> plot(t,sin(0.02*pi*t),'r');       %绘制正弦波信号
>> hold on
>> stem(t,sin(0.02*pi*t),'b');       %绘制正弦波信号序列
>> xlabel('时间/s');
>> ylabel('序列值');
>> title('确定信号');
>> subplot(212),
>> plot(t,randn(1,N),'r');           %绘制随机信号
>> hold on
>> stem(t,randn(1,N),'b');           %绘制随机信号序列
>> xlabel('时间/s');
>> ylabel('序列值');
>> title('非确定信号');
```

运行结果如图6.5所示。

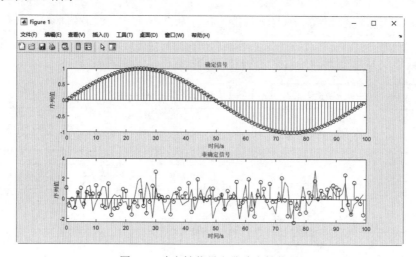

图6.5　确定性信号和非确定性信号

确定性信号还可进一步按周期性、能量与功率以及频率分类。

1. 按周期性分类

（1）周期信号：经过一定的时间可以重复出现的信号，也就是说 $f(t)=f(t+T)$，$T>0$。其中，周期 T_0 是所有 T 中最小的正值。

（2）非周期性信号：不会重复出现的信号。

2. 按能量与功率分类

可分为能量信号与功率信号，这两种信号概念都是建立在无穷大的时间积分的基础上的。判断一个信号 $f(t)$ 是能量信号还是功率信号，首先需要计算其能量和功率。

能量 $E = \lim\limits_{T \to \infty} \int_{-T}^{T} |f(t)|^2 \mathrm{d}t$ ，是信号 $f(t)$ 的平方在区间 $(-\infty, +\infty)$ 上的积分。

功率为能量除以时间，表示为 $P = \lim\limits_{T \to \infty} \dfrac{1}{2T} \int_{-T}^{T} |f(t)|^2 \mathrm{d}t$ 。

（1）功率信号：能量无限、功率有限的信号。

（2）能量信号：能量有限、功率为 0 的信号。

一个信号不可能既是功率信号，又是能量信号；但可以既是非功率信号，又是非能量信号。一般地，周期信号和随机信号是功率有限信号。

3．按频率分类

（1）基带信号：信号能量或功率集中在零频附近，没有调制过的信号。

（2）频带信号：调制过的信号，即带通信号，信号能量或功率集中在载波频率附近的频带内，只包含了一种频率的交流成分或者有限几种频率的交流成分。

6.2.3　时间信号

时间信号分为连续时间信号和离散时间信号。

➢ 连续时间信号：时间自变量在其定义的范围内，除若干不连续点以外均是连续的，且信号幅值在自变量的连续值上都有定义的信号。

➢ 离散时间信号：在时间上是不连续的序列，并且是离散时间变量的函数。

如果信号的自变量和函数值取连续值，则称这种信号为模拟信号或者时域连续信号，例如语音信号、温度信号等。

如果自变量取离散值，而函数值取连续值，则称这种信号为时域离散信号，这种信号通常来源于对模拟信号的采样。

如果信号的自变量和函数值均为离散值，则称为数字信号。计算机或数字信号处理芯片的位数是有限的，用它们分析与处理信号，信号的函数值必须用有限位二进制表示，这样的信号取值不再是连续的，而是离散值，这种用有限位二进制编码表示的时域离散信号就是数字信号，数字信号就是幅度量化了的时域离散信号。

离散时间信号是时间上不连续、按先后顺序排列的一组数的集合，故称为时间序列。一个时间序列通常表示为 $\{x(n)\}(-\infty < n < \infty)$ ，或具体写成：

$$\{x(n)\} = \{x(-\infty), \cdots, x(-1), x(0), x(1), \cdots, x(\infty)\}$$

这里 $x(n)$ 仅对整数 n 才有意义。序列值 $x(n)$ 与位置 n 有关，正如 $x(t)$ 与时间 t 有关一样。

离散序列 $\{x(n)\}$ 可由连续信号 $x(t)$ 在 nT 时刻采样得到，T 为采样周期。实际应用中，序列为有限的。即一个信号序列表示为 $\{x(n)\}$ ，n 应满足条件 $N \leq n \leq N2$ ，N、$N2$ 均为正整数。

如果模拟信号的采样"足够快"，采样时间间隔足够短，能够由采样序列 $\{x(n)\}$ 恢复原始模拟信号 $x(t)$ 。

MATLAB 中采用向量表示序列。由于 MATLAB 向量的第一个元素位置为 $x(1)$ ，因此为了清楚地表示序列 $\{x(n)\}$ 要用到两个向量，一个向量 n 表示序列元素的位置（可称之为序号序列），而另一个向量 x 表示序列值（称为值序列）。

扫一扫，看视频

实例——连续信号和离散信号示例

源文件：yuanwenjian\ch06\xhfenlei2.m

MATLAB 程序如下：

```
>> close all
>> clear
>> T=0.1;                            %定义采样时间间隔
>> t=0:T:4;                          %定义采样时间序列
>> subplot(221),
>> plot(t,sin(0.5*pi*t),'r');        %绘制正弦波信号
>> xlabel('时间/s');
>> ylabel('函数值');
>> title('连续信号');
>> subplot(222),
>> stem(t,sin(0.5*pi*t));            %绘制正弦波序列
>> xlabel('序列号');
>> ylabel('序列值');
>> title('离散信号');
>> subplot(223),
>> t1=0:4*T:4;                       %重新定义采样时间序列
>> stem(t1,sin(0.5*pi*t1));          %绘制正弦波序列
>> xlabel('序列号');
>> ylabel('序列值');
>> title('4 倍采样间隔的离散信号');
>> subplot(224),
>> t2=0:0.5*T:4;                     %定义采样时间序列
>> stem(t2,sin(0.5*pi*t2));          %绘制正弦波序列
>> xlabel('序列号');
>> ylabel('序列值');
>> title('0.5 倍采样间隔的离散信号');
```

运行结果如图 6.6 所示。

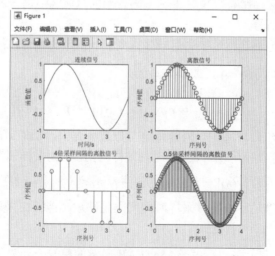

图 6.6　连续信号和离散信号

6.3 信号参数

波形表示信号的形状、形式，通常是信号物理量的抽象表达形式。

函数波形主要电参数的测量方法包括以下三种。

（1）电压的测量，如图 6.7 所示。

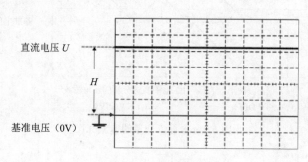

图 6.7 电压测量示意图

1）直流电压值：

$$U = S_Y \times H \times k$$

➤ 示波器输入通道耦合方式：DC。

➤ S_Y：示波器垂直定标旋钮的位置，单位为 V/DIV。

➤ H：直流电平与零电平之间的距离，单位为 DIV。

➤ k：示波器探头的倍增系数。

2）含直流分量的交流电压值：

$$u(t) = U_{BB} + U_p \sin(wt)$$

理想正弦交流电压：

$$u(t) = U_p \sin(wt)$$

直流电压：

$$U_{BB} = S_Y H_1 k$$

以零电平为参考的最大电压幅值（峰值）：

$$U_p = S_Y H_2 k$$

图 6.8（a）中示波器输入通道耦合方式为 DC，在图 6.8（b）中示波器输入通道耦合方式为 AC。

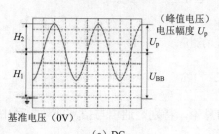

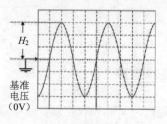

（a）DC   （b）AC

图 6.8 示波器输入通道耦合方式

3）含直流分量的电压，如图6.9所示。

➤ U_m：锯齿波（三角波）电压幅度。

➤ 示波器输入通道耦合方式：DC。

➤ 调节信号源的偏移/低电平和对称度，使图6.9（a）所示锯齿波变为图6.9（b）所示三角波。

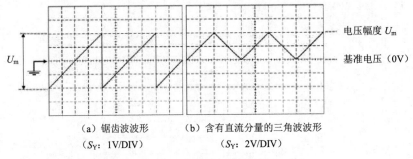

(a) 锯齿波波形　　　　　(b) 含有直流分量的三角波波形
（S_Y: 1V/DIV）　　　　　　（S_Y: 2V/DIV）

图 6.9　含直流分量的电压

（2）时间的测量。

1）周期（频率）。

$$T = W \times L_X$$

➤ T：波形周期。

➤ W：示波器水平定标旋钮的位置，单位为 S/DIV。

➤ L_X：两个方向相同的过 0 点之间的距离，单位为 DIV。

2）上升、下降时间。

（3）相位差的测量，如图6.10所示。

➤ Φ：相位差。

➤ L_X：两信号同一相位点之间的距离。

其中，$\Phi = 360° \times \dfrac{L_X}{T}$。

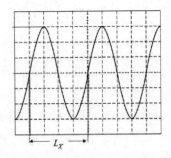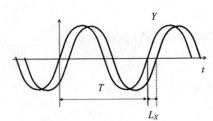

图 6.10　相位差的测量

6.3.1　采样定理

采样定理，又称香农定理、奈奎斯特定理，是信息论，特别是通信与信号处理学科中的一个重要基本结论。

采样定理有多种表述形式，最基本的表述方式是时域采样定理和频域采样定理。采样定理在数字式遥测系统、时分制遥测系统、信息处理、数字通信和采样控制理论等领域得到了广泛的应用。

采样是将一个信号（即时间或空间上的连续函数）转换成一个数值序列（即时间或空间上的离散函数）。采样得到的离散信号经保持器后，得到的是阶梯信号，即具有零阶保持器的特性。如果信号是带限的，并且采样频率高于信号最高频率的一倍，那么，原来的连续信号可以从采样样本中完全重建出来。带限信号变换的快慢受到它的最高频率分量的限制，也就是说，它的离散时刻采样表现信号细节的能力是非常有限的。

所谓采样定理，是指如果信号带宽小于奈奎斯特频率（即采样频率的 1/2），那么此时这些离散的采样点能够完全表示原信号。高于或处于奈奎斯特频率的频率分量会导致混叠现象，大多数应用都要求避免混叠，混叠问题的严重程度与这些混叠频率分量的相对强度有关。

1. 时域采样定理

当时间信号函数 $f(t)$ 的最高频率分量为 f_M 时，$f(t)$ 的值可由一系列采样间隔小于或等于 $\dfrac{1}{2f_M}$ 的采样值来确定，即采样点的重复频率 $f \geq 2f_M$。

实例——原始信号和采样信号

源文件：yuanwenjian\ch06\caiyangxh.m

MATLAB 程序如下：

```
>> close all
>> clear
>> T=0.2;                          %采样时间间隔
>> t=0:T:4;                        %采样时间序列
>> plot(t,sin(0.5*pi*t));          %绘制原始信号
>> hold on
>> stem(t,sin(0.5*pi*t), 'LineWidth',2, 'Color','r');          %绘制采样序列
>> xlabel('时间(s)');
>> ylabel('信号值');
>> text(1.6,sin(0.8*pi),'<---采样信号', 'FontSize',12,'HorizontalAlignment','left')
%在指定坐标点添加标注，文本水平左对齐
>> gtext('原始信号');
```

运行结果如图 6.11 所示。

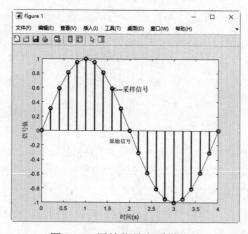

图 6.11　原始信号和采样信号

2．频域采样定理

对于时域 $[-t_m, t_m]$ 上的连续信号 $f(t)$，若其频谱为 $F(\omega)$，则可在频域上用一系列离散的采样值来表示，只要这些采样点的频率间隔 $\omega \leq \dfrac{\pi}{t_m}$。

从信号处理的角度来看，采样定理描述了两个过程：一个是信号的采样，这一过程将连续时间信号转换为离散时间信号；另一个是信号的重建，这一过程离散信号还原成连续信号。

连续信号在时间（或空间）上以某种方式变化，而采样过程则是在时间（或空间）上，以 T（称为采样间隔）为单位间隔来测量连续信号的值。在实际中，信号的重建是对样本进行插值的过程，即从离散的样本 $x[n]$ 中，用数学的方法确定连续信号 $x(t)$。

如果已知信号的最高频率 f_H，采样定理给出了保证完全重建信号的最低采样频率。最低采样频率称为临界频率或奈奎斯特采样率，通常表示为 f_N；相反，如果已知采样频率，采样定理给出了保证完全重建信号所允许的最高信号频率。

被采样的信号必须是带限的，即信号中高于某一给定值的频率成分必须是 0，或至少非常接近于 0，这样在重建信号中这些频率成分的影响可忽略不计。

3．混叠

如果不能满足上述采样条件，采样后信号的频率就会重叠，即高于采样频率一半的频率成分将被重建成低于采样频率一半的信号。这种频谱的重叠导致的失真称为混叠，而重建出来的信号称为原信号的混叠替身，因为这两个信号有同样的样本值。

一个频率正好是采样频率一半的波信号，通常会混叠成另一个相同频率的波信号，但它的相位和幅度改变了。以下两种措施可避免混叠的发生。

（1）提高采样频率，使之达到最高信号频率的两倍以上。

（2）引入低通滤波器或提高低通滤波器的参数。该低通滤波器通常称为抗混叠滤波器，可限制信号的带宽，使之满足采样定理的条件。从理论上来说，这是可行的，但是在实际情况中是不可能做到的。因为滤波器不可能完全滤除奈奎斯特频率之上的信号，所以，采样定理要求的带宽之外总有一些"小的"能量。不过抗混叠滤波器可使这些能量足够小，以至可忽略不计。

4．减采样

当一个信号被减采样时，必须满足采样定理以避免混叠。为了满足采样定理的要求，信号在进行减采样操作前，必须通过一个具有适当截止频率的低通滤波器。这个用于避免混叠的低通滤波器，称为抗混叠滤波器。为了不失真地恢复模拟信号，采样频率应该不小于模拟信号频谱中最高频率的2 倍，即 $f_s \geq 2F_{max}$。采样频率越高，稍后恢复出的波形就越接近原信号，但是对系统的要求就更高，转换电路必须具有更快的转换速度。

5．重构原信号

任何信号都可以看作是不同频率的正弦（余弦）信号的叠加，因此如果知道所有组成这一信号的正（余）弦信号的幅值、频率和相角，就可以重构原信号。由于信号测量、分解及时频变换的过程中存在误差，因此不能 100%地重构原信号，重构的信号只能保证与原信号的误差在容许范围内。

每个信号都可以分解为多个不同频率、不同振幅和不同相位的正弦或余弦函数叠加的形式。为方便讨论，假定要离散化的信号只有一个周期成分。

6.3.2　创建信号向量

在涉及信号时间序列的计算时，需要创建统一的均匀和非均匀的时间向量，下面介绍波形信号的基本参数及创建方法。

1. 采样率和采样间隔

采样率，也称为采样速度或者采样频率，定义了每秒从连续信号中提取并组成离散信号的采样个数，用赫兹（Hz）表示。采样频率常用的表示符号是 f_s。采样频率 f_s 的倒数是采样间隔 T，是采样点之间的时间间隔 Δt。

通俗地讲，采样频率是指计算机每秒钟采集多少个信号样本，图 6.12 显示信号采样参数。

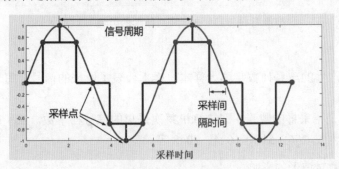

图 6.12　信号采样

采样间隔 T 指在周期性的采样系统中，当对一个模拟量进行采样时，两次采样之间的时间间隔，采样周期和采样频率互为倒数，即 $T = \dfrac{1}{f_s}$，是时间域上两个相邻离散数据之间的时间差。通常采样间隔都很小，一般在毫秒、微秒的量级。

实例——采样率对波形的影响

源文件：yuanwenjian\ch06\caiyanglv.m

MATLAB 程序如下：

```
>> close all
>> clear
>> fs1=100;                          %定义信号采样频率为100Hz
>> fs2=500;                          %定义信号采样频率为500Hz
>> T1=1/fs1;                         %定义信号采样间隔 T1
>> T2=1/fs2;                         %定义信号采样间隔 T2
>> t1 = 0:T1:1;                      %定义信号采样时间为1s，采样时间间隔为T1
>> t2 = 0:T2:1;                      %定义信号采样时间为1s，采样时间间隔为T2
>> y1 = sin(2*pi*50*t1);            %创建频率为50Hz的正弦波信号 y1
>> y2 = sin(2*pi*50*t2);            %创建频率为50Hz的正弦波信号 y2
>> subplot(121),plot(t1(1:20),y1(1:20)),title('采样率为100')  %绘制采样率为100的正弦
                                                              波形信号
>> subplot(122),plot(t2(1:20),y2(1:20)),title('采样率为500')  %绘制采样率为500的正弦
                                                              波形信号
```

运行结果如图 6.13 所示。

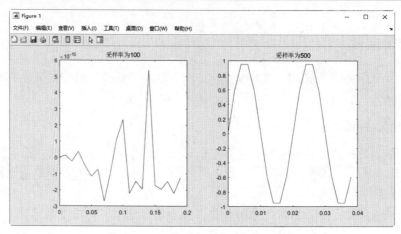

图 6.13　采样率对波形的影响

2. 采样点数

信号采样过程中产生的一系列数字称为样本。样本代表了原来的信号，每一个样本都对应着测量样本的特定时间点。

信号采样点数 N 是指采样的数目，即计算机每次采集的信号样本数。在一般信号分析仪中，采样点数是固定的，取为 N=256、512、1024、2048 等。

扫一扫，看视频

实例——采样点数对波形的影响

源文件：yuanwenjian\ch06\caiyangds.m

MATLAB 程序如下：

```
>> close all
>> clear
>> fs = 1000;              %定义采样频率 fs，fs 取值越大，画出来的曲线越精确、圆滑
>> t= 1:1/fs:10;          %定义信号采样时间序列 t
>> f = 10;                 %定义信号的频率
>> y = sin(2*pi*f*t);     %定义原始信号 y
>> n = 150;                %定义采样点数为 150
>> t2 = t(1:n);            %在时间轴上选取 150 个采样点，作为新的采样时间序列
>> y2 = sin(2*pi*f*t2);   %定义采样信号 y2
>> plot(t,y,t2,y2,'r-*'); %绘制原始波形信号与采样波形信号
>> axis([1 1.5 -1.5 1.5]); %调整坐标轴范围
>> legend('原始信号','n=150 的采样信号')
```

运行结果如图 6.14 所示。

如果采样频率为 1000Hz，采样点数也设为 1000 个，数据的更新率是 1 次/s。如果采样频率为 1000Hz，采样点数设为 100 个，数据的更新率是 10 次/s。

3. 采样长度

采样长度 T 是指能够分析到信号中的最低频率 f_1 所需的时间记录长度。如果信号采样后要保持该频率成分，则采样长度应为 $T > \dfrac{f_1}{2}$。采样长度 T 与采样点数 N、采样时间间隔 Δt 成正比，即

$$T = N\Delta t = \frac{N}{f_1}$$

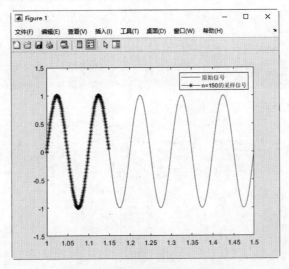

图 6.14　采样点数对波形的影响

4. 采样时间

采样时间 T_s 表示采样信号持续时间，可以表示为 $T_s = \dfrac{N}{f_s}$。在 MATLAB 中，信号以一个行向量或一个列向量表示。采样点数、采样时间同样以向量表示。采样点数序列 $n \in [0, N-1]$，采样时间序列 $t = \dfrac{n}{f_s}$，因此，$t \in [0, T_s - T]$。例如：

```
>> Ts = N*(1/fs);           %定义采样时间，N 为采样点数，fs 为采样频率
>> T = n*(1/f);             %定义采样长度，n 为信号周期数，f 为信号频率，1/f 为信号周期
>> t = 0:Ts: T-Ts;          %定义信号采样时间序列，向量取值间隔为采样间隔 Ts
>> t = 0:1/fs: T-1/fs;      %定义信号采样时间序列
```

5. 信号频率和信号周期

信号频率 f 是指模拟信号的频率，进行模/数采样时，每秒钟对信号采样的点数。采样频率至少是信号频率的 2 倍，才可能从采样后的数字信号，恢复为原来的模拟信号且保证信号原始信息不丢失。一般实际应用中，保证采样频率为信号最高频率的 2.56～4 倍。

信号的周期是指两个相同信号之间的时间间隔，信号周期 T 可以表示为 $T = \dfrac{1}{f}$，表示一个信号周期内信号的持续时间。

实例——信号频率对波形的影响

源文件：yuanwenjian\ch06\xhpinlv.m

MATLAB 程序如下：

```
>> close all
>> clear
>> N=50;                    %信号采样长度
>> fs=50;                   %采样频率
>> n=[0:N-1];               %定义信号长度序列
>> t=n/fs;                  %定义信号采样时间序列 t
>> f1=1;                    %信号频率为 1Hz
```

```
>> f2=5;                                        %信号频率为 5Hz
>> s1=sin(2*pi*f1*t);                           %创建频率为 f1 的正弦波信号 s1
>> s2=sin(2*pi*f2*t);;                          %创建频率为 f2 的正弦波信号 s2
>> subplot(121),plot(s1),title('信号频率为1Hz')  %绘制信号频率为1Hz 的正弦波形信号
>> subplot(122),plot(s2),title('信号频率为5Hz')  %绘制信号频率为5Hz 的正弦波形信号
```

运行结果如图 6.15 所示。

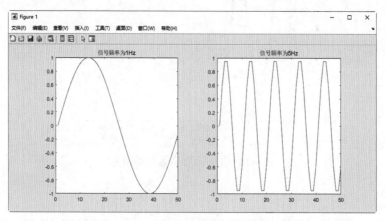

图 6.15　信号频率对波形的影响

左图中，信号的采样频率 $f_s = 50\text{Hz}$，信号的频率为 $f = 1\text{Hz}$，$\dfrac{f_s}{f} = 50$，说明一个信号周期内有 50 个采样点，信号的长度 $N = 50$，说明采样信号只有一个信号周期。

右图中，信号的采样频率 $f_s = 50\text{Hz}$，信号的频率为 $f = 5\text{Hz}$，$\dfrac{f_s}{f} = 10$，说明一个信号周期内有 10 个采样点，信号的长度 $N = 50$，说明采样信号中有 5 个信号周期。

6．频率分辨率

频率分辨率可以理解为在使用 DFT 时，在频率轴上所能得到的最小频率间隔 $f_0 = \dfrac{f_s}{N}$，也可称为步长，单位是 Hz、kHz 等。频率分辨率只与采样时间长度有关，采样时间越长，频率分辨率越高。

第 7 章　产生信号波形

内容指南

信号产生是仪器系统的重要组成部分，要评价任意一个网络或系统的特性，必须外加一定的测试信号，其性能方能显示出来。本章简要介绍在 MATLAB 中产生的几种常用的测试信号的方法。

内容要点

➤ 基本信号
➤ 非周期性信号
➤ 脉冲信号
➤ 信号发生器

7.1　基　本　信　号

在实际应用中，最常用的测试信号有正弦波、方波、三角波、指数波、斜坡信号及信号噪声（由不同频率的正弦波叠加而形成的波形）等。

7.1.1　正弦波

正弦波是频率成分最为单一的一种信号，因这种信号的波形是数学上的正弦曲线而得名。在科学研究、工业生产、医学、通信、自控和广播技术等领域，常常需要某一频率的正弦波作为信号源。例如，在实验室，人们常用正弦波作为信号源，测量放大器的放大倍数，观察波形的失真情况。正弦波应用非常广泛，只是应用场合不同，对正弦波的频率、功率等的要求不同而已。

图 7.1 中，ΔT 为采样间隔，T 为信号周期。正弦波信号表示为 $u(t) = A\sin(\omega t + \varphi)$，其中，设一个周期内的采样点数为 n，则 A 为信号振幅、ω 为角频率（rad/s）、φ 为初始相角（rad）。正弦信号是周期信号，其周期 T 表示为 $T = \dfrac{2\pi}{\omega} = \dfrac{1}{f}$，$\omega$ 表示为 $\omega = 2\pi f$。

➤ 正弦波信号：$u(t) = A\sin(\omega t + \varphi)$。
➤ 信号周期：$T = n\Delta T$。
➤ 采样频率：$f_s = \dfrac{1}{\Delta T}$。

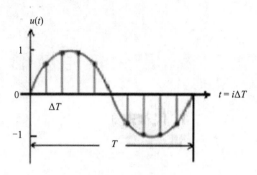

图 7.1　正弦信号

- 信号频率：$f_x = \dfrac{1}{T} = \dfrac{1}{n\Delta T} = \dfrac{f_s}{n}$。

- 正弦波信号：$u(i\Delta T) = A\sin(2\pi i / n + \varphi)$。

- 设数字化频率 $f = \dfrac{\text{模拟频率}}{\text{采样频率}} = \dfrac{f_x}{f_s} = \dfrac{1}{n}$，将 2π 弧度用 $360°$ 表示，可得到正弦波信号：

$$u(i) = A\sin(360° i / n + \varphi)。$$

正弦波信号有以下几种性质。

（1）周期性：

$$x(t) = x(t+T_0) \Rightarrow A\sin(\omega_0 + \varphi) = A\sin(\omega_0 + \omega_0 T_0 + \varphi)$$

$\omega_0 T_0 = 2\pi m$，其中 m 为整数；$T_0 = \dfrac{2\pi m}{\omega_0} \Rightarrow$ 周期为 $\dfrac{2\pi m}{\omega_0}$。

（2）时间转移与相位改变等价：

$$A\sin(\omega_0(t+t_0)) = A\sin(\omega_0 t + \omega_0 t_0 + \varphi)$$

$$A\sin(\omega_0(t+t_0) + \varphi) = A\sin(\omega_0 t + \omega_0 t_0 + \varphi)$$

式中：$\omega_0 t_0$ 为相位改变。

（3）奇偶性：

偶函数 $\qquad\qquad\qquad\qquad x(t) = x(-t)$

奇函数 $\qquad\qquad\qquad\qquad x(t) = -x(-t)$

在 MATLAB 中，sin 命令用来生成正弦波信号，其调用格式见表 7.1。

表 7.1　sin 命令的调用格式

命 令 格 式	说　　明
Y=sin(t)	在给定 t 的情况下，创建正弦波

实例——创建正弦波

源文件：yuanwenjian\ch07\zhengxianbo.m

MATLAB 程序如下：

扫一扫，看视频

```
>> close all
>> clear
>> t=0:0.001:1;              %信号采样时间序列，采样频率为1000，波形持续时间为1s
>> y1=sin(2*pi*50*t);       %创建频率为50Hz的正弦波信号 y1
```

```
>> y2=sin(2*pi*50*t.^2);              %创建正弦波信号 y2
>> y3=t.*sin(2*pi*50*t);              %创建幅值为 t、频率为 50Hz 的正弦波信号 y3
>> subplot(131),plot(t(1:100),y1(1:100)),title('正弦波1')%绘制正弦波形信号的前 100 个点
>> subplot(132),plot(t(1:100),y2(1:100)),title('正弦波2')%绘制采集的波形信号的前 100 个点
>> subplot(133),plot(t(1:100),y3(1:100)),title('正弦波3')%绘制采集的波形信号的前 100 个点
```

运行结果如图 7.2 所示。

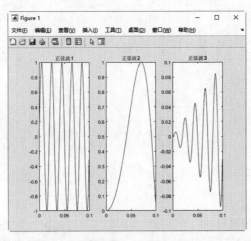

图 7.2　正弦波

7.1.2　方波

振荡电路输出的正弦波一般都含有谐波分量，方波就是由一系列的谐波分量叠加而成的一种非正弦曲线的波形。理想方波只有"高"和"低"这两个值。电流或电压的波形为矩形的信号即为矩形波信号，高电平在一个波形周期内占有的时间比值称为占空比，也可理解为电路释放能量的有效释放时间与总释放时间的比值。占空比为 50%的矩形波称为方波。

在 MATLAB 中，square 命令用来生成方波，其调用格式见表 7.2。

表 7.2　square 命令的调用格式

命 令 格 式	说 明
x=square(t)	产生周期为 2π 的方波
x=square(t,duty)	产生占空比为 duty 的方波

实例——创建方波

源文件：yuanwenjian\ch07\fangbo.m

MATLAB 程序如下：

```
>> close all
>> clear
>> t=linspace(0,10,1000)';             %创建 0～10 的时间向量 t，元素个数为 1000，采样频率为 100
>> x=square(t);                        %创建周期为 2π 的方波信号 x
>> subplot(121)
>> plot(t,x,'r','LineWidth',2)         %绘制方波
>> subplot(122)
>> x=sin(t).*square(t);                %创建信号 x
```

扫一扫，看视频

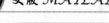
```
>> plot(t,x)                    %绘制信号 x 的时域图
```

运行结果如图 7.3 所示。

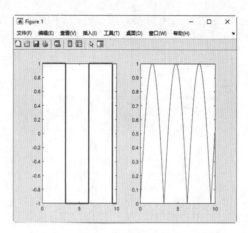

图 7.3　方波

7.1.3　三角波

三角波也称锯齿波，是波形形似三角形的波，其正向上升与负向衰减的时间相同，相当于提供了 50%的占空比。

在 MATLAB 中，sawtooth 命令用来生成三角波，其调用格式见表 7.3。

表 7.3　sawtooth 命令的调用格式

命 令 格 式	说 明
x=sawtooth(t)	创建周期为 2π、峰值为-1 和 1 的三角波
x=sawtooth(t,xmax)	生成一个[02π×xmax]区间内的三角形波，xmax 指定为 0~1 之间的标量

扫一扫，看视频

实例——创建锯齿波

源文件：yuanwenjian\ch07\juchibo.m
MATLAB 程序如下：

```
>> close all
>> clear
>> f=50;                        %定义信号频率为 50Hz
>> T=5*(1/f);                   %定义采样时间，其中信号周期为 5 个
>> fs=1000;                     %定义采样频率为 1000Hz
>> t=0:1/fs:T-1/fs;             %定义信号采样时间序列
>> y=sawtooth(2*pi*50*t,0);     %创建周期为 2π 的向左倾斜的锯齿波
>> subplot(2,1,1);
>> plot(t,y);
>> z=sawtooth(2*pi*50*t,1);     %创建对称时间为 2π 的向右倾斜的锯齿波
>> subplot(2,1,2);
>> plot(t,z);
```

运行结果如图 7.4 所示。

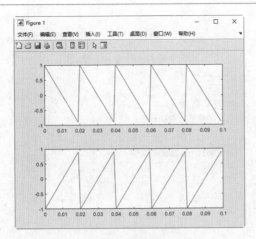

图 7.4　三角波

7.1.4　指数波

指数信号的定义如下：

$$x(t) = Ce^{at}$$

式中：C 和 a 都是实数，曲线如图 7.5 所示。$a=0$ 为直流（常数），$a<0$ 为指数衰减，$a>0$ 为指数增长。单边指数信号的曲线如图 7.6 所示，表达式如下：

$$f(t) = \begin{cases} 0 & t < 0 \\ e^{-\frac{t}{\tau}} & t \geqslant 0 \end{cases}$$

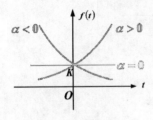

图 7.5　指数波

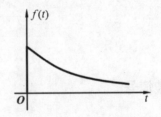

图 7.6　单边指数信号

通常把 $\dfrac{1}{|\alpha|}$ 称为指数信号的时间常数，记作 τ，代表信号衰减速度，具有时间的量纲。

在 MATLAB 中，exp 命令用来生成指数波，其调用格式见表 7.4。

表 7.4　exp 命令的调用格式

命 令 格 式	说　　明
Y=exp(X)	创建指数波

实例——创建指数波

源文件：yuanwenjian\ch07\zhishubo.m

MATLAB 程序如下：

扫一扫，看视频

```
>> close all
>> clear
>> fs=20;                %定义采样频率为20Hz
>> t=0:1/fs:4;           %定义信号采样时间序列
>> C=1;
>> a=1;                  %定义常数
>> y=C*exp(a*t);         %指数信号表达式
>> subplot(2,1,1);
>> plot(t,y,'r^')        %绘制指数波的时域图
>> subplot(2,1,2);
>> C=-1;
>> a=-0.5;
>> y=C*exp(a*t);
>> plot(t,y,'bo')
```

运行结果如图7.7所示。

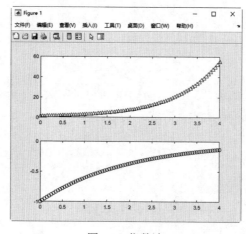

图7.7 指数波

7.1.5 斜坡信号

斜坡信号表示如下：

$$r(t) = \begin{cases} 0 & t < 0 \\ t & t \geq 0 \end{cases}$$

斜坡信号在 $t = 0$ 时为0，并随时间线性增长，所以也称为等速度信号。它等于阶跃信号对时间的积分，而它对时间的导数就是阶跃信号。

扫一扫，看视频

实例——创建斜坡信号

源文件：yuanwenjian\ch07\xiepoxinhao.m
MATLAB 程序如下：

```
>> close all
>> clear
>> fs=10;                %定义采样频率为10Hz
>> t=0:1/fs:1;           %定义信号采样时间序列
>> x=t;                  %创建斜坡信号
```

```
>> subplot(121)
>> plot(t,x,'r',t,-x)
>> xlabel('时间序列 t');ylabel('x(t)');
>> title('斜坡序列');
>> grid on;
>> subplot(122)
>> stem(t,x,'bo')
>> hold on
>> stem(t,-x,'bo')
>> xlabel('时间序列 t');ylabel('x(t)');
>> title('斜坡序列');
```

运行结果如图 7.8 所示。

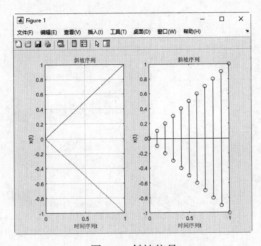

图 7.8　斜坡信号

7.1.6　信号噪声

在 MATLAB 中，wgn 命令用于生成高斯白噪声，其调用格式见表 7.5。

表 7.5　wgn 命令的调用格式

命 令 格 式	说　　明
noise=wgn(m,n,power)	创建 m×n 的高斯噪声信号，该信号以伏特为单位；power 指定噪声样本功率，默认单位是 dBW
noise=wgn(m,n,power,imp)	指定以欧姆为单位的负载阻抗 imp
noise=wgn(m,n,power,imp,randobject)	指定在生成高斯白噪声样本矩阵时使用的随机数流对象 Randobject
noise=wgn(m,n,power,imp,seed)	指定用于初始化在生成高斯噪声样本矩阵时使用的正常随机数生成器的种子值 seed
noise=wgn(…,powertype)	powertype 指定 power 类型，如'dBW'、'dBm'或'linear'
noise=wgn(…,outputtype)	将输出类型 outputtype 指定为'real'或'complex'

高斯白噪声中的高斯是指概率分布是正态函数，而白噪声是指它的二阶矩不相关，一阶矩为常数，先后信号在时间上的相关性。

实例——叠加噪声的波形

源文件：yuanwenjian\ch07\zaoshengbo.m

MATLAB 程序如下：

扫一扫，看视频

```
>> close all
>> clear
>> fs=1000;                         %定义信号采样频率为1000Hz
>> t=0:1/fs:1-1/fs;                 %波形持续时间为1s
>> y1=t.^4+t.^2;                    %创建信号 y1
>> y2=wgn(1000,1,0);                %创建高斯白噪声信号 y2
>> y3=t.^4+t.^2+wgn(1000,1,0);      %创建添加高斯白噪声的信号 y3
>> y4=y1+0.5*randn(size(t));        %在 y1 波形上添加正态分布的随机噪声信号。白噪声信号的幅值为 0.5
>> subplot(221),plot(t,y1),title('函数波信号')           %绘制采集的波形信号 y1
>> subplot(222),plot(t,y2),title('高斯白噪声信号')        %绘制采集的波形信号 y2
>> subplot(223),plot(t,y3),title('叠加高斯白噪声的函数波信号')  %绘制采集的波形信号 y3
>> subplot(224),plot(t,y4),title('叠加高斯噪声的函数信号')    %绘制采集的波形信号 y4
```

运行结果如图 7.9 所示。

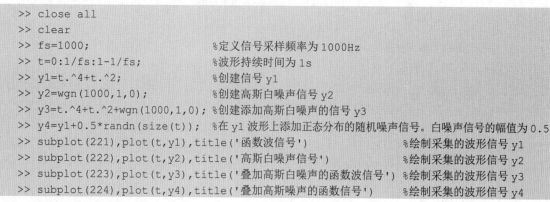

图 7.9　叠加噪声的波形

在 MATLAB 中，awgn 命令用来在信号中添加高斯白噪声，其调用格式见表 7.6。

表 7.6　awgn 命令的调用格式

命 令 格 式	说　　明
out=awgn(in,snr)	向信号 in 中添加高斯白噪声，参数 snr 为信噪比
out=awgn(in,snr,signalpower)	signalpower 指定输入信号功率值
out=awgn(in,snr,signalpower,randobject)	指定在生成高斯白噪声时使用的随机数流对象 Randobject
out=awgn(in,snr,signalpower,seed)	指定用于初始化在生成高斯噪声时使用的正常随机数生成器的种子值 seed
out=awgn(…,powertype)	powertype 指定 power 类型，如'dBW'、'dBm'或'linear'

扫一扫，看视频

实例——创建添加噪声的指数波

源文件：yuanwenjian\ch07\zaoshengbo2.m

MATLAB 程序如下：

```
>> close all
>> clear
>> fs=1000;                 %定义信号采样频率为1000Hz
>> t=0:1/fs:1-1/fs;         %波形持续时间为1s
>> x=airy(t*10).*exp(-t.^2);  %创建指数波原始信号 x
```

```
>> y1=x+wgn(1000,1,1);          %在x中叠加高斯白噪声,生成信号y1,高斯白噪声信号功率值为1
>> y2=awgn(x,1,'measured');     %创建添加高斯白噪声的指数波y2,高斯白噪声信号功率值为1
>> subplot(311),plot(t,x),title('指数波信号')
>> subplot(312),plot(t,y1),title('叠加高斯白噪声的指数波信号')
>> subplot(313),plot(t,y2),title('添加高斯白噪声的指数波信号')          %绘制采集的波形信号
```

运行结果如图 7.10 所示。

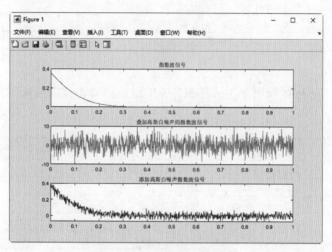

图 7.10　添加噪声的指数波

7.2　非周期性信号

不具有周期性的信号称为非周期信号。本节介绍信号处理工具箱（Signal Processing Toolbox）提供的几种创建广泛使用的非周期性信号的函数。

7.2.1　随机信号

随机信号（Random Signal）是指幅度不可预知但又服从一定统计特性的信号,又称不确定信号。

一般通信系统中传输的信号都具有一定的不确定性,因此都属于随机信号,否则不可能传递任何新的信息,也就失去了通信的意义。

另外,信号在传输过程中,不可避免地会受到各种干扰和噪声的影响,这些干扰与噪声也都具有随机特性,属于随机噪声。随机噪声也是随机信号的一种,只是不携带信息。在数字滤波器和快速傅里叶变换的计算中,由于运算字长的限制,产生有限字长效应。这种效应无论采用截尾或舍入方式,均产生噪声,均可视为随机噪声。

随机信号生成随机矩阵。随机矩阵,顾名思义就是随机生成,没有规律,因此每一次生成的随机矩阵都不同。

按照随机数的分布规则,可将随机矩阵分为均匀分布的随机数矩阵和正态分布的随机数矩阵两种。下面介绍生成几种不同随机数矩阵的函数。

1.rand 函数

在 MATLAB 中,rand 函数用来生成在区间[0,1]均匀分布的随机数矩阵,其调用格式见表 7.7。

表 7.7　rand 函数的调用格式

命 令 格 式	说　明
rand(m)	在区间[0,1]生成 m 阶均匀分布的随机矩阵
rand(m,n)	生成 m 行 n 列均匀分布的随机矩阵
X=rand(sz1,…,szN)	生成由随机数组成的 sz1×…×szN 矩阵，其中 sz1,…,szN 指示每个维度的大小
rand(size(A))	在区间[0,1]创建一个与 A 维数相同的均匀分布的随机矩阵
X=rand(…,typename)	生成由 typename 指定的数据类型的随机数组成的矩阵
X=rand(…,'like',p)	生成与 p 类似的随机数组成的矩阵

2．randn 函数

在 MATLAB 中，randn 函数用来生成正态分布的随机信号，其调用格式见表 7.8。

表 7.8　randn 函数的调用格式

命 令 格 式	说　明
X=randn	创建从标准正态分布中提取的矩阵组成随机波形
X=randn(n)	创建 n×n 正态分布随机数波形
X=randn(sz1,…,szN)	创建 sz1×…×szN 正态分布随机数波形
X=randn(sz)	在[0,1]区间内创建一个与 A 维数相同的正态分布的随机矩阵
X=randn(…,typename)	生成由 typename 指定的数据类型的随机数组成的矩阵
X=randn(…,'like',p)	生成与 p 同一类型随机数组成的矩阵

3．randi 函数

在 MATLAB 中，randi 函数用来生成均匀分布的伪随机整数信号，其调用格式见表 7.9。

表 7.9　randi 函数的调用格式

命 令 格 式	说　明
randi(imax)	生成介于 1 和 imax 之间的均匀分布的伪随机整数矩阵
randi(imax,n)	生成 n 阶介于 1 和 imax 之间的均匀分布的伪随机整数矩阵
randi(imaxsize(A))	创建与矩阵 A 维数相同的、介于 1 和 imax 之间的均匀分布的伪随机整数矩阵

4．rng 函数

在 MATLAB 中，rng 函数设置随机数生成器，控制随机数生成，其调用格式见表 7.10。

表 7.10　rng 函数的调用格式

命 令 格 式	说　明
rng(seed)	使用非负整数 seed 为随机数生成器提供种子，以使 rand、randi 和 randn 生成可预测的数字序列
rng('shuffle')	根据当前时间为随机数生成器提供种子
rng(seed,generator)	指定 rand、randi 和 randn 使用的随机数生成器的类型。generator 输入为以下项之一： 'twister'：梅森旋转 'simdTwister'：面向 SIMD 的快速梅森旋转算法 'combRecursive'：组合多递归 'philox'：执行 10 轮的 Philox 4×32 生成器 'threefry'：执行 20 轮的 Threefry 4×64 生成器 'multFibonacci'：乘法滞后 Fibonacci 'v5uniform'：传统 MATLAB 5.0 均匀生成器 'v5normal'：传统 MATLAB 5.0 正常生成器 'v4'：传统 MATLAB 4.0 生成器

续表

命 令 格 式	说　　明
rng('default')	将随机数生成器的设置重置为其默认值
scurr=rng	返回 rand、randi 和 randn 使用的随机数生成器的当前设置
rng(s)	将 rand、randi 和 randn 使用的随机数生成器的设置还原回之前用 s=rng 等命令捕获的值
sprev=rng(…)	返回 rand、randi 和 randn 使用的随机数生成器的以前设置，然后更改这些设置

随机矩阵每次的运行结果都是随机的，若不设置随机生成器，随机矩阵生成的值将不同。

5. randperm 函数

在 MATLAB 中，randperm 函数生成区间为[1,n]的没有重复元素的随机整数排列，其调用格式见表 7.11。

表 7.11　randperm 调用格式

命 令 格 式	说　　明
p=randperm(n)	在区间[1,n]生成随机向量，元素中不包含重复元素
p=randperm(n,k)	在区间[1,n]生成随机向量，包括 k 个不重复元素。该函数输入指示采样间隔中的最大整数（采样区间中的最小整数为 1）

实例——创建随机波

源文件：yuanwenjian\ch07\suijibo.m

MATLAB 程序如下：

扫一扫，看视频

```
>> close all
>> clear
>> t=0:100;                    %设定随机信号的采样时间序列
>> N=length(t);               %计算时间序列 t 的长度
>> x=rand(1,N);               %产生一维的、长度为 N 的均匀分布的随机信号 x
>> y=randn(1,N);              %产生一维的、长度为 N 的正态分布的随机信号 y
>> subplot(131)
>> plot(t,x,'k');             %绘制随机信号 x 的图形
>> ylabel('x(t)')
>> subplot(132)
>> plot(t,y,'k');             %绘制正态分布的随机信号 y 的图形
>> ylabel('y(t)')
>> subplot(133)
>> stem(t,x,'filled','k');    %绘制 x 的信号序列图并填充
>> ylabel('x(n)')
```

运行结果如图 7.11 所示。

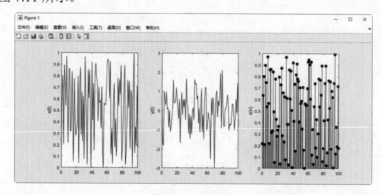

图 7.11　随机波

7.2.2 辛格信号

辛格（sinc）函数用 sinc(x)表示。在数学上，sinc 函数定义为 sinc(t)=sin(t)/t。在数字信号处理和通信理论中，归一化辛格函数通常定义为 $\mathrm{sinc}(x) = \dfrac{\sin(\pi x)}{\pi x}$。该函数的傅里叶变换正好是幅值为 1 的矩形脉冲。

在 MATLAB 中，辛格函数用来生成辛格波，其调用格式见表 7.12。

表 7.12　sinc 函数的调用格式

命 令 格 式	说　　明
y=sinc(x)	产生辛格波，x 为输入信号矩阵

实例——创建辛格波

源文件：yuanwenjian\ch07\sincwave.m

MATLAB 程序如下：

```
>> close all
>> clear
>> fs=10;                %定义信号采样频率为10Hz
>> t1=-6:1/fs:0;         %定义信号采样时间序列 t1，采样时间为 6s
>> t2=0:1/fs:6;          %定义信号采样时间序列 t2，采样时间为 6s
>> x1=sinc(t1);
>> x2=sinc(t2);          %定义辛格波
>> subplot(121)
>> plot(t1,x1,'*');      %绘制 x1 的波形
>> xlabel Time,ylabel Signal
>> title('sinc signal (Left)')
>> subplot(122)
>> plot(t2,x2,'^');      %绘制 x2 的波形
>> xlabel Time,ylabel Signal
>> title('sinc signal (Right)')
```

运行结果如图 7.12 所示。

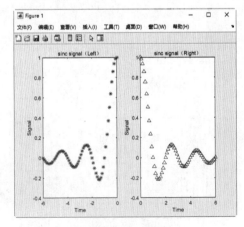

图 7.12　辛格波

7.2.3　啁啾信号

啁啾（Chirp）是通信技术中有关编码脉冲技术的一种术语，是指对脉冲进行编码时，其载频在脉冲持续时间内线性增加，当将脉冲变成音频，会发出一种声音，听起来像鸟叫的啁啾声，故名"啁啾"。该信号是一个典型的非平稳信号，在通信、声呐、雷达等领域具有广泛的应用。

后来将脉冲传输时中心波长发生偏移的现象称为"啁啾"。例如，在光纤通信中由于激光二极管本身不稳定而使传输单个脉冲时中心波长瞬时偏移的现象，即为"啁啾"。

chirp 信号的表达式如下：

$$x(t) = \exp[j2\pi(f_0 t + \frac{1}{2}u_0 t^2)]$$

式中：f_0 为起始频率；u_0 为调频率。

对相位进行求导，得到角频率以及频率随时间的线性变化关系 $f = f_0 + u_0 * t$。

在 MATLAB 中，chirp 命令用来生成扫频余弦信号的样本啁啾信号，其调用格式见表 7.13。

表 7.13　chirp 命令的调用格式

命 令 格 式	说　　明
y=chirp(t,f0,t1,f1)	在时间 t 上产生余弦扫频信号。其中，f0 为初始时刻的瞬时频率，f1 为 t1（参考时间）时刻的瞬时频率，f0 和 f1 的单位都为 Hz。如果未指定，f0 默认为 1e-6（对数扫频方法）或 0（其他扫频方法），t1 为 1，f1 为 100Hz。对于对数扫频，必须有 f1>f0
y=chirp(t,f0,t1,f1,method)	在上一语法格式的基础上指定扫频方法。Method 的取值有 linear（线性扫频）、quadratic（二次扫频）、logarithmic（对数扫频）
y=chirp(t,f0,t1,f1,method,phi)	在上一语法格式的基础上指定信号初始相位 phi[以（°）为单位]。默认情况下，phi=0，如果要忽略此参数，直接设置后面的参数，可以指定为 0 或[]
y=chirp(t,f0,t1,f1,'quadratic',phi,shape)	参数 shape 指定二次扫频方法的抛物线的形状：concave（凹）或 convex（凸）。如果此信号被忽略，则根据 f0 和 f1 的相对大小决定是凹还是凸

实例——创建凸二次扫频余弦信号

源文件：yuanwenjian\ch07\chirpxh.m

MATLAB 程序如下：

扫一扫，看视频

```
>> close all
>> clear
>> t=0:0.01:5;                %定义信号采样频率为100Hz，信号采样时间为5s
>> x=chirp(t-1,0,1/2,20,'quadratic',100,'convex').*exp(-1.7*(t-2).^2);   %创建高斯调制的
                                                                          二次啁啾信号
>> plot(t,x)                 %绘制 t 时间段内的二次扫频信号波形
>> axis([0.8 2 -0.8 0.8])    %调整坐标轴范围
```

运行结果如图 7.13 所示。

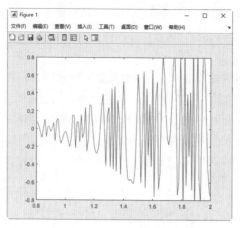

图 7.13　凸二次扫频余弦信号

7.2.4　狄利克雷函数

狄利克雷（Dirichlet）函数是一个定义在实数范围上、值域为不连续的周期函数。它的周期是任意非 0 有理数（周期不能为 0），但没有最小正周期，有时也被称为周期性正弦函数或混叠正弦函数。对于输入向量或矩阵 X，Dirichlet 函数 $D(x)$ 可由下式定义：

$$D(x) = \begin{cases} \dfrac{\sin(Nx/2)}{N\sin(x/2)} & x \neq 2\pi k \\ (-1)^{k(N-1)} & x = 2\pi k \end{cases} \quad k = 0, \pm 1, \pm 2, \pm 3, \cdots$$

式中：N 为用户指定的正整数。当 N 为奇数时，$D(x)$ 的周期为 2π；当 N 为偶数时，$D(x)$ 的周期为 4π。$D(x)$ 的幅值是 $1/N$ 乘以包含 N 个点的矩形窗的离散时间傅里叶变换的幅值。

在 MATLAB 中，diric 命令用来生成狄利克雷函数信号，其调用格式见表 7.14。

表 7.14　diric 命令的调用格式

命令格式	说　　明
y=diric(x,n)	求信号 x 的 n 级 Dirichlet 函数

实例——创建狄利克雷信号

源文件：yuanwenjian\ch07\diricxh.m

MATLAB 程序如下：

```
>> close all
>> clear
>> x=0:0.001:4*pi;            %定义信号采样时间为 4π，采样频率为 1000Hz
>> subplot(2,1,1)
>> plot(x/pi,diric(x,6))      %绘制 4s 内，x 的 6 级狄利克雷函数信号
>> axis tight,title('n=6')   %将坐标轴范围设置为数据范围，使轴框紧密围绕数据，添加标题
>> subplot(2,1,2)
>> plot(x/pi,diric(x,16))     %绘制 4s 内，x 的 16 级狄利克雷函数信号
>> title('n=16')
>> xlabel('x/\pi')           %"\pi"为转义字符，表示 π
```

运行结果如图 7.14 所示。

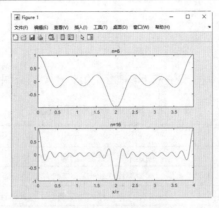

图 7.14   狄利克雷信号

7.2.5   非周期方波信号

在 MATLAB 中，rectpuls 命令用来产生非周期方波信号，其调用格式见表 7.15。

表 7.15   rectpuls 命令的调用格式

命 令 格 式	说 明
y=rectpuls(t)	产生非周期方波信号，默认方波的宽度为 1
y=rectpuls(t,w)	产生指定宽度为 w 的非周期方波

实例——创建方波信号

源文件：yuanwenjian\ch07\rectpulsxh.m

MATLAB 程序如下：

```
>> close all
>> clear
>> t=-4:0.001:4;                        %信号采样频率为1000Hz，信号采样时间为8s
>> y=rectpuls(sin(pi*t));               %产生宽度为1的非周期方波信号 y
>> plot(t,y,'b','linewidth',2);         %y 的时域图
>> grid on                              %显示网格线
>> xlabel('t')
>> ylabel('y(t)')                       %标注坐标轴
>> axis([-4 4 -0.5 1.5])                %调整坐标轴范围
```

运行结果如图 7.15 所示。

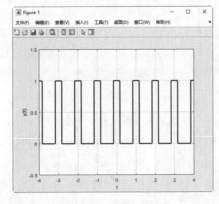

图 7.15   方波信号

7.2.6 非周期三角波信号

在 MATLAB 中，tripuls 命令用来生成非周期三角波信号，其调用格式见表 7.16。

表 7.16 tripuls 命令的调用格式

命 令 格 式	说 明
y=tripuls(t)	创建采样次数为 t 的非周期三角波
y=tripuls(t,w)	创建采样次数为 t、周期为 w 的非周期三角波
y=tripuls(t,w,s)	在上一语法格式的基础上，创建斜率为 s（−1<s<1）的非周期三角波

实例——创建三角波信号

源文件：yuanwenjian\ch07\sanjiaoxh.m

MATLAB 程序如下：

```
>> close all
>> clear
>> t=-3:0.1:3;                       %定义信号采样频率为10Hz，信号采样时间为6s
>> y=tripuls(4*t,1,0.5);             %创建采样次数为4t、周期为1、斜率为0.5的非周期三角波
>> plot(t,y,'r','linewidth',2)       %y 的时域图
>> grid on                           %显示网格线
>> axis([-3 3 -0.5 1])               %调整坐标轴范围
>> title('非周期性三角波')
```

运行结果如图 7.16 所示。

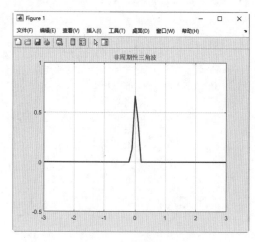

图 7.16　三角波信号

7.3　脉　冲　信　号

脉冲信号是指瞬间突然变化，作用时间极短的电压或电流，它可以是周期性重复的，也可以是非周期性的或单次的。脉冲信号是一种离散信号，形状多种多样，与普通模拟信号（如正弦波）相比，其特点是波形之间在 y 轴不连续（波形与波形之间有明显的间隔）但具有一定的周期性。

脉冲信号可以用来表示信息，也可以用来作为载波，比如脉冲调制中的脉冲编码调制（Pulse Code Modulation，PCM）、脉冲宽度调制（Pulse Width Modulation，PWM）等，还可以作为各种数字电路、高性能芯片的时钟信号。

7.3.1 脉冲波

最常见的脉冲波是矩形波（也就是方波），如图 7.17 所示。

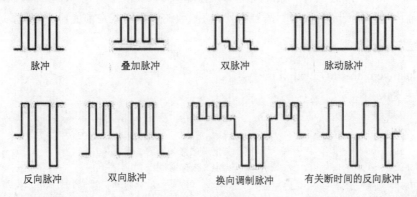

脉冲　　　　　　叠加脉冲　　　　　双脉冲　　　　　脉动脉冲

反向脉冲　　　双向脉冲　　　　　换向调制脉冲　　有关断时间的反向脉冲

图 7.17　矩形波

在电子技术中，脉冲信号按一定电压幅度、一定时间间隔连续发出。脉冲信号之间的时间间隔称为周期；在单位时间（如 1s）内所产生的脉冲个数称为频率。

脉冲波形曲线如图 7.18 所示，主要参数如下。

- 脉冲周期 T：周期性重复的脉冲序列中，两个相邻脉冲之间的时间间隔。
- 脉冲幅度 V_m：脉冲电压的最大变化幅度。
- 脉冲宽度 T_w：从脉冲前沿到达 $0.5V_m$ 起，到脉冲后沿到达 $0.5V_m$ 止的一段时间。
- 上升时间 t_r：脉冲上升沿从 $0.1V_m$ 上升到 $0.9V_m$ 所需的时间。
- 下降时间 t_f：脉冲下降沿从 $0.9V_m$ 下降到 $0.1V_m$ 所需的时间。
- 占空比 q：脉冲宽度与脉冲周期的比值，即 $q=T_w/T$。

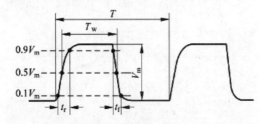

图 7.18　脉冲波形曲线

脉冲波形上升（下降）时间的测量方法。

- 调节垂直定标旋钮（配合微调功能），使脉冲波形占满整数大格之间。
- 触发斜率选择上升沿触发，屏幕显示"↑"。
- 调节水平定标旋钮展开波形。
- 读取上升沿从 $0.1V_m$ 上升到 $0.9V_m$ 所需时间。
- 将触发斜率改为下降沿触发，屏幕显示"↓"，读取下降时间。

7.3.2　理想脉冲序列

理论合成的波形信号是理想状态合成的，实际合成的波形由于有外来信号的干扰会产生误差。为特定研究需要，先对理想脉冲序列进行研究。

理想的矩形脉冲描述参数分别是：脉冲幅度 V_m、脉冲重复周期 T、脉冲宽度 T_w、脉冲前沿和上升时间 t_r、脉冲后沿和下降时间 t_f、脉冲间隔 t_g、脉冲频率 f。

在二维情况下，使用 stem 函数绘制信号序列。该函数的调用格式在前面已介绍过，这里不再赘述。

实例——绘制采样信号序列

源文件：yuanwenjian\ch07\cyxhxl.m
MATLAB 程序如下：

```
>> close all
>> clear
>> fs=100;                          %定义采样频率为100Hz
>> t=0:1/fs:1;                      %定义采样时间序列
>> x=vco(sin(2*pi*t),30,fs);        %定义采样信号，载波频率必须小于采样频率的一半
>> subplot(211),plot(t,x);          %绘制 x 的时域图
>> title('采样信号');
>> subplot(212),stem(t,x,'LineStyle','-.',...
'MarkerFaceColor','red',...
'MarkerEdgeColor','yellow');
%绘制 x 的信号序列图，线型为点画线，标记填充颜色为红色，标记轮廓颜色设置为黄色
>> title('采样信号序列');
```

运行结果如图 7.19 所示。

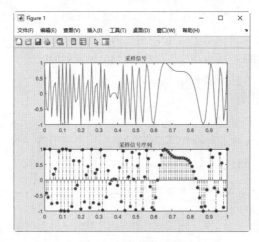

图 7.19　信号序列图

7.3.3　单位脉冲序列

单位脉冲序列 $\delta(n)$ 的定义为 $\delta(n)=\begin{cases}1, & n=0 \\ 0, & n\neq0\end{cases}$，其波形如图 7.20 所示。

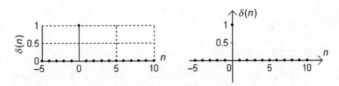

图 7.20 单位脉冲序列的波形图

单位脉冲序列又称为单位采样序列 $\delta(n)$，其特点是在 $n=0$ 时取值为 1，$n \neq 0$ 时取值为 0，如图 7.21 所示。而单位冲激信号 $\delta(t)$ 是在 $t=0$ 时，取值无穷大，在整个区间内对时间的积分为 1，其意义是表示强度为 1。

单位阶跃信号定义为 $u[n] = \begin{cases} 1, & n \geqslant 0 \\ 0, & n < 0 \end{cases}$，其波形如图 7.22 所示。单位阶跃是单位脉冲的累加：

$$u[n] = \sum_{m=-\infty}^{n} \delta[m] \text{。}$$

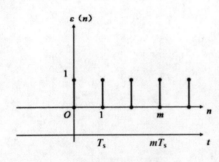

图 7.21 单位脉冲序列

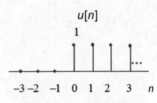

图 7.22 单位阶跃序列

单位脉冲序列的采样性质有以下两点。

➤ 信号在 $n=0$ 时的采样：$x[n]\delta[n] = x[0]\delta[n]$。

➤ 信号在 $n=n_0$ 时的采样：$x[n]\delta[n-n_0] = x[n_0]\delta[n-n_0]$。

在 MATLAB 中，zeros 函数可以创建全 0 矩阵，也可用来定义单位脉冲序列，其调用格式见表 7.17。

表 7.17 zeros 函数的调用格式

命令格式	说　明
X=zeros(m)	生成 m 阶全 0 矩阵
X=zeros(m,n)	生成 m 行 n 列全 0 矩阵
X=zeros(size(A))	创建与 A 维数相同的全 0 矩阵
X=zeros(…,typename)	返回一个由 0 组成并且数据类型为 typename 的数组。要创建的数据类型（类），指定为'double'、'single'、'logical'、'int8'、'uint8'、'int16'、'uint16'、'int32'、'uint32'、'int64'、'uint64'或提供 zeros 支持的其他类的名称
X=zeros(…,'like',p)	返回一个与 p 类似的由 0 组成的数组，它具有与 p 相同的数据类型（类）、稀疏度和复/实性。要创建的数组的原型，指定为数组

单位脉冲序列可以表示为

```
h=[1,zeros(1,N-1)]
```

信号序列矩阵下标从 1 开始。

扫一扫，看视频

实例——创建单位脉冲信号

源文件：yuanwenjian\ch07\dwmc.m

MATLAB 程序如下：

```
>> close all
>> clear
>> N=10;                         %信号序列的采样点数为 10
>> x=[1,zeros(1,N-1)];           %创建单位脉冲信号序列 x
>> stem(x);                      %绘制单位脉冲信号序列
>> hold on                       %保留当前图窗中的绘图
>> x(1)=0;                       %定义信号冲击值，n=1 时取值为 0
>> t=linspace(-10,0,10);
>> stem(t,x, 'r ');              %绘制单位脉冲信号序列
>> title('单位脉冲信号序列');
>> axis([-10 10 -0.5 1.5])       %调整坐标轴范围
```

运行结果如图 7.23 所示。

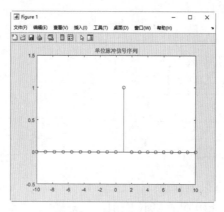

图 7.23　单位脉冲信号

7.3.4　高斯调制正弦射频脉冲信号

高斯调制正弦射频脉冲信号是用高期函数调制的正弦曲线脉冲。信号调制可以扩展信号带宽，提高系统抗干扰、抗衰落能力，提高传输的信噪比。为了充分利用信道容量，满足用户的不同需求，通信信号采用不同的调制方式。

调制信号的目的主要有以下三点。

➢ 便于无线发射，减少天线尺寸。

➢ 频分复用，提高通信容量。

➢ 提高信号抗干扰能力。

在电磁波频率低于 100kHz 时，电磁波会被地表吸收，不能形成有效的传输；一旦电磁波频率高于 100kHz 时，电磁波就可以在空气中传播，并经大气层外缘的电离层反射，形成远距离传输能力。这种具有远距离传输能力的高频电磁波称为射频（Radio Frequency，RF）。射频信号就是经过调制的拥有一定发射频率的电波。射频脉冲就是对某一频率的射频信号使用开关进行控制，间隔进行发射形成的电信号。

在 MATLAB 中，gauspuls 命令用来生成高斯调制正弦射频脉冲信号，其调用格式见表 7.18。

表 7.18　gauspuls 命令的调用格式

命 令 格 式	说　　明
yi=gauspuls(t,fc,bw)	在时间 t 内返回一个中心频率为 fc、分数带宽为 bw 的单位幅度高斯射频脉冲 yi。中心频率 fc 默认值为 1000Hz，分数带宽 bw 默认值为 0.5
yi=gauspuls(t,fc,bw,bwr)	bwr 为分数带宽参考电平，为负标量，默认值为-6dB
[yi,yq]=gauspuls(...)	返回正交脉冲 yq
[yi,yq,ye]=gauspuls(...)	返回射频信号包络 ye
tc=gauspuls('cutoff',fc,bw,bwr,tpe)	返回以秒为单位的截止时间 tc，尾随的脉冲包络相对于峰包络振幅低于 tpe dB。tpe 为尾随脉冲包络电平，指示小于峰值（单位）包络振幅的参考电平，必须小于 0，默认值为-60dB

实例——创建周期高斯脉冲信号

源文件：yuanwenjian\ch07\gausessmc.m

MATLAB 程序如下：

```
>> close all
>> clear
>> fs=1e7;                        %定义采样频率为10MHz
>> tc=gauspuls('cutoff',10e3,0.5,[],-40);    %返回中心频率为1000Hz、分数带宽为50%的单位幅度
                                             高斯 RF 脉冲截止时间 tc（大于或等于 0），在该截止
                                             时间 tc 处，尾随脉冲包络相对于峰包络振幅低于 40dB
>> t=-tc:1/fs:tc;                 %定义信号采样时间
>> x=gauspuls(t,10e3,0.5);        %在指定的时间 t 内返回一个单位幅度的高斯射频脉冲 x，中心频率为
                                   1000Hz，分数带宽为50%
>> subplot(121)
>> plot(t,x)
>> xlabel('Time(s)')
>> ylabel('Waveform')
>> ts=0:1/50e3:0.025;             %定义信号采样时间
>> d=[0:1/1e3:0.025;sin(2*pi*0.1*(0:25))]';       %定义信号偏移量
>> y=pulstran(ts,d,x,fs);         %生成高斯调制正弦射频脉冲信号序列，采样频率为10MHz
>> subplot(122)
>> plot(ts,y)
>> xlabel('Time(s)')
>> ylabel('Waveform')
```

运行结果如图 7.24 所示。

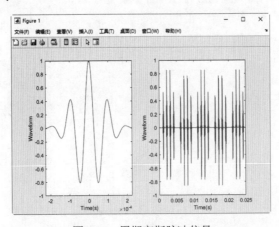

图 7.24　周期高斯脉冲信号

7.3.5 高斯单脉冲信号

单脉冲信号由方程 $y(t) = e^{1/2}(t/\sigma)\exp[-(t/\sigma)^2/2]$ 定义。

在 MATLAB 中，gmonopuls 命令用来生成高斯单脉冲信号，其调用格式见表 7.19。

表 7.19　gmonopuls 命令的调用格式

命令格式	说　明
y=gmonopuls(t,fc)	返回中心频率 fc 的单位幅度高斯单脉冲的信号 y。默认情况下，fc=1000Hz
tc=gmonopuls('cutoff',fc)	返回脉冲的最大和最小振幅之间的持续时间 tc

中心频率 fc 通常定义为带通滤波器（或带阻滤波器）的两个 3dB 点之间的中点，一般用两个 3dB 点的算术平均来表示。滤波器通频带中间的频率以中心频率为准，高于中心频率一直到频率电压衰减到 0.707 倍时为上边频，相反为下边频，上边频和下边频之间为通频带。

扫一扫，看视频

实例——创建高斯单脉冲信号

源文件：yuanwenjian\ch07\gsdanmc.m
MATLAB 程序如下：

```
>> close all
>> clear
>> fs=2e9;                              %采样频率为 200GHz
>> fc=2e9;                              %中心频率为 200GHz
>> tc=gmonopuls('cutoff',fc);          %返回脉冲的最大和最小振幅之间的持续时间 tc
>> D=((0:2)*7.5+2.5)*1e-9;             %定义信号偏移量
>> t=-tc:1/fs:150*tc;                   %定义信号采样时间
>> x=pulstran(t,D,'gmonopuls',fc);     %创建高斯调制正弦射频脉冲，中心频率为 200GHz
>> plot(t,x)
>> xlabel('Time(s)')
>> ylabel('Waveform')
```

运行结果如图 7.25 所示。

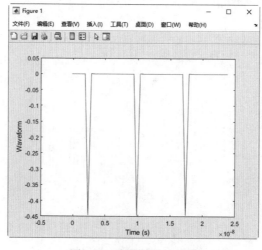

图 7.25　高斯单脉冲信号

7.4 信号发生器

信号发生器是一种可以产生某些特定的周期性时间函数波形（正弦波、方波、三角波、脉冲波等）或任意波形的测量装置，可应用于通信、仪表和自动控制系统测试等领域。

7.4.1 脉冲信号序列发生器

数字信号处理是把信号用数字或符号表示成序列，通过信号处理设备，在 MATLAB 中用数值计算的方法进行处理，在通信仿真领域中应用广泛。

脉冲通常是指电子技术中经常运用的一种像脉搏似的短暂起伏的电冲击（电压或电流）。脉冲序列的字面意思是模拟信号的一串高低电平，具体可以解释为具有一定带宽、一定幅度的射频脉冲和梯度脉冲组成的脉冲程序。

脉冲信号就是像脉搏跳动这样的信号。如果用水流形容，直流就是把水龙头一直开着淌水，脉冲就是不停地开关水龙头形成水脉冲。

在 MATLAB 中，pulstran 命令用来生成连续或离散的脉冲串，其调用格式见表 7.20。

表 7.20 pulstran 命令的调用格式

命 令 格 式	说　　明
y=pulstran(t,d,func)	根据连续函数 func 的样本生成一个周期性脉冲信号 y，t 为采样时间，d 为信号偏移量，func 是用于根据脉冲序列的样本生成脉冲序列的连续函数，指定脉冲串的形状，包括'rectpuls'（非周期的矩形波）、'gauspuls'（高斯调制正弦信号）、'tripuls'（非周期的三角波），或者函数句柄。横坐标范围由向量 t 指定，而向量 d 用于指定周期性的偏移量（即各个周期的中心点）
y=pulstran(t,d,func,fs)	在上一语法格式的基础上，指定采样频率为 fs
y=pulstran(t,d,p)	假设采样频率 fs 为 1Hz，生成一个脉冲序列，是矢量 p 中原型脉冲的多个延迟插值之和。其中 p 跨越时间间隔[0，length(p) -1]，其样本在此间隔之外相同。默认情况下，线性插值用于生成延迟
y=pulstran(…,intfunc)	参数 intfunc 指定插值法类型，包括'linear'（线性插值）(默认)、'nearest'（最近邻插值）、'next'（下一次邻居插值）、'previous'（前邻插值）、'pchip'（保形分段三次插值）、'cubic'（保形分段三次插值）、'v5cubic'（三次卷积）、'makima'（修正的 Akima 三次 Hermite 插值）、'spline'（样条插值）

实例——创建正弦脉冲序列

源文件：yuanwenjian\ch07\sine_pulstran.m

MATLAB 程序如下：

扫一扫，看视频

```
>> close all
>> clear
>> fs=1e3;                              %定义信号采样频率为1000Hz
>> t=0:1/fs:60;                         %信号采样时间序列，采样时间为60s
>> f=0.5;                               %脉冲信号频率为0.5Hz
>> d=0:2:60;                            %定义信号偏移量
>> x=sin(2*pi*50*t);                    %创建频率为50Hz的正弦波
>> y=pulstran(t,d,x,fs);               %通过信号偏移生成脉冲串
>> plot(t,y, '.');                      %绘制脉冲串的时域图
>> xlabel('Time(s)'),ylabel('Waveform') %标注坐标轴
```

运行结果如图 7.26 所示。

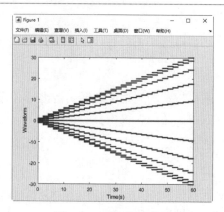

图 7.26　正弦脉冲序列

扫一扫，看视频

实例——创建脉冲序列

源文件：yuanwenjian\ch07\pulstran2.m

MATLAB 程序如下：

```
>> close all
>> clear
>> t=0:1/1e3:1;                                    %信号采样频率为1000Hz，采样时间为1s
>> d=0:1/4:1;
>> dd=[d;4.^-d]';                                  %定义信号偏移量 dd
>> fx=@(x,y)sin(2*pi*y*x).*exp(-2*y*x.^2);         %定义信号表达式的函数句柄
>> fy=fx(t,30);                                    %定义高斯调制的正弦信号 fy
>> y1=pulstran(t,dd,fy,1e3);                       %偏移信号，线性插值生成脉冲串
>> y2=pulstran(t,dd,fy,1e3,'v5cubic');             %偏移信号，三次卷积插值法生成脉冲串
>> y3=pulstran(t,dd,fy,1e3,'previous');            %偏移信号，前邻插值法生成脉冲串
>> subplot(131)
>> plot(t,y1)                                      %绘制 y1 的时域图
>> title('线性插值脉冲信号')
>> subplot(132)
>> plot(t,y2)                                      %绘制 y2 的时域图
>> title('三次卷积插值脉冲信号')
>> subplot(133)
>> plot(t,y3)                                      %绘制 y3 的时域图
>> title('前邻插值脉冲信号')
```

运行结果如图 7.27 所示。

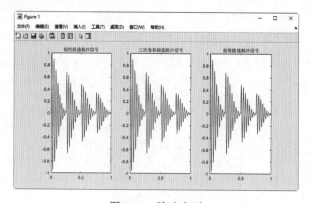

图 7.27　脉冲序列

7.4.2　压控振荡器

压控振荡器是指输出频率与输入控制电压有对应关系的振荡电路（Voltage-Controlled Oscillator，VCO），振荡器的工作状态或振荡回路的元件参数受输入控制电压的控制。人们通常把压控振荡器称为调频器，用以产生调频信号。

压控振荡器的类型有 LC 压控振荡器、RC 压控振荡器和晶体压控振荡器。

LC 振荡器中，将压控可变电抗元件插入振荡回路就可形成 LC 压控振荡器，如图 7.28 所示。压控振荡器的输出频率与输入控制电压之间的关系为

$$\omega_0 \approx \frac{1}{\sqrt{LC_0}}\left(1+\frac{u_c}{\varphi}\right)^{\gamma/2}$$

式中：C_0 为零反向偏压时变容二极管的电容量；φ 为变容二极管的结电压；γ 为结电容变化指数。

特性曲线如图 7.29 所示。

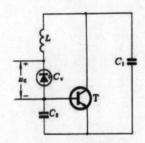

图 7.28　LC 压控振荡器

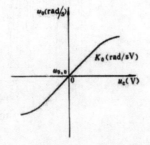

图 7.29　特性曲线

压控振荡器常用于以下方面。

➢ 信号产生器。

➢ 电子音乐中用来制造变调。

➢ 锁相回路。

➢ 通信设备中的频率合成器。

在 MATLAB 中，vco 命令用来对信号进行调频，其调用格式见表 7.21。

表 7.21　vco 命令的调用格式

命令格式	说　明
y=vco(x,fc,fs)	创建频率振荡的信号，其中，x 为调频前信号，取值范围为[-1, 1]。信号采样频率为 fs，fc 为参考频率。当 x=0，y 是频率为 fc、幅值为 1 的余弦波。x=-1，输出频率为 0；x=1，输出频率为 2*fc
y=vco(x,[Fmin Fmax],fs)	频率调制范围[Fmin Fmax]，Fmin 和 Fmax 应该在 0～fs/2 的范围内

实例——对正弦波进行调频

源文件：yuanwenjian\ch07\tiaopinxh.m

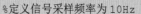

MATLAB 程序如下：

```
>> close all
>> clear
>> fs=10;                                    %定义信号采样频率为10Hz
```

```
>> t=0:1/fs:10;                              %定义信号采样时间序列，采样时间为10s
>> x=sin(2*pi*10*t)+randn(size(t))/50;       %创建叠加高斯噪声的正弦波
>> y=vco(x,[0.1 0.5]*fs,fs);                  %对正弦波进行调频
>> subplot(121),plot(t,x);                    %正弦波的时域图
>> xlabel Time,ylabel Signal                  %标注坐标轴
>> title('叠加噪声的正弦信号')
>> subplot(122),plot(t,y);                    %调频信号时域图
>> xlabel Time,ylabel Signal                  %标注坐标轴
>> title('调频信号')
```

运行结果如图 7.30 所示。

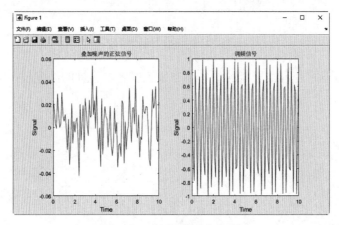

图 7.30　对正弦波进行调频

7.4.3　信号带状图

在 MATLAB 中，strips 命令用来生成信号的带状图，其调用格式见表 7.22。

表 7.22　strips 命令的调用格式

命 令 格 式	说　　明
strips(x)	在长度为 250 的水平条带中绘制 x。若 x 是向量，绘制向量 x 的水平条形图，长度为 250；若 x 是矩阵，绘制 x 的每一列，其中最左边的一列（第 1 列）作为顶部的水平条
strips(x,n)	在上一语法格式的基础上，指定每个条带的长度为 n 个采样
strips(x,sd,fs)	在持续时间为 sd 的条带中绘制 x，fs 为采样频率
strips(x,sd,fs,scale)	在上一语法格式的基础上，根据缩放因子 scale 缩放带状图的垂直轴

扫一扫，看视频

实例——创建语音信号的带状图

源文件：yuanwenjian\ch07\stripsxh.m

MATLAB 程序如下：

```
>> close all
>> clear
>> load laughter          %加载语音信号，包含信号序列 y 和采样频率 Fs
>> strips(y,1,Fs)         %在 1s 内绘制信号的条形图
```

运行结果如图 7.31 所示。

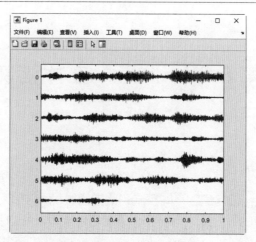

图 7.31 语音信号的带状图

动手练一练——创建调频正弦波的带状图

扫一扫，看视频

✏ **思路点拨：**

源文件：yuanwenjian\ch07\sin_strips.m

（1）设置信号的采样频率和采样时间序列。

（2）定义调频范围。

（3）产生调频正弦波。

（4）在指定时间的条带中绘制调频正弦波。

第 8 章　信号的基本运算

内容指南

信号利用随着自变量变化的幅值的不同模式来传递信息，所以最常见到的信号运算方式是对信号的幅值，也就是信号函数的因变量进行操作。通过信号运算，可由基本信号生成各种复杂信号。本章介绍信号的一些基本运算。

内容要点

➤ 常规运算
➤ 相互运算
➤ 波形变换运算
➤ 数学运算

8.1　常　规　运　算

信号的常规运算有时也称为四则运算，通常指信号的相加、相减、相乘和相除运算。

8.1.1　加减运算

信号相加就是在相同的时间点将两个或多个信号进行叠加。对于连续的两个时间信号相加，数学上可表示为

$$y(t) = x_1(t) + x_2(t)$$

信号相减就是在相同的时间点将两个或多个信号进行递减。对于连续的两个时间信号递减，数学上可表示为

$$y(t) = x_1(t) - x_2(t)$$

离散信号相加、相减更加简单，直接对相同序号的离散值相加、相减即可。在 MATLAB 中，如果离散信号均是数组的序号，并且两个数组的长度相等，则可以直接相加、相减，如：

$$y = x_1 + x_2, \quad y = x_1 - x_2$$

如果两个序列的长度不一样，或序号序列与数组序号序列不统一，则必须进行转换，即将相加或相减的两个信号序列在之前或之后补 0，使得两个序列的序号序列一致。

设置信号序列 x_1 的序列号为 n_1，信号序列 x_2 的序列号为 n_2，加减运算后的信号序列 y 的序列号为 n，利用下面的程序可以对 x_1 和 x_2 的序列号进行判断、转换，然后相加相减。

```
n = min(min(n1),min(n2)):max(max(nl),max(n2));        %y(n)的信号序列的序列号
y1 = zeros(1,length(n));                               %初始化信号
y2 =yl;                                                %创建等长的信号序列 y1、y2
%判断两信号序列的序列号是否相等
y1(find((n>=min(n1))&(n<=max(nl))==1))=x1;             %将 x1 赋值给 y1 对应位置的元素
y2(find((n>=min(n2))&(n<=max(n2))==1))=x2;             %将 x2 赋值给 y2 对应位置的元素
y=y1 +y2;                                              %信号序列叠加
y=y1 -y2;                                              %信号序列递减
```

实例——正弦信号叠加与递减

源文件：yuanwenjian\ch08\jiajianys.m

MATLAB 程序如下：

```
>> close all
>> clear
>> fs = 1000;                        %定义采样频率为1000Hz
>> T =1/fs;                          %定义采样时间间隔 T 为 0.001
>> n =1:200;                         %定义正弦信号的序号序列
>> t =n*T;                           %定义正弦信号的采样时间序列
>> f=20;                             %正弦信号频率为 20Hz
>> x = 0.5*sin(2*pi*t*f);            %在时间序列 t 上产生正弦信号 x，频率为 20Hz，幅值为 0.5
>> load gong                         %获取音频信号 y 和采样频率 Fs
>> subplot(2,2,1)
>> plot(y)                           %绘制原始音频信号
>> title('原始音频信号')
>> y=y(1:200)';                      %截取与正弦信号相同长度的音频信号
>> subplot(2,2,2)
>> plot(t,x,t,y)                     %绘制信号 x、y 的时域图
>> grid                              %切换网格线的显示模式
>> title('原始信号')
>> legend('x','y')                   %图例
>> subplot(2,2,3)
>> y1=x+y;                           %叠加两个信号
>> plot(t,y1)                        %绘制新序列信号 y1 的时域图
>> title('叠加后的信号'),xlabel('时间/s')
>> grid
>> subplot(2,2,4)
>> y2=x-y;                           %递减两个信号
>> plot(t,y2)                        %绘制新序列信号 y2 的时域图
>> title('递减后的信号'),xlabel('时间/s')
>> grid
```

运行结果如图 8.1 所示。

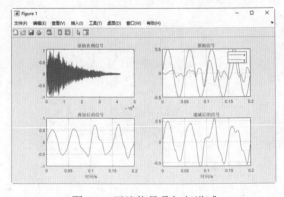

图 8.1 正弦信号叠加与递减

8.1.2 乘除运算

信号乘除运算是在相同的时间点将两个或多个信号进行相乘、相除。对于两个连续时间信号相乘、相除，数学上可表示为

$$y(t) = x_1(t) * x_2(t)$$
$$y(t) = x_1(t) \div x_2(t)$$

对于离散时间序列，序列乘、除的条件是 $x_1(n)$ 和 $x_2(n)$ 具有相同的长度，且在相同的位置上相乘、相除，例如：

```
>> y(t) = x1.*x2;
>> y(t) = x1./x2;
```

如果两个序列的长度不一样，或序号序列跟数组序号序列不统一，则必须进行转换，即将相乘或相除的两个信号序列在之前或之后补 0，使得两个序列的序号序列一致。

实例——信号乘除运算

源文件：yuanwenjian\ch08\chengchuys.m

MATLAB 程序如下：

```
>> close all
>> clear
>> fs = 1000;                      %定义采样频率为 1000Hz
>> T =1/fs;                        %定义采样时间间隔 T 为 0.001s
>> n =1:500;                       %定义信号的序号序列
>> t =n*T;                         %定义信号的采样时间序列
>> f=20;                           %信号频率为 20Hz
>> x = sawtooth(2*pi*f*t);         %在时间序列 t 上产生频率为 20Hz 的三角波信号，幅值为 1
>> load splat                      %获取音频信号 y 和采样频率 Fs
>> y=y(1:500)';                    %截取与三角波信号相同长度的音频信号
>> subplot(2,2,1)
>> plot(t,y)                       %绘制截取的音频信号的时域图
>> axis([0 0.5 -1.2 1.2])          %调整坐标轴范围
>> title('音频信号'),xlabel('时间/s')
>> subplot(2,2,2)
>> plot(t,x)                       %绘制原始随时间变化的三角波信号
>> title('三角波信号'),xlabel('时间/s')
>> axis([0 0.5 -1.2 1.2])
>> subplot(2,2,3)
>> y=x.*y;                         %两个信号乘运算
>> plot(t,y)                       %绘制新序列信号 y 的时域图
>> title('信号乘运算'),xlabel('时间/s')
>> subplot(2,2,4)
>> z=y./x;                         %两个信号除运算
>> plot(t,z)                       %绘制新序列信号 z 的时域图
>> title('信号除运算'),xlabel('时间/s')
```

运行结果如图 8.2 所示。

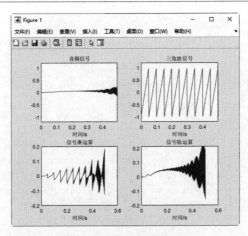

图 8.2 信号乘除运算

8.2 相 互 运 算

信号的相互运算主要包括卷积运算和相关函数，其中相关运算又分为自相关运算和互相关运算。

8.2.1 卷积运算

卷积是两个时间序列之间一种激励和响应得出结果的关系，是电路分析的一个重要概念。卷积的数学定义如下：

若定义 $(f*g)(n)$ 为 f、g 的卷积，其连续的定义为

$$(f*g)(n) = \int_{-\infty}^{\infty} f(\tau)g(n-\tau)\mathrm{d}\tau$$

其离散的定义为

$$(f*g)(n) = \sum_{\tau=-\infty}^{\infty} f(\tau)g(n-\tau)$$

对于线性时不变系统，如果知道该系统的单位响应，那么将单位响应和输入信号求卷积，相当于把输入信号的各个时间点的单位响应加权叠加，就直接得到了输出信号。也可以理解为系统的 0 状态响应等于单位冲击响应与输入函数的卷积。

在 MATLAB 中，conv 命令用于计算信号的卷积，其调用格式见表 8.1。

表 8.1 conv 命令的使用格式

命 令 格 式	说 明
w = conv(u,v)	返回信号 u 和 v 的卷积，当 u、v 是不等长向量时，短的向量会自动填 0 与长的对齐，运算结果是行向量还是列向量就与 u 一样
w = conv(u,v,shape)	返回 shape 指定的信号卷积的分段。卷积的分段，指定为'full'（全卷积）（默认值）、'same'（与第一个信号大小相同的卷积的中心部分）或'valid'（没有补 0 边缘的卷积部分）

实例——创建卷积信号

源文件：yuanwenjian\ch08\juanjixh.m

MATLAB 程序如下：

扫一扫，看视频

```
>> close all
>> clear
>> N=50;                                    %定义信号序列的长度为 50
>> h=zeros(1,N);                            %初始化信号
>> h(1)=1;
>> h(2)=3;
>> h(3)=4;
>> h(4)=1;                                  %信号序列赋值
>> tiledlayout(3,1)                         %创建 3×1 分块图布局
>> ax1 = nexttile;
>> stem(h);title('加权信号 h(n)');          %在第一个分块图中绘制信号序列
>> n=1:50;                                  %定义序号序列
>> A=100;                                   %定义指数波参数 A
>> a=sqrt(2)*pi;                            %定义指数波参数 a
>> T=0.001;                                 %定义采样时间间隔
>> t=n*T;                                   %计算采样时间
>> w0=sqrt(2)*pi;                           %定义正弦信号角频率
>> x=A*exp(-a.*T).*sin(w0*t);               %定义指数波信号
>> ax2 = nexttile;
>> stem(x);title('输入信号 x(n)');          %在第二个分块图中绘制信号序列
>> ax3 = nexttile;
>> y=conv(x,h);                             %计算两个信号序列的卷积
>> stem(y);title('输出卷积信号 y(n)');      %在第三个分块图中绘制卷积信号序列
>> linkaxes([ax1 ax2 ax3],'x')             %同步每个绘图的 x 轴范围
```

运行结果如图 8.3 所示。

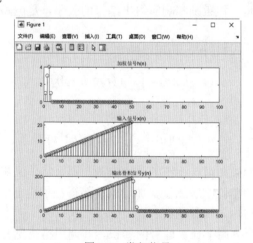

图 8.3 卷积信号

卷积的性质如下。

（1）积分特性：$\int_{-\infty}^{t}[f_1(\tau) * f_2(\tau)]\mathrm{d}\tau = f_1(t) * \int_{-\infty}^{t} f_2(\tau)\mathrm{d}\tau = f_2(t) * \int_{-\infty}^{t} f_1(\tau)\mathrm{d}\tau$。

（2）微分特性：$\dfrac{\mathrm{d}}{\mathrm{d}t}[f_1(t) * f_2(t)] = f_1(t) * \dfrac{\mathrm{d}f_2(t)}{\mathrm{d}t} = \dfrac{\mathrm{d}f_1(t)}{\mathrm{d}t} * f_2(t)$。

（3）微积分特性：$f_1(t) * f_2(t) = \dfrac{\mathrm{d}f_1(t)}{\mathrm{d}t} * \int_{-\infty}^{t} f_2(\tau)\mathrm{d}\tau = \int_{-\infty}^{t} f_1(\tau)\mathrm{d}\tau * \dfrac{\mathrm{d}f_2(t)}{\mathrm{d}t}$。

（4）时移特性：$f_1(t - t_1) * f_2(t - t_2) = y(t - t_1 - t_2)$。

卷积积分是一种数学运算，它满足如下运算规律，灵活地运用这些规律，可以简化卷积运算。

（1）交换律：$f_1(t)*f_2(t)=f_2(t)*f_1(t)$。

（2）分配律：$f_1(t)*[f_2(t)+f_3(t)]=f_1(t)*f_2(t)+f_1(t)*f_3(t)$。

（3）结合律：$[f_1(t)*f_2(t)]*f_3(t)=f_1(t)*[f_2(t)*f_3(t)]$。

扫一扫，看视频

实例——验证卷积定律

源文件：yuanwenjian\ch08\tedian.m

MATLAB 程序如下：

```
>> close all
>> clear
>> fs = 100;                              %定义信号采样频率为100Hz
>> t = 0:1/fs:2;                          %定义信号采样时间序列，采样时间为2s
>> A=125;                                 %定义正弦信号振幅
>> X=A*sin(2*pi*50*t).^2;                 %定义信号 X
>> magX=abs(X);                           %计算 x(n)的幅度
>> subplot(3,2,1);stem(magX);title('正弦信号的幅度谱');    %绘制幅度谱
>> angX=angle(X);                         %计算 x(n)的相位
>> subplot(3,2,2);stem(angX);title('正弦信号的相位谱');    %绘制相位谱
>> H= vco(X,[10 80],fs);                  %创建调频正弦波信号
>> magH=abs(H);                           %计算 H(n)的幅度
>> subplot(3,2,3);stem(magH);title('调频信号的幅度谱');
>> angH=angle(H);                         %计算 H(n)的相位
>> subplot(3,2,4);stem(angH);title('调频信号的相位谱');
>> HX= H.*X;                              %两个信号相乘
>> magHX=abs(HX);                         %计算 HX(n)的幅度
>> subplot(3,2,5);stem(magHX);title('输出信号的幅度谱');
>> angHX=angle(HX);                       %绘制 HX(n)的相位谱
>> subplot(3,2,6);stem(angHX);title('输出信号的相位谱')
>> figure;
>> XH=X.*H;                               %两个信号相乘，验证卷积的交换律
>> subplot(2,1,1);stem(abs(XH));title('XH(n)的幅度谱');
>> subplot(2,1,2); stem(abs(HX)); title('HX(n)的幅度谱');
```

运行结果如图 8.4 所示。

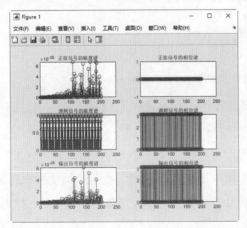
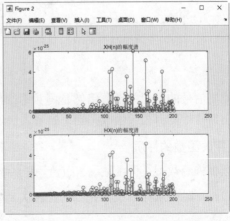

图 8.4　验证卷积定律

8.2.2 相关函数

所谓"相关"，是指变量之间的线性关系。相关运算是利用相关系数或相关函数来描述两个信号间的相互关系或其相似程度的一种运算，还可以用来描述同一信号的现在值与过去值的关系，或者根据过去值、现在值来估计未来值。

在信号分析中，相关函数描述信号自身（自相关）或两个信号之间（互相关）在任意两个不同时刻的取值之间的相关程度，通过相关分析可以发现信号中许多有规律的东西。

➤ 自相关函数：

$$R(\tau) = \int_{-\infty}^{\infty} S(t)S^*(t-\tau)\mathrm{d}t = \int_{-\infty}^{\infty} S(t+\tau)S^*(t)\mathrm{d}t$$

➤ 互相关函数：

$$R_{12}(\tau) = \int_{-\infty}^{\infty} S_1(t)S_2^*(t-\tau)\mathrm{d}t = \int_{-\infty}^{\infty} S_1(t+\tau)S_2^*(t)\mathrm{d}t$$

$$R_{21}(\tau) = \int_{-\infty}^{\infty} S_2(t)S_1^*(t-\tau)\mathrm{d}t = \int_{-\infty}^{\infty} S_2(t+\tau)S_1^*(t)\mathrm{d}t$$

➤ 相关函数定义：

$$R_{xy}(m) = \sum_{n=-\infty}^{\infty} x(n)y(n+m)$$

公式中的序列可以是实数，也可以是复数（用于无线通信信号处理）。如果是实数，则表示只关心信号幅度的相似性；如果是复数，则表示除了幅度，信号相位也是携带信息的，必须一起考虑。复数运算时，对应的乘积是共轭乘积才能得到相关的结果。

1．自相关函数的性质

（1）自相关函数为偶函数，$R_x(\tau) = R_x(-\tau)$。

（2）当 $\tau = 0$ 时，自相关函数具有最大值，如图 8.5 所示。其中，$R_x(0) = \mu_x^2 + \sigma_x^2$。

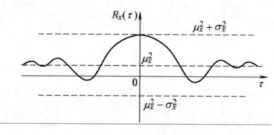

图 8.5　自相关函数

（3）周期信号的自相关函数仍然是同频率的周期信号，但不保留原信号的相位信息。

（4）随机信号的自相关函数将随 τ 的增大快速衰减。

2．互相关函数的性质

（1）互相关函数不是偶函数。$R_{xy}(\tau) = R_{xy}(-\tau)$ 随机过程是平稳的，在 t 时刻从样本计算的互相关函数应和 $t-\tau$ 时刻从样本采样计算的互相关函数是一致的，如图 8.6 所示，即

$$R_{xy}(\tau) = \lim_{T \to \infty} \frac{1}{T} \int_0^T x(t)y(t+\tau)\mathrm{d}t$$

$$= \lim_{T \to \infty} \frac{1}{T} \int_0^T x(t-\tau)y(t)\mathrm{d}t$$

$$= \lim_{T \to \infty} \frac{1}{T} \int_0^T y(t)x(t-\tau)\mathrm{d}t$$

$$= R_{yx}(-\tau)$$

（2）当 $\tau = 0$，互相关函数不一定取得最大值。

（3）周期信号的互相关函数仍是同频的周期函数，还保留了原信号的相位信息（同频相关）。

（4）两随机信号无同频成分时，$\lim\limits_{\tau \to \infty} R_{xy}(\tau) = \mu_x \mu_y$（不同频不相关）。

互相关函数是描述随机信号 $x(t)$、$y(t)$ 在任意两个不同时刻 t_1、t_2 的取值 $x_1(t)$、$y_2(t)$ 之间的相关程度；自相关函数是描述随机信号 $x(t)$ 在任意两个不同时刻 t_1、t_2 的取值 $x_1(t)$、$x_2(t)$ 之间的相关程度，如图 8.7 所示。

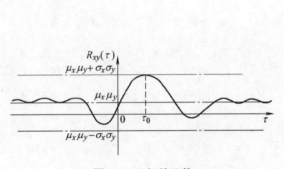

图 8.6 互相关函数

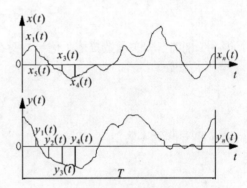

图 8.7 波形相似程度的分析

互相关函数给出了在频域内两个信号是否相关的一个判断指标，把两测点之间信号的互谱与各自的自谱联系起来。它能用来确定输出信号有多大程度来自输入信号，对修正测量中接入噪声源而产生的误差非常有效。

8.2.3 相关系数

相关系数只是一个比率，一般取小数点后两位。相关系数的正、负号只表示相关的方向，绝对值表示相关的程度。相关系数越大，表示信号变量相关程度越为密切。

相关系数的大小与相关程度见表 8.2。

表 8.2 相关系数的大小与相关程度

相 关 系 数	相 关 程 度
0.00～±0.30	微相关
±0.30～±0.50	实相关
±0.50～±0.80	显著相关
±0.80～±1.00	高度相关

MATLAB 中计算相关系数的函数为 corrcoef，其调用格式见表 8.3。

表 8.3　corrcoef 函数的调用格式

命 令 格 式	说　　明
R = corrcoef(X)	计算矩阵 X 的列元的相关系数矩阵 R
R = corrcoef(x,y)	计算列向量 x、y 的相关系数矩阵 R
[R,P]=corrcoef(...)	P 返回的是不相关的概率矩阵
[R,P,RLO,RUP]=corrcoef(...)	RLO、RUP 分别是相关系数 95%置信度的估计区间上限、下限

8.2.4　自相关运算

定义自相关系数：

$$R_x(\tau) = \lim_{T \to \infty} \frac{1}{T} \int_0^T x(t)x(t+\tau)\mathrm{d}t$$

一个周期内的估计值如下：

$$R_x(\tau) = \frac{1}{T} \int_0^T x(t)x(t+\tau)\mathrm{d}t$$

信号 $x(t)$ 的自相关函数描述了信号本身在一个时刻与另一个时刻取值之间的相似关系。
自相关系数如下：

$$\rho_x(\tau) = \frac{R_x(\tau) - \mu_x^2}{\sigma_x^2}$$

滞后的自相关 k 如下：

$$r_k = \frac{c_k}{c_0}$$

$$c_k = \frac{1}{T} \sum_{t=1}^{T-k} (y_t - \bar{y})(y_t + k - \bar{y})$$

式中：c_0 为时间序列的样本方差。

在 MATLAB 中，xcorr 命令对信号进行自相关运算和分析，其调用格式见表 8.4。

表 8.4　xcorr 命令的调用格式

命 令 格 式	说　　明
r = xcorr(x)	返回离散时间信号序列 x 的自相关信号序列
r = xcorr(x,maxlag)	定义信号限制滞后范围-maxlag～maxlag
r = xcorr(x,scaleopt)	定了自相关或自相关的规范化选项 scaleopt，可选值为'none'（默认）、'biased'、'unbiased'、'normalized'、'coeff'。 scaleopt =baised 时，计算自相关函数的有偏估计； scaleopt =unbaised 时，计算自相关函数的无偏估计； scaleopt =normalized 时，计算归一化的自相关函数，即为互相关系数，在-1～1 之间； scaleopt =none，默认的情况； scaleopt = coeff，计算自相关系数
[r,lags] = xcorr(x)	返回计算关联的滞后值 lags

在 MATLAB 中，autocorr 命令对信号减掉均值进行自相关分析，其调用格式见表 8.5。

表 8.5　autocorr 命令的调用格式

命 令 格 式	说　　明
autocorr(y)	返回信号序列 y 的自相关信号序列
autocorr(y,Name,Value)	使用由一个或多个名称-值对参数指定选项。包括'NumLags'（滞后数）、'NumMA'（理论 MA 模型的滞后数）、'NumSTD'（置信界中的标准误差数）
acf = autocorr(…)	返回单变量时间序列的样本 acf
[acf,lags,bounds] = autocorr(…)	返回滞后数 lags，计算单变量时间序列的样本 acf，并返回近似的上、下置信度界 bounds
autocorr(ax,…)	在指定的轴上绘图
[acf,lags,bounds,h] = autocorr(…)	返回绘制图形对象的句柄

对离散信号进行自相关运算时，信号截取长度（采样点 N）不一样，自相关函数也不一样。

实例——信号自相关分析

源文件：yuanwenjian\ch08\xhzxg

扫一扫，看视频

MATLAB 程序如下：

```
>> close all
>> clear
>> fs=100;                        %定义信号采样频率为 100Hz
>> N1 = 1024;                     %定义信号采样点数
>> n1 = 0:N1-1;                   %定义信号采样点序列
>> t1 = n1/fs;                    %定义信号采样时间序列
>> x = awgn(sin(t1),1,'measured');   %创建添加高斯白噪声的正弦信号 x
>> subplot(221)
>> stem(t1,x)                     %信号 x 的序列图
>> title('N=1024 信号')
>> subplot(222)
>> autocorr(x)                    %信号序列 x 的自相关信号序列
>> title('N=1024 信号自相关分析')
>> N2 = 128;                      %定义信号采样点数
>> n2 = 0:N2-1;                   %定义信号采样点序列
>> t2 = n2/fs;                    %定义信号采样时间序列
>> subplot(223)
>> y= sinc(t2);                   %辛格波 y
>> stem(t2,y)                     %y 的序列图
>> title('N=128 信号')
>> subplot(224)
>> autocorr(y)                    %y 的自相关信号序列
>> title('N=128 信号自相关分析')
```

运行结果如图 8.8 所示。

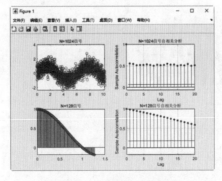

图 8.8　信号自相关分析

在 MATLAB 中，parcorr 命令对信号进行部分自相关分析，其调用格式见表 8.6。

表 8.6　parcorr 命令的调用格式

命 令 格 式	说　　明
parcorr (y)	返回信号序列 y 的自相关信号序列
parcorr (y,Name,Value)	使用由一个或多个名称-值对参数指定选项。包括'NumLags'（滞后数）、'NumMA'（理论 MA 模型的滞后数）、'NumSTD'（置信界中的标准误差数）、'Method' [PACF 估计方法：'ols'表示普通最小二乘（OLS），'yule-walker'表示使用尤尔-沃克方程]
pacf = parcorr (…)	返回单变量时间序列的样本 pacf
[pacf,lags,bounds] = parcorr (…)	返回滞后数 lags，计算单变量时间序列的样本 pacf，并返回近似的上、下置信度界 bounds
parcorr (ax,…)	在指定的轴上绘图
[pacf,lags,bounds,h] = parcorr (…)	返回绘制图形对象的句柄

实例——信号部分自相关分析

源文件：yuanwenjian\ch08\bfzxg

MATLAB 程序如下：

```
>> close all
>> clear
>> fs=100;                        %定义信号采样频率为100Hz
>> N = 512;                       %定义信号采样点数
>> n = 0:N-1;                     %定义信号采样点序列
>> t = n/fs;                      %定义信号采样时间序列
>> x= 2*sin(4*pi*t);             %在时间序列 t 上产生正弦波信号，频率为1Hz，幅值为2
>> subplot(221)
>> stem(t,x)                      %原始信号序列
>> title('原始信号')
>> subplot(222)
>> autocorr(x)                    %自相关信号序列
>> title('信号自相关分析')
>> subplot(223)
>> parcorr(x)                     %部分自相关序列
>> title('信号部分自相关分析')
>> subplot(224)
>> parcorr(x,'Numlags',10,'Method','yule-walker') %采用尤尔-沃克方程 PACF 评估方法对信号进行
                                                    部分自相关分析，PACF 滞后性为0，贯通性为10
>> title('信号尤尔-沃克方程 PACF 自相关分析')
```

运行结果如图 8.9 所示。

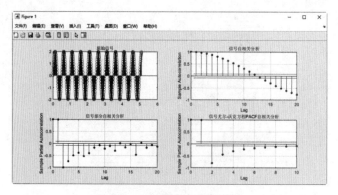

图 8.9　信号部分自相关分析

8.2.5　互相关运算

设原函数是 $f(t)$ ，则自相关函数定义为 $R(u) = f(t) * f(-t)$ ，其中*表示卷积。

设两个函数分别是 $f(t)$ 和 $g(t)$ ，则互相关函数定义为 $R(u) = f(t) * g(-t)$ ，它反映的是两个函数在不同的相对位置上互相匹配的程度。

在 MATLAB 中，xcorr 命令对信号进行互相关运算和分析，其调用格式见表 8.7。

表 8.7　xcorr 命令的调用格式

命令格式	说　明
r = xcorr(x,y)	返回两个离散时间信号序列 x、y 的互相关信号序列。当 x、y 是不等长向量时，短的向量会自动填 0 与长的对齐，运算结果是行向量还是列向量就与 x 一样
r = xcorr(x,y,maxlag)	定义信号限制滞后范围-maxlag 到 maxlag
r = xcorr(x,y,scaleopt)	定了互相关或自相关的规范化选项 scaleopt。 scaleopt =baised 时，计算互相关函数的有偏估计； scaleopt =unbaised 时，计算互相关函数的无偏估计； scaleopt =normalized 时，计算归一化的互相关函数，即为互相关系数，在-1~1 之间； scaleopt =none，默认的情况； scaleopt = coeff，计算互相关系数
[r,lags] = xcorr(x,y)	返回计算关联的滞后值 lags

互相关运算计算的是 x、y 两组信号的相关程度，使用参数值 coeff 时，结果就是互相关系数，在-1~1 之间，否则结果不一定在这个范围内，有可能很大也有可能很小，这取决于 x、y 数据的大小。

因此，如果要计算两组信号的相关程度，一般选择 coeff 参数，对结果进行归一化。所谓归一化，简单理解就是将数据系列缩放到-1~1 的范围内，本质就是一种简化计算的方式，即将有量纲的表达式，经过变换[X=(X 实测-Xmin)/(Xmax-Xmin)]化为无量纲的表达式，成为纯量。

一般来说，选择归一化进行互相关运算后，得到结果的绝对值越大，两组数据相关程度就越高。

在 MATLAB 中，crosscorr 命令使用傅里叶变换在频域中计算 XCF，然后使用逆傅里叶变换将其转换回时域，对信号进行互相关分析，其调用格式见表 8.8。

表 8.8　crosscorr 命令的调用格式

命令格式	说　明
crosscorr(y)	返回信号序列 y 的互相关信号序列
crosscorr (y,Name,Value)	使用由一个或多个名称-值对参数指定选项。包括'NumLags'（滞后数）、'NumSTD'（置信界中的标准误差数）
xcf = crosscorr (…)	返回单变量时间序列的样本 xcf
[xcf,lags,bounds] = crosscorr (…)	返回滞后数 lags，计算单变量时间序列的样本 xcf，并返回近似的上、下置信度界 bounds
crosscorr (ax,…)	在指定的轴上绘图
[xcf,lags,bounds,h] =crosscorr (…)	返回绘制图形对象的句柄

实例——信号互相关分析

源文件：yuanwenjian\ch08\xhhxgfx.m

MATLAB 程序如下：

```
>> close all
>> clear
```

```
>> fs=10;                         %定义信号采样频率为10Hz
>> t=0:1/fs:100;                  %定义信号采样时间序列
>> x= sin(2*pi*60*t);            %正弦信号 x
>> y=randn(size(t))/100;         %随机信号 y
>> subplot(221)
>> plot(t,x)                      %x 的时域图
>> title('原始信号 x')
>> subplot(222)
>> plot(t,y)                      %y 的时域图
>> title('原始信号 y')
>> subplot(223)
>> [a,b]=xcorr(x,'unbiased');     %x 的无偏估计自相关信号序列 a 和关联的滞后值 b
>> t=b/fs;                        %自相关信号序列的时间序列
>> plot(t,a)                      %自相关序列的时域图
>> title('信号自相关分析')
>> subplot(224)
>> [a,b]=xcorr(x,y,'unbiased');   %x、y 互相关信号序列 a 和关联的滞后值 b
>> t=b/fs;                        %互相关信号序列的时间序列
>> plot(t,a)                      %互相关信号序列的时域图
>> title('信号互相关分析')
```

运行结果如图 8.10 所示。

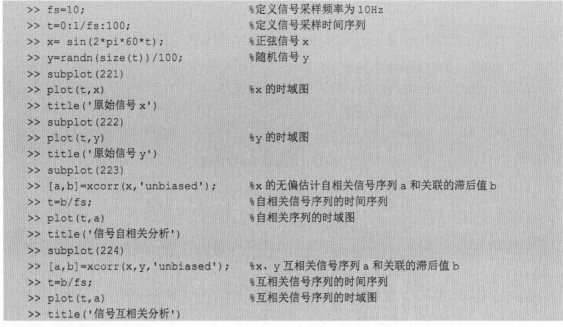

图 8.10   信号互相关分析

在 MATALB 中，xcorr 计算自相关事实上是利用傅里叶变换中的卷积定理进行的，即 R(u)=ifft(fft(f)× fft(g))，其中×表示相乘，也可以直接采用卷积进行计算，但是结果会与 xcorr 的不同。

实例——卷积计算信号互相关

扫一扫，看视频

源文件：yuanwenjian\ch08\jjhxg.m

MATLAB 程序如下：

```
>> close all
>> clear
>> fs=10;                         %定义信号采样频率
>> T=1/fs;                        %定义信号采样时间间隔
>> t=0:1/fs:10-1/fs;              %定义信号采样时间序列
>> x= chirp(t,30,2,5).*exp(-(2*t-3).^2)+2;  %创建啁啾信号，信号直流值为 2，初始啁啾频率为
                                            30Hz，2s 后衰减到 5Hz
```

```
>> y= besselj(0,x);              %计算信号 x 的第一类贝塞尔函数
>> subplot(2,2,1);
>> plot(t,x);                    %信号时域图
>> title('啁啾信号')
>> subplot(2,2,2);
>> plot(t,y);                    %加权信号时域图
>> title('加权信号')
>> [a,b]=xcorr(x,y);             %计算信号 x、y，互相关信号 a，滞后值 b
>> subplot(2,2,3);
>> plot(b*T,a);                  %计算互相关信号序列时域图
>> title('信号互相关')
>> yy=cos(3*flipud(t));          %信号上、下翻转，按行折叠
>> z=conv(x,yy);                 %计算翻转信号的互相关
>> subplot(2,2,4);
>> plot(b*T,z,'r');              %绘制互相关信号
>> title('翻转信号的互相关')
```

运行结果如图 8.11 所示。

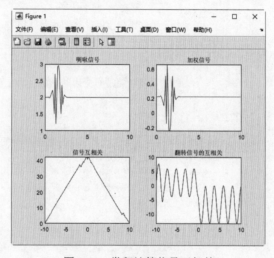

图 8.11　卷积计算信号互相关

8.3　波形变换运算

信号的波形变换运算主要有信号扩展运算、信号截取运算、信号反褶运算、信号缩放运算、信号时移运算。这几种信号运算都是对函数的自变量进行变换，作用效果可以从原信号波形上很直观地表现出来。

8.3.1　信号扩展运算

某些情况下，信号可以在时间轴或幅值轴上进行扩展，也就是两个或两个以上的信号可以进行串联。

在 MATLAB 中，horzcat 命令用于水平串联信号，其调用格式见表 8.9。

表 8.9　horzcat 命令的调用格式

命 令 格 式	说　　　明
C = horzcat (A,B)	水平串联信号；将信号 B 水平串联到信号 A 的末尾。[A,B]等于 horzcat (A,B)
C = horzcat (A1,A2,…,An)	水平串联 A1、A2、…、An。D=[A;B C]，A 为原数组，B、C 中包含要扩充的元素，D 为扩充后的数组

扫一扫，看视频

实例——信号水平扩展

源文件：yuanwenjian\ch08\spkuozhan.m

MATLAB 程序如下：

```
>> close all
>> clear
>> fs = 1000;                        %定义采样频率为1000Hz
>> t = 0:1/fs: 1-1/fs;               %定义信号采样时间序列，采样时间为1s
>> f1=10;                            %正弦信号频率为10Hz
>> f2=20;                            %余弦信号频率为20Hz
>> x1 = sin(0.5*pi*f1*t-pi/4);       %在时间序列 t 上产生正弦波信号 x1，频率为10Hz，幅值为1
>> x2 = 0.5*cos(5/7*pi*f2*t);        %在时间序列 t 上产生余弦波信号 x2，频率为20Hz，幅值为0.5
>> subplot(2,2,1)
>> plot(t,x1)                        %绘制随时间变化的正弦波信号
>> axis([0 0.5 -1.2 1.2])            调整坐标轴范围
>> title('正弦波信号'),xlabel('时间/s')
>> subplot(2,2,2)
>> plot(t,x2)                        %绘制随时间变化的余弦信号
>> title('余弦波信号')
>> axis([0 0.5 -1.2 1.2])
>> subplot(2,2,3)
>> NN=(length(x1)+ length(x2))/fs;    %定义扩展信号的采样时间
>> t=0:1/fs: NN-1/fs;                %定义采样时间序列
>> y=[x1,x2];                        %两个信号的序列值水平串联
>> plot(t,y)                         %绘制新序列信号的时域图
>> title('信号水平串联'),xlabel('时间/s')
>> axis([0 2 -1.2 1.2])
>> subplot(2,2,4)
>> z= horzcat(x1,x2);                %两个信号水平扩展运算
>> plot(t,z)                         %绘制新序列信号的时域图
>> title('信号水平扩展运算'),xlabel('时间/s')
>> axis([0 2 -1.2 1.2])
```

运行结果如图 8.12 所示。

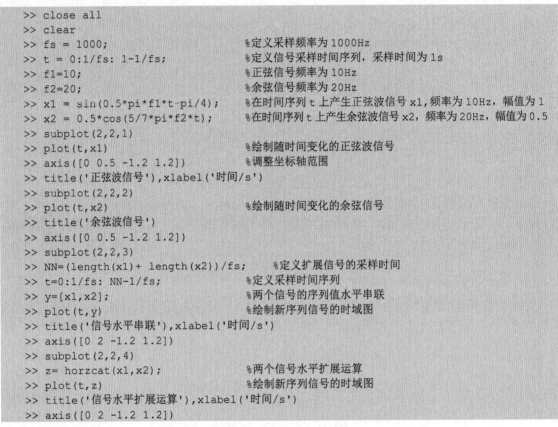

图 8.12　信号水平扩展

在 MATLAB 中，垂直串联命令 vertcat 的调用格式见表 8.10。

表 8.10 vertcat 命令的调用格式

命 令 格 式	说 明
C = vertcat(A,B)	垂直串联信号 A、B；[A; B]等于 vertcat(A,B)
C = vertcat(A1,A2,...,An)	垂直串联多个信号 A1、A2、...、An

实例——信号垂直扩展

源文件：yuanwenjian\ch08\czkuozhan.m

MATLAB 程序如下：

```
>> close all
>> clear
>> fs = 100;                      %定义采样频率为100Hz
>> t = 0:1/fs: 1-1/fs;           %定义信号采样时间序列，采样时间为1s
>> f=10;                          %正弦信号频率为 10Hz
>> x1 = sin(0.5*pi*f*t-pi/4);     %在时间序列 t 上产生正弦波信号,频率为10Hz，幅值为1
>> x2 =randn(1,100);             %产生一维的、长度为100 的正态分布的随机信号
>> subplot(2,2,1)
>> plot(t,x1)                    %绘制随时间变化的正弦波信号
>> title('正弦波信号'),xlabel('时间/s')
>> subplot(2,2,2)
>> plot(t,x2)                    %绘制随时间变化的随机信号
>> title('随机波信号')
>> subplot(2,2,3)
>> y=[x1;x2];                    %两个信号序列值垂直扩展
>> plot(t,y)                     %绘制新序列信号的时域图
>> title('信号垂直串联'),xlabel('时间/s')
>> subplot(2,2,4)
>> z= vertcat(x1,x2);           %两个信号叠加扩展运算
>> plot(t,z)                     %绘制新序列信号的时域图
>> title('信号垂直扩展运算'),xlabel('时间/s')
```

运行结果如图 8.13 所示。

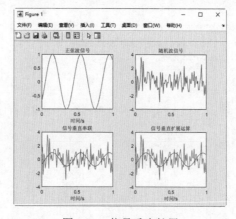

图 8.13 信号垂直扩展

在 MATLAB 中，cat 命令用于按照指定维度串联两个或两个以上信号，可以直接指定垂直（幅值扩展）或水平串联（时间扩展）的方式，其调用格式见表 8.11。

表 8.11　cat 命令的调用格式

命 令 格 式	说　明
C = cat(dim,A,B)	沿维度 dim 将信号 B 串联到信号 A 的末尾
C = cat(dim,A1,A2,…,An)	沿维度 dim 串联信号 A1、A2、…、An。[A,B]或[A B]将水平串联信号 A 和 B，而[A;B]将垂直串联信号 A 和 B

扫一扫，看视频

实例——信号扩展示例

源文件： yuanwenjian\ch08\kuozhanxh.m

MATLAB 程序如下：

```
>> close all
>> clear
>> fs = 1000;                               %定义采样频率为1000Hz
>> t = 0:1/fs: 1-1/fs;                      %定义信号采样时间序列，采样时间为1s
>> x1=sawtooth(2*pi*5*t,0);                 %创建周期为2π向左倾斜的锯齿波
>> x2 = sin(2*pi*5*t).*exp(-(t-0.5).^2);    %在时间序列 t 上产生高斯调制正弦波信号
>> subplot(2,2,1)
>> plot(t,x1)                               %绘制随时间变化的锯齿波信号
>> title('锯齿波信号'),xlabel('时间/s')
>> subplot(2,2,2)
>> plot(t,x2)                               %绘制随时间变化的高斯调制正弦波信号
>> title('高斯调制正弦波信号')
>> subplot(2,2,3)
>> NN=(length(x1)+ length(x2))/fs;          %定义扩展信号的采样时间
>> t1=0:1/fs: NN-1/fs;                      %定义采样时间序列
>> y=cat(2,x1,x2);                          %两个信号在时间序列进行扩展运算
>> plot(t1,y)                               %绘制新序列信号的时域图
>> title('信号水平扩展运算'),xlabel('时间/s')
>> subplot(2,2,4)
>> z= cat(1, x1,x2);                        %两个信号在幅值序列进行扩展运算
>> plot(t,z)                                %绘制新序列信号的时域图
>> title('信号垂直扩展运算'),xlabel('时间/s')
```

运行结果如图 8.14 所示。

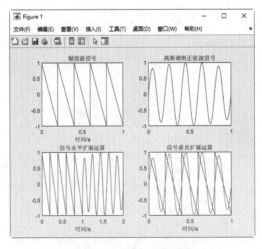

图 8.14　信号扩展示例

8.3.2 信号截取运算

在信号运算过程中，信号可以在时间轴上进行截取运算，也就是抽取信号中的某一部分或删除信号中的某一段。

表 8.12 列出了常用的信号截取运算命令。

表 8.12 常用的信号截取运算命令

命 令 格 式	说 明
y=x(n1:n2)	截取信号中的第 n1～n2 个元素
A(:,n)=[]	删除信号 A 的第 n 列

实例——信号的截取运算

源文件：yuanwenjian\ch08\jiequxh.m

MATLAB 程序如下：

```
>> close all
>> clear
>> fs = 1000;                %定义采样频率为1000Hz
>> t = 0:1/fs: 1-1/fs;       %定义信号采样时间序列，采样时间为1s
>> x = sin(2*pi*5*t);        %在时间序列 t 上产生频率为5Hz 的正弦波信号
>> n1=100; n2=500;
>> x(:,n1+10:n2-10)=0;       %序号为 n1+10 到 n2-10 的元素重新赋值
>> subplot(2,1,1)
>> plot(t,x)                 %绘制随时间变化的正弦信号
>> title('正弦波信号'),xlabel('时间/s')
>> subplot(2,1,2)
>> y=x(n1:n2);               %截取信号中的第 n1～n2 个元素
>> NN=n2-n1;                 %定义截取信号的采样时间
>> t1=0:1/fs: NN/fs;         %定义采样时间序列
>> plot(t1,y)                %绘制截取的信号的时域图
>> title('部分波信号')
```

运行结果如图 8.15 所示。

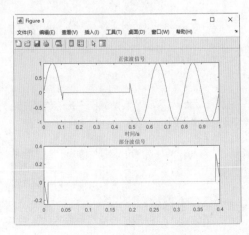

图 8.15 信号的截取运算

8.3.3 信号反褶运算

信号反褶就是将信号按纵轴进行对称翻转，简单来说，就是改变函数自变量的符号，其数学形式表示为

$$y(t) = x(-t)$$

$y(t)$ 相对于 $x(t)$ 以纵坐标为对称轴，将信号进行对称折叠翻转。

其离散形式表示为

$$y(n) = x(-n)$$

即信号 $x(n)$ 的每一项对 $n = 0$ 的纵坐标折叠，$y(n)$ 和 $x(n)$ 相对于 $n = 0$ 的纵坐标对称。

在 MATLAB 中，flip 命令用于折叠信号，翻转信号矩阵中的元素，该命令的调用格式见表 8.13。

表 8.13 flip 命令的调用格式

命 令 格 式	说　　明
B = flip(A)	返回的信号 B 具有与信号 A 相同的大小，但元素顺序已反转
B = flip(A,dim)	沿维度 dim 反转信号 A 中元素的顺序。flip(A,1)将按行翻转每一列中的元素，flip(A,2)将按列翻转每一行中的元素

在 MATLAB 中，还提供了专门的左右折叠命令 fliplr 与上下折叠命令 flipud，这里不再赘述。下面给出一个实现信号序列左右折叠的函数文件 sigfold.m。

```
function[y,n]= sigfold(x,n)
%该程序用于实现信号折叠：y(n)=x(-n)
%原始信号序号序列为n,序列值为x
%信号折叠后得到的新序列序号序列为-n,值序列为y
y= fliplr(x);
n= -fliplr(n);
```

实例——高斯调制的正弦信号左右折叠

源文件：yuanwenjian\ch08\xhzhedie.m

MATLAB 程序如下：

扫一扫，看视频

```
>> close all
>> clear
>> fs = 100;                      %定义采样频率为100Hz
>> n = 0:1/fs:1;                  %定义信号采样时间序列
>> x =(4*sin(2*pi*0.01*n)).*(exp(-n.^2/(2*0.01)));    %在时间序列 n 上产生高斯调制的正
弦信号
>> subplot(2,1,1);
>> plot(n,x,'^')                 %绘制随时间变化的信号序列
>> title('原始信号'),xlabel('时间/s')
>> subplot(2,1,2)
>> [y,n]= sigfold(x,n);   %将序号序列为 n、序列值为 x 的信号进行折叠，得到序号序列为 n、值序
列为 y 的新序列
>> plot(n,y,'r*')                %绘制折叠后的信号序列
>> title('折叠信号'),xlabel('时间/s')
>> grid                          %切换网格线的显示
```

运行结果如图 8.16 所示。

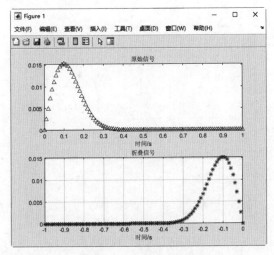

图 8.16　指数信号折叠

8.3.4　信号缩放运算

信号缩放是指信号在时间轴上可以被压缩，也可以被拉伸。其数学形式表示为

$$y(t) = x(at)$$

即对函数的自变量乘以一个常数作为比例系数 a（也称为尺度）。如果 $a>1$，$y(t)$ 波形在时域内被"压缩"成 $1/a$；$0<a<1$，$y(t)$ 波形在时间域内被"放大"到 a 倍。

如果参数 $a<0$，则信号在缩放时先要反褶。

实例——信号的缩放运算

源文件：yuanwenjian\ch08\suofangxh.m

MATLAB 程序如下：

扫一扫，看视频

```
>> close all
>> clear
>> t=linspace(-6,6);          %定义信号采样时间序列，采样时间为12s
>> x = sinc(t);              %在时间序列 t 上产生正弦波信号
>> subplot(2,2,1)
>> plot(t,x)                 %绘制随时间变化的正弦波信号
>> title('sinc 波信号'),xlabel('时间/s')
>> subplot(2,2,2)
>> a1=0.5;                   %定义缩放比例为 0.5
>> y1= sinc(a1*t);          %在时间序列 t 上产生缩放后的正弦波信号
>> plot(t,y1)                %绘制缩放后的正弦波信号
>> title('放大 2 倍的 sinc 波信号')
>> subplot(2,2,[3 4])        %合并第 3 个和第 4 个子图
>> a2=2;                     %定义缩放比例为 2
>> y2= sinc(a2*t);          %在时间序列 t 上产生缩放后的正弦波信号
>> plot(t,y2)                %绘制缩放后的正弦波信号
>> title('缩小一半的 sinc 波信号')
```

运行结果如图 8.17 所示。

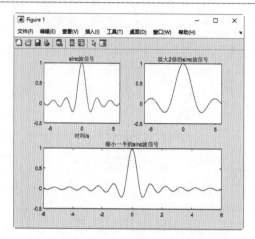

图 8.17　信号的缩放运算

8.3.5　信号时移运算

信号时移是指将信号在时间轴上平移一个时段，对于连续时间信号可表示为

$$y(t) = x(t + \tau)$$

式中：$x(t)$ 为原始信号；$y(t)$ 为新信号，$y(t)$ 相对于 $x(t)$ 信号向右平移 τ。若 $y(t) = x(t - \tau)$，则 $y(t)$ 相对于 $x(t)$ 向左平移 τ。

对于离散时间序列，信号时移可表示为如下形式：

$$y(n) = x(n + n_0)$$

信号 $y(n)$ 相对于序列 $x(n)$ 右移 n_0 个采样周期。

下面是一个实现信号序列移位的函数文件 sigshift.m。

```
function[y,n]= sigshift(x,N,n0)
%该程序用于实现信号移位：y(n)=x(n + n0)
%原始信号序号序列为N，序列值为x
%信号时移后得到的新序列序号序列为n，值序列为y
n=N+n0;
y=x;
```

实例——正弦信号移位

源文件：yuanwenjian\ch08\xhyiwei.m

MATLAB 程序如下：

```
>> close all
>> clear
>> fs = 1000;                    %定义采样频率为1000Hz
>> T =1/fs;                      %定义采样时间间隔T为0.001s
>> t =0:T:1;                     %定义信号x的采样时间序列，采样时间为1s
>> f=2;                          %信号频率为 2Hz
>> x = sin(2*pi*t*f);            %在时间序列t上产生正弦信号
>> N =1:length(x);               %信号的序号序列
>> t1=(N-1)*T;                   %定义采样时间序列
>> subplot(2,2,1)
>> plot(t1,x)                    %绘制随时间变化的正弦信号
```

```
>> xlim([-0.5 1.5]),title('原始信号')      %调整 x 轴坐标范围
>> grid
>> subplot(2,2,2)
>> n0=100;                               %平移的采样间隔
>> [y,n]= sigshift(x,N,n0);   %将序号序列为 N、序列值为 x 的信号时移 n0 得到序号序列为 n、
                                 值序列为 y 的新序列
>> plot((n-1)*T,y)                %绘制新序列信号，序列号必须减 1 与采样间隔相乘才得到时间序列
>> xlim([-0.5 1.5]),title('向右时移 100T 后的信号'),xlabel('时间/s')
>> grid
>> subplot(2,2,3)
>> n0=-500;                       %平移量
>> [y,n]= sigshift(x,N,n0);     %将序号序列为 N、序列值为 x 的信号时移 n0，得到序号序列为 n、
                                 值序列为 y 的新序列
>> plot((n-1)*T,y)                %绘制新序列信号，序列号减 1 与采样间隔相乘得到时间序列
>> xlim([-0.5 1.5]),title('向左时移 500T 后的信号'),xlabel('时间/s')
>> grid
>> subplot(2,2,4)
>> n0=500;                        %平移量
>> [y,n]= sigshift(x,N,n0);     %将序号序列为 N、序列值为 x 的信号时移 n0，得到序号序列为 n、
                                 值序列为 y 的新序列
>> plot((n-1)*T,y)                %绘制新序列信号
>> xlim([-0.5 1.5]),title('向右时移 500T 后的信号'),xlabel('时间/s')
>> grid
```

运行结果如图 8.18 所示。

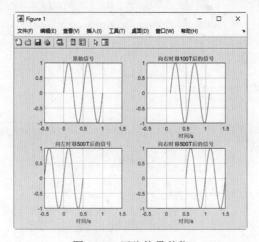

图 8.18 正弦信号移位

💬 提示：

> 如果运算中既包含时移运算，又有尺度运算和反褶运算，例如 $x(at+b)$，最简便的方法是先平移，再缩放，最后反褶。

8.4 数 学 运 算

在工程应用领域，经常要对整个过程进行测量和控制，往往涉及信号的采样，而采样获得是离散的数据，若要考虑整个过程的动态情况或者获得多个参数，就要用到数值积分和数值微分运算。

信号的数学运算主要包括积分运算与微分运算。

信号的积分在数学中的定义：

$$\int_{-\infty}^{t} x(\tau)\mathrm{d}\tau$$

在实际的信号运算中，使用 int 函数可以求不定积分，其调用格式见表 8.14。

表 8.14 int 函数的调用格式

命 令 格 式	说 明
int(f)	计算信号 f 的不定积分
int(f,t)	计算信号 f 关于时间变量 t 的不定积分
int(f,t,a,b)	在上一语法格式的基础上，指定积分区间

信号的微分在数学中的定义：

$$\frac{\mathrm{d}x(t)}{\mathrm{d}t}$$

在 MATLAB 中提供了专门的函数 diff 求微分，其调用格式见表 8.15。

表 8.15 diff 函数的调用格式

命 令 格 式	说 明
Y=diff(X)	计算沿大小不等于 1 的第一个数组维度的 X 相邻元素之间的差分
Y=diff(X,n)	通过递归应用 diff(X)运算符 n 次来计算 n 阶导数
Y=diff(X,n,dim)	求沿 dim 指定的维度计算的第 n 个差分

扫一扫，看视频

实例——正弦信号微分运算

源文件：yuanwenjian\ch08\xhweifen.m

MATLAB 程序如下：

```
>> close all
>> clear
>> f=2;                        %信号频率为 2Hz
>> fs = 1000;                  %定义采样频率为 1000Hz
>> T =1/fs;                    %定义采样时间间隔 T 为 0.001s
>> t =0:T:1;                   %定义采样时间序列，采样时间为 1s
>> x = sin(2*pi*f*t);         %在时间序列 t 上产生正弦信号
>> subplot(2,1,1)
>> plot(t,x)                   %绘制随时间变化的原始正弦信号
>> title('原始信号')
>> subplot(2,1,2)
>> y= diff(x);                 %将对正弦波信号 x 进行微分计算
>> t1 =0:T:1-T;                %定义采样时间序列
>> plot(t1,y)                  %绘制微分运算后的信号
>> title('微分信号')
```

运行结果如图 8.19 所示。

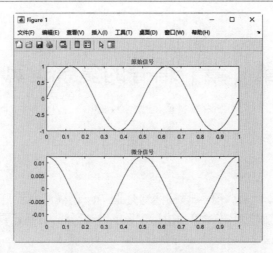

图 8.19　正弦信号微分运算

第 9 章　信号的复杂运算

内容指南

除了第 8 章介绍的基本运算，在实际的信号处理中，还经常需要对信号进行一些复杂运算。MATLAB 提供了一些专门的函数用于对信号进行常见的复杂运算，本章简要介绍这些函数的使用方法。

内容要点

➢ 艾里函数
➢ 贝塞尔函数
➢ 伽马函数
➢ 贝塔函数
➢ 椭圆积分函数
➢ 指数积分函数
➢ 雅可比勒椭圆函数
➢ 连带勒让德函数

9.1 艾 里 函 数

艾里（Airy）函数是由英国天文学家、数学家乔治·比德尔·艾里命名的特殊函数。要理解艾里函数，首先需要了解艾里方程（或斯托克斯方程）。

艾里方程 $y'' - xy = 0$ 是最简单的二阶线性微分方程，它有一个转折点，在这一点函数由周期性的振动转变为指数增长（或衰减）。该微分方程有两个线性无关解，记作 $Ai(x)$ 与 $Bi(x)$。其中，$Ai(x)$ 被称为第一类艾里函数，$Bi(x)$ 被称为第二类艾里函数。

$$Ai(x) = \frac{1}{\pi} \int_0^\infty \cos\left(\frac{t^3}{3} + xt\right) \mathrm{d}t$$

$$Bi(x) = \frac{1}{\pi} \int_0^\infty \mathrm{e}^{\left(-\frac{t^3}{3} + xt\right)} + \sin\left(\frac{t^3}{3} + xt\right) \mathrm{d}t$$

在 MATLAB 中，airy 命令用于对信号进行艾里函数计算，其调用格式见表 9.1。

表 9.1　airy 命令的调用格式

命 令 格 式	说　明
W＝airy(x)	为信号 x 的每个元素返回第一类艾里函数 $Ai(x)$

续表

调 用 格 式	说　　明
W＝airy(0,x)	与上一种语法格式等价，为信号 x 的每个元素返回第一类艾里函数 $Ai(x)$
W＝airy(1,x)	为信号 x 的每个元素返回第一类艾里函数 $Ai(x)$ 的一阶导数
W＝airy(2,x)	为信号 x 的每个元素返回第二类艾里函数 $Bi(x)$
W＝airy(3,x)	为信号 x 的每个元素返回第二类艾里函数 $Bi(x)$ 的一阶导数
airy(k,x,scale)	缩放生成的艾里函数。其中 k 指定艾里函数的类型，取值可为 0（默认）、1、2、3；缩放选项 scale 取值为 0 或 1。使用 scale＝1 启用缩放。k 和 scale 的值共同确定应用于 x 的缩放函数

实例——信号的艾里函数计算

源文件：yuanwenjian\ch09\airyys.m

MATLAB 程序如下：

```
>> close all
>> clear
>> fs = 100;                          %定义采样频率为100Hz
>> t = 0:1/fs:1-1/fs;                 %定义信号采样时间序列
>> f0 = 10;                           %信号频率
>> x = sin(2*pi*f0*t);               %创建正弦波
>> tiledlayout(2,3)                   %创建 2×3 分块图布局
>> nexttile;
>> stem(x);title('原始信号序列');
>> nexttile;
>> plot(x);title('原始信号时域图');
>> y0=airy(0,x);                      %计算信号 x 的第一类艾里函数
>> nexttile;
>> plot(y0);title('信号第一类艾里函数');
>> nexttile;
>> y1=airy(1,x);                      %定义信号第一类艾里函数的一阶导数
>> plot(y1);title('信号第一类艾里函数的一阶导数');
>> nexttile;
>> y2=airy(2,x);                      %定义信号第二类艾里函数
>> plot(y2);title('信号第二类艾里函数');
>> nexttile;
>> y3=airy(3,x);                      %定义信号第二类艾里函数的一阶导数
>> plot(y3);title('信号第二类艾里函数的一阶导数');
```

运行结果如图 9.1 所示。

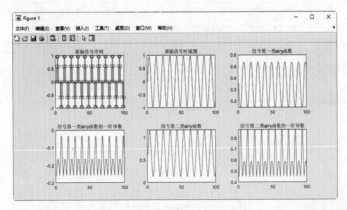

图 9.1　信号的艾里函数计算

9.2 贝塞尔函数

贝塞尔（Bessel）函数是数学上的一类特殊函数的总称，以第一次系统地提出贝塞尔函数总体理论框架的德国数学家贝塞尔的名字命名。贝塞尔函数是下列常微分方程（称为贝塞尔方程）的标准解函数：

$$z^2 \frac{\mathrm{d}^2 y}{\mathrm{d}z^2} + z \frac{\mathrm{d}y}{\mathrm{d}z} + (z^2 - v^2)y = 0$$

式中：v 为实数常量。贝塞尔方程是一个二阶常微分方程，存在两个线性无关的解，这些解称为贝塞尔函数。

贝塞尔函数的具体形式随贝塞尔方程中的任意实数 v（称为对应贝塞尔函数的阶数）变化而变化。在实际应用中，可以用不同的形式表示这些解，也就是不同类型的贝塞尔函数。v 最常见的形式为整数，对应的解称为 n 阶贝塞尔函数。

贝塞尔函数在波动问题以及各种涉及有势场的问题中占有非常重要的地位。在信号处理中，常用于调频合成或凯泽（Kaiser）窗。

9.2.1 第一类贝塞尔函数

尽管 v 的符号不会改变方程的形式，但实际应用中习惯针对 v 和 $-v$ 定义两种不同的贝塞尔函数，以消除函数在 $v = 0$ 点的不光滑性。

第一类贝塞尔函数，表示为 $J_v(z)$ 和 $J_{-v}(z)$，构成贝塞尔非整数方程的一组基本解。$J_v(z)$ 由以下方式定义：

$$J_v(z) = \left(\frac{z}{2}\right)^v \sum_{(k=0)}^{\infty} \frac{\left(\dfrac{-z^2}{4}\right)^k}{k!\,\Gamma(v+k+1)}$$

在 MATLAB 中，besselj 命令用来计算第一类贝塞尔函数，其调用格式见表 9.2。

表 9.2 besselj 命令的调用格式

命令格式	说　明
J = besselj(nu,Z)	为数组 Z 中的每个元素计算第一类贝塞尔函数 $J_v(z)$。参数 nu 为方程的阶，大小必须与 Z 相同，或者为标量
J = besselj(nu,Z,scale)	在上一语法格式的基础上，使用参数 scale 指定是否以指数方式缩放计算结果，以避免溢出或精度损失。参数 scale 取值为 0 表示不缩放，取值为 1 表示按 exp(-abs(imag(Z))) 缩放 besselj 的输出

实例——创建锯齿波贝塞尔信号

源文件：yuanwenjian\ch09\besselys.m

MATLAB 程序如下：

```
>> close all
>> clear
>> t = -3:3;                    %定义信号采样时间序列，采样时间为 6s
>> x=sawtooth(4*t,0);          %创建幅值最大点位于 0 处的锯齿波
>> y=besselj(t,x);            %创建锯齿波的贝塞尔曲线
```

```
>> subplot(121)
>> plot(t,x,'linewidth',2)          %绘制锯齿波
>> grid on                          %显示网格线
>> xlabel('t')
>> ylabel('x(t)')                   %标注坐标轴
>> title('锯齿波信号')
>> subplot(122)
>> plot(t,y ,'linewidth',2)         %绘制锯齿波的贝塞尔曲线
>> grid on
>> xlabel('t')
>> ylabel('y(t)')
>> title('锯齿波贝塞尔曲线')
```

运行结果如图 9.2 所示。

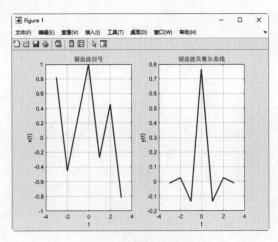

图 9.2 锯齿波贝塞尔信号

9.2.2 第二类贝塞尔函数

第二类贝塞尔函数表示为 $Y_v(z)$，构成贝塞尔方程与 $J_v(z)$ 线性无关的第二解，由以下方式定义：

$$Y_v(z) = \frac{J_v(z)\cos(v\pi) - J_{-v}(z)}{\sin(v\pi)}$$

在 MATLAB 中，bessely 命令用来计算第二类贝塞尔函数，其调用格式见表 9.3。

表 9.3 bessely 命令的调用格式

命 令 格 式	说　　明
J = bessely(nu,Z)	为数组 Z 中的每个元素计算第二类贝塞尔函数 $Y_v(z)$。参数 nu 为方程的阶，大小必须与 Z 相同，或者为标量
J = bessely(nu,Z,scale)	在上一语法格式的基础上，参数 scale 指定是否以指数方式缩放结果

9.2.3 第三类贝塞尔函数

第三类贝塞尔函数[也称为第一类和第二类汉开尔（Hankel）函数]，由贝塞尔函数的线性组合定义：

$$H_v^{(1)}(z) = J_v(z) + \mathrm{i}Y_v(z)$$
$$H_v^{(2)}(z) = J_v(z) - \mathrm{i}Y_v(z)$$

式中：$J_v(z)$ 为 besselj；$Y_v(z)$ 为 bessely。

在 MATLAB 中，besselh 命令用来计算第三类贝塞尔函数，其调用格式见表 9.4。

表 9.4　besselh 命令的调用格式

命 令 格 式	说　　明
J = besselh(nu,Z)	为数组 Z 中的每个元素计算第一类汉开尔函数 $H_v^{(1)}(z) = J_v(z) + iY_v(z)$
J = besselh(nu,K,Z)	K 取值为 1 或 2，指定计算第一类汉开尔函数或第二类汉克尔函数 如果 K=1，则 besselh 计算第一类汉开尔函数 $H_v^{(1)}(z) = J_v(z) + iY_v(z)$ 如果 K=2，则 besselh 计算第二类汉开尔函数 $H_v^{(2)}(z) = J_v(z) - iY_v(z)$
J = besselh(nu, K,Z,scale)	scale 指定是否以指数方式缩放结果，如果 scale 为 1，则第一类汉开尔函数 $H_v^{(1)}(z)$ 按 e^{-iZ} 进行缩放，第二类汉开尔函数 $H_v^{(2)}(z)$ 按 e^{+iZ} 进行缩放

扫一扫，看视频

实例——创建贝塞尔信号

源文件：yuanwenjian\ch09\besselxh.m

MATLAB 程序如下：

```
>> close all
>> clear
>> t = 0:0.001:1;              %定义信号采样频率为1000Hz，采样时间为1s
>> x=sin(2*pi*5*t);           %创建正弦信号
>> y1=besselj(1,x);           %创建 x 的第一类贝塞尔曲线，方程的阶次为1
>> y2=bessely(1,x);           %创建 x 的第二类贝塞尔曲线
>> y3=besselh(1,x);           %创建 x 的第三类贝塞尔曲线
>> subplot(221)
>> plot(t,x,'linewidth',2)    %信号时域图
>> grid on                    %显示分格线
>> xlabel('t')
>> ylabel('x(t)')
>> title('原始信号')
>> subplot(222)
>> plot(t,y1 ,'linewidth',2)
>> grid on
>> xlabel('t')
>> ylabel('y1(t)')
>> title('第一类贝塞尔函数')
>> subplot(223)
>> plot(t,y2 ,'linewidth',2)
>> grid on
>> xlabel('t')
>> ylabel('y2(t)')
>> title('第二类贝塞尔函数')
>> subplot(224)
>> plot(t,y3,'linewidth',2)
>> grid on
>> xlabel('t')
>> ylabel('y3(t)')
>> title('第三类贝塞尔函数')
```

运行结果如图 9.3 所示。

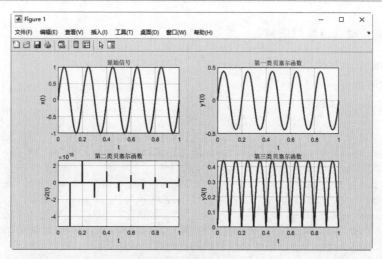

图 9.3　贝塞尔信号

9.2.4　修正贝塞尔函数

微分方程 $z^2\dfrac{\mathrm{d}^2 y}{\mathrm{d}z^2}+z\dfrac{\mathrm{d}y}{\mathrm{d}z}+(z^2+v^2)y=0$（其中 v 是实数常量）称为修正贝塞尔方程，该方程的解称为修正贝塞尔函数。

第一类修正贝塞尔函数 [表示为 $I_v(z)$ 和 $I_{-v}(z)$] 构成修正贝塞尔方程的一组基本解。$I_v(z)$ 通过以下方程定义：

$$I_v(z)=\left(\frac{z}{2}\right)^v\sum_{(k=0)}^{\infty}\frac{\left(\dfrac{z^2}{4}\right)^k}{k!\,\Gamma(v+k+1)}$$

第二类修正贝塞尔函数 [表示为 $K_v(z)$] 构成独立于 $I_v(z)$ 的另一个解，需要用第一类修正贝塞尔函数来计算，通过以下方程定义：

$$K_v(z)=\left(\frac{\pi}{2}\right)\frac{I_{-v}(z)-I_v(z)}{\sin(v\pi)}$$

在 MATLAB 中，besseli 命令用来计算第一类修正贝塞尔函数，其调用格式见表 9.5。

表 9.5　besseli 命令的调用格式

命 令 格 式	说 明
J = besseli(nu,Z)	计算第一类修正贝塞尔函数 $I_v(z)$，Z 是方程中函数的取值范围
J = besseli(nu,Z,scale)	scale 指定是否以指数方式缩放结果

在 MATLAB 中，besselk 命令用来计算第二类修正贝塞尔函数，其调用格式见表 9.6。

表 9.6　besselk 命令的调用格式

命 令 格 式	说 明
J = besselk(nu,Z)	计算第二类修正贝塞尔函数 $K_v(z)$，Z 是方程中函数的取值范围
J = besselk(nu,Z,scale)	scale 指定是否以指数方式缩放结果，若 scale=0（默认值），无缩放；若 scale=1，按 exp(Z)缩放

扫一扫，看视频

实例——创建正弦波贝塞尔信号

源文件：yuanwenjian\ch09\zxBesselxh.m

MATLAB 程序如下：

```
>> close all
>> clear
>> fs = 100;                     %定义信号采样频率为100Hz
>> t = 0:1/fs:4-1/fs;            %定义信号采样时间序列，采样时间为4s
>> x = 1000*(sin(2*pi*t.^2/6).^4);   %正弦信号
>> y1 = besseli(1,x);           %计算方程阶数为1的第一类修正贝塞尔函数
>> y2 = besseli(1,x,1);         %计算方程阶数为1、按exp(Z)缩放的第一类修正贝塞尔函数
>> y3 = besselk(1,x);           %计算方程阶数为1的第二类修正贝塞尔函数
>> y4 = besselk(1,x,1);         %计算方程阶数为1、按exp(Z)缩放的第二类修正贝塞尔函数
>> subplot(321),plot(t,x),title('原始信号')
>> subplot(322),stem(t,x),title('信号序列图')
>> subplot(323),plot(t,y1 ,'linewidth',2),title('v=1 第一类修正贝塞尔函数')
>> subplot(324),plot(t,y2),title('v=1,sale=1 的第一类修正贝塞尔函数')
>> subplot(325),plot(t,y3,'linewidth',2),title('v=1 第二类修正贝塞尔函数')
>> subplot(326),plot(t,y4 ,'linewidth',2),title('v=1,sale=1 的第二类修正贝塞尔函数')
```

运行结果如图 9.4 所示。

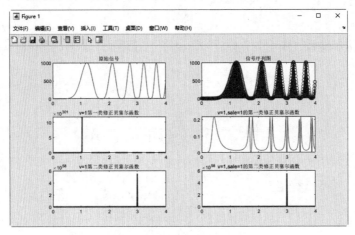

图 9.4　正弦波贝塞尔信号

9.3　伽 马 函 数

伽马（Gamma）函数，也叫第二类欧拉积分，是阶乘函数在实数与复数上扩展的一类函数。与之有密切联系的函数是贝塔（Beta）函数，也叫第一类欧拉积分，可以用来快速计算与伽马函数形式相类似的积分。

一般定义的阶乘是定义在正整数和 0（大于等于 0）范围内的，小数没有阶乘。伽马函数作为阶乘的延拓，是定义在复数范围内的亚纯函数，通常写成 $r(x)$。

在实数域上伽马函数定义为

$$\Gamma(x) = \int_0^{+\infty} t^{x-1} e^{-t} dt$$

在复数域上伽马函数定义为

$$\Gamma(z) = \int_0^{+\infty} t^{z-1} \mathrm{e}^{-t} \mathrm{d}t$$

不完全伽马函数 gammainc 为

$$\mathrm{gammainc}(x,a) = \frac{1}{\Gamma(a)} \int_0^x t^{a-1} \mathrm{e}^{-t} \mathrm{d}t$$

下不完全伽马函数 P 和上不完全伽马函数 Q 定义为

$$P(x,a) = \frac{1}{\Gamma(a)} \int_0^x t^{a-1} \mathrm{e}^{-t} \mathrm{d}t$$

$$Q(x,a) = \frac{1}{\Gamma(a)} \int_0^x t^{a-1} \mathrm{e}^{-t} \mathrm{d}t$$

在 MATLAB 中，gamma 命令用于对信号进行伽马函数计算，其调用格式见表 9.7。

表 9.7　gamma 命令的调用格式

命 令 格 式	说　明
Y = gamma(X)	计算信号的伽马函数运算

在 MATLAB 中，gammaln 命令用于对信号进行伽马函数的对数计算，其调用格式见表 9.8。

表 9.8　gammaln 命令的调用格式

命 令 格 式	说　明
Y = gammaln(X)	计算信号的 Gamma 函数的对数运算，gammaln(A) = log(gamma(A))

在 MATLAB 中，gammainc 命令用于对信号进行不完全伽马函数计算，其调用格式见表 9.9。

表 9.9　gammainc 命令的调用格式

命 令 格 式	说　明
Y = gammainc(X,A)	返回较低的不完全伽马函数
Y = gammainc(X,A,type)	type 指定是'lower'（下不完全伽马函数）或'upper'（上不完全伽马函数）
Y = gammainc(X,A,scale)	缩放产生的下或上不完全伽马函数，缩放选项 scale，指定为'scaledlower'或'scaledupper'

在 MATLAB 中，gammaincinv 命令用于对信号进行逆不完全伽马函数计算，其调用格式见表 9.10。

表 9.10　gammaincinv 命令的调用格式

命 令 格 式	说　明
Y = gammaincinv(X,A)	返回较低的逆不完全伽马函数
Y = gammaincinv(X,A,type)	type 指定是'lower'（逆下不完全伽马函数）或'upper'（逆上不完全伽马函数）

在数学中，普西（Psi）函数的各阶导数统称为多伽马函数。

X 必须是非负实数。ψ 函数也称为双 γ 函数，是伽马函数的对数导数，即

$$\psi(x) = \mathrm{digamma}(x)$$
$$= \frac{\mathrm{d}(\log(\Gamma(x)))}{\mathrm{d}x}$$
$$= \frac{\mathrm{d}(\Gamma(x))/\mathrm{d}x}{\Gamma(x)}$$

在 MATLAB 中，psi 命令用于对信号进行连带普西函数计算，其调用格式见表 9.11。

表 9.11　psi 命令的调用格式

命令格式	说明
Y = psi(X)	计算信号的连带 Legendre 函数
Y = psi(k,X)	计算信号的连带 Legendre 函数。normalization 可以是'unnorm'（默认值）、'sch'或'norm'

实例——创建信号伽马函数计算

源文件：yuanwenjian\ch09\gammajs.m

MATLAB 程序如下：

```
>> close all
>> clear
>> fs = 100;                        %定义采样频率为100Hz
>> t = 0:1/fs:1-1/fs;              %定义信号采样时间序列
>> f0 = 5;                         %信号频率
>> x = sinc(2*pi*f0*t);           %创建sinc波
>> tiledlayout(2,3)               %创建2×3分块图布局
>> nexttile;
>> stem(x);title('原始信号序列');
>> nexttile;
>> plot(x);title('原始信号');
>> y0=gamma(x);                    %计算信号的伽马函数
>> nexttile;
>> plot(y0);title('信号Gamma函数运算');
>> nexttile;
>> y1= gammaln(abs(x));            %计算信号伽马函数的对数
>> plot(y1);title('信号Gamma函数的对数运算');
>> nexttile;
>> y2= gammainc(abs(x),2);         %计算信号在2处的下不完全伽马函数
>> plot(y2);title('信号不完全Gamma函数');
>> axis([0 40 0 0.05])            %调整坐标轴范围
>> nexttile;
>> y3= gammaincinv(abs(x),1);      %定义信号在1处的下不完全伽马函数的逆函数
>> plot(y3);title('信号逆不完全Gamma函数');
```

运行结果如图 9.5 所示。

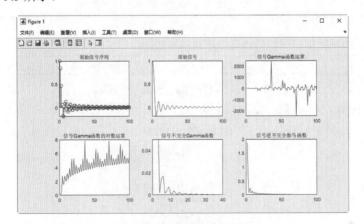

图 9.5　信号伽马函数计算

9.4　贝塔函数

贝塔（Beta）函数也称为第一类欧拉积分，可以用伽马函数表示，定义如下：

$$B(z,w) = \int_0^1 t^{z-1}(1-t)^{w-1}\mathrm{d}t = \frac{\Gamma(z)\Gamma(w)}{\Gamma(z+w)}$$

式中：$z,w \in C$，并且 Re(x)>0，Re(y)>0。

贝塔函数参数对称，即

$$B(x,y) = B(y,x)$$

不完全贝塔函数为

$$I_x(z,w) = \frac{1}{B(z,w)}\int_0^x t^{z-1}(1-t)^{w-1}\mathrm{d}t$$

MATLAB 提供了多种贝塔函数的命令，其调用格式见表 9.12。

表 9.12　beta 命令的调用格式

命令名	说　明	调用格式及说明
beta	贝塔函数	B= beta(Z,W)：返回在 Z 和 W 的元素处计算的贝塔函数。Z 和 W 都必须是非负实数
betainc	不完全贝塔函数	I = betainc(X,Z,W)：为 X、Z 和 W 的相应元素计算不完全贝塔函数。X 的元素必须位于闭区间 [0,1] 中。数组 Z 和 W 必须是非负实数
		I = betainc(X,Z,W,tail)：指定不完全贝塔函数的尾部。参数 tail 取值为'lower'（默认值）时，表示计算 0～x 的积分；取值为'upper'时，表示计算 x～1 的积分
betaln	贝塔函数的对数	L = betaln(Z,W)：计算贝塔函数的自然对数
betaincinv	贝塔逆累积分布函数	x = betaincinv(y,z,w)：针对 y、z 和 w 的对应元素计算逆不完全贝塔函数
		x = betaincinv(y,z,w,tail)：指定不完全贝塔函数的尾部

9.5　椭圆积分函数

在积分学中，椭圆积分 $\int R(x,y)\mathrm{d}x$ 最初出现于与椭圆的弧长有关的问题中，是一类相当重要的不定积分，形如：

$$\int R(x,\sqrt{a_0x^4+a_1x^3+a_2x^2+a_3x+a_4})\mathrm{d}x \text{ 或 } \int R(x,\sqrt{a_0x^3+a_1x^2+a_2x+a_3})\mathrm{d}x$$

式中：R 为 x、y 的有理函数。

通常，这类积分不能通过初等函数表示成有限形状的积分，但在 P 有重根的时候，或者 $R(x,y)$ 没有 y 的奇数幂时，通过简化公式，每个椭圆积分可以化为能用初等函数表示的三个经典形式的积分，例如勒让德椭圆积分、外尔斯特拉斯椭圆积分和完全椭圆积分。每一种椭圆积分又分为第一类、第二类、第三类椭圆积分。

在 MATLAB 中，ellipke 命令用于对信号进行完全椭圆积分函数计算，其调用格式见表 9.13。

表 9.13　ellipke 命令的调用格式

命 令 格 式	说　　明
K = ellipke(M)	计算信号 M 的第一类完全椭圆积分 K，M 取值区间为[0,1]
[K,E] = ellipke(M)	计算信号 M 的第一类完全椭圆积分 K 和第二类完全椭圆积分 E
[K,E] = ellipke(M,tol)	以精度 tol 计算完全椭圆积分，tol 的默认值是 eps，增加 tol 会降低计算精度，但会提升计算速度

实例——创建信号椭圆积分函数运算

源文件：yuanwenjian\ch09\ellipkexh.m

MATLAB 程序如下：

```
>> close all
>> clear
>> fs = 1000;                          %定义采样频率为1000Hz
>> t = 0:1/fs:1-1/fs;                  %定义信号采样时间序列
>> x=abs(sawtooth(2*pi*10*t,0));       %创建锯齿波信号
>> tiledlayout(2,1)                    %创建 2×1 分块图布局
>> nexttile;
>> plot(x);title('原始信号');          %在第一个分块图中绘制原始信号时域图
>> nexttile;
>> [K,E] = ellipke(x);                 %计算 x 的第一类和第二类椭圆积分
>> plot(x,K,x,E)                       %分别绘制椭圆积分曲线
>> grid on
>> xlabel('x')
>> title('第一类和第二类完全椭圆积分')
>> legend('第一类','第二类')
```

运行结果如图 9.6 所示。

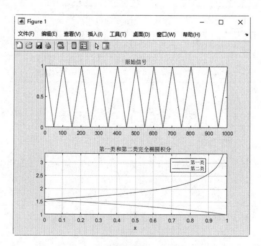

图 9.6　信号椭圆积分函数运算

9.6　指数积分函数

在数学中，指数积分是函数的一种，它不能表示为初等函数。对任意实数 x，指数积分定义为

$$E_i(x) = \int_x^\infty \mathrm{e}^{-t}/t\,\mathrm{d}t$$

指数积分函数的另一常见定义是柯西主值积分，即

$$E_i(x) = \int_{-\infty}^{x} e^t / t \, \mathrm{d}t$$

式中：E_i 为定义的柯西主值积分符号。

在 MATLAB 中，expint 命令用于对信号进行指数积分函数计算，其调用格式见表 9.14。

表 9.14　expint 命令的调用格式

命 令 格 式	说　　明
Y = expint(X)	计算信号 X 的指数积分

实例——计算信号指数积分函数

源文件：yuanwenjian\ch09\expintjs.m

扫一扫，看视频

MATLAB 程序如下：

```
>> close all
>> clear
>> fs = 100;                          %定义采样频率为100Hz
>> t = 0:1/fs:1-1/fs;                 %定义信号采样时间序列
>> f0 = 10;                           %信号频率
>> x=0.2*cos(2*pi*t*f0)+0.5*cos(2*pi*t*2*f0);
>> tiledlayout(2,1)                   %创建 2×1 分块图布局
>> nexttile;
>> plot(x);title('原始信号');
>> y=expint(x);                       %计算信号指数积分函数
>> nexttile;
>> plot(y);title('信号指数积分函数');
```

运行结果如图 9.7 所示。

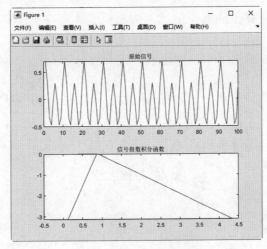

图 9.7　信号指数积分函数

9.7　雅可比椭圆函数

雅可比（Jacobi）椭圆函数是从积分角度定义的。

第一类椭圆积分函数的反函数称为幅值函数，表示如下：

$$\varphi = \alpha m u$$

椭圆正弦函数：

$$\mathrm{sn}(u,k) = \sin\varphi = \sin(\alpha m u)$$

椭圆余弦函数：

$$\mathrm{cn}(u,k) = \cos\varphi = \cos(\alpha m u)$$

幅值的 δ 函数：

$$\mathrm{dn}(u,k) = \frac{\mathrm{d}\varphi}{\mathrm{d}u} = \sqrt{1 - k^2 \sin^2\varphi} = \sqrt{1 - k^2 \mathrm{sn}^2(u,k)}$$

$\mathrm{sn}(u,k)$、$\mathrm{cn}(u,k)$ 和 $\mathrm{dn}(u,k)$ 统称为雅可比椭圆函数，都是二阶椭圆函数，它们之间满足如下的恒等式：

$$\mathrm{sn}^2 u + \mathrm{cn}^2 u = 1$$
$$\mathrm{dn}^2 u + k^2 \mathrm{sn}^2 u = 1$$

在MATLAB中，ellipj命令用于对信号进行雅可比椭圆函数计算，其调用格式见表9.15。

表 9.15　ellipj 命令的调用格式

命 令 格 式	说　　明
[SN,CN,DN] = ellipj(U,M)	返回信号的雅可比椭圆函数 SN、CN 和 DN。U 仅限于实数值。如果 U 是非标量，M 必须是与 U 大小相同的标量或非标量
[SN,CN,DN] = ellipj(U,M,tol)	以 tol 精度计算雅可比椭圆函数。tol 的默认值是 eps。增加 tol 会降低精度，但计算速度会提升

实例——创建信号雅可比椭圆函数运算

源文件：yuanwenjian\ch09\jacobityhs.m

MATLAB 程序如下：

```
>> close all
>> clear
>> fs = 100;                                      %定义采样频率为100Hz
>> t = 0:1/fs:1-1/fs;                             %定义信号采样时间序列
>> x=abs(0.2*cos(2*pi*t*10)+0.5*cos(2*pi*t*20));  %创建叠加的余弦波信号
>> y=abs(vco(x,[0.1 0.6]*fs,fs));                 %对信号进行调频
>> tiledlayout(2,1)                               %创建 2×1 分块图布局
>> nexttile;
>> plot(x);title('原始信号');                      %在第一个分块图中绘制余弦信号的时域图
>> nexttile;
>> [S,C,D] = ellipj(x,y);                         %计算信号的雅可比椭圆函数
>> plot(x,S,x,C,'r',x,D,'k');                     %绘制雅可比椭圆函数曲线
>> legend('SN','CN','DN','Location','best')       %在合适的位置添加图例
>> grid on
>> title('Jacobi 椭圆函数 sn,cn,dn')
```

运行结果如图 9.8 所示。

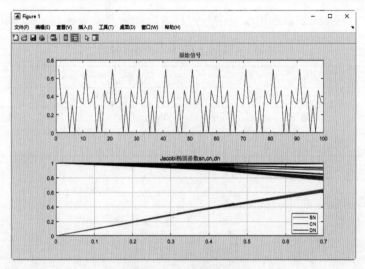

图 9.8 雅可比椭圆函数

9.8 连带勒让德函数

连带勒让德（Legendre）函数 $y = P_n^m(x)$ 是以下常规勒让德微分方程的最通用解，如：

$$(1-x^2)\frac{\mathrm{d}^2 y}{\mathrm{d}x^2} - 2x\frac{\mathrm{d}y}{\mathrm{d}x} + \left[n(n+1) - \frac{m^2}{1-x^2}\right]y = 0$$

式中：n 为整数阶；m 为连带勒让德函数的整数级数，满足 $0 \le m \le n$。

连带勒让德函数 $P_n^m(x)$ 表示如下：

$$P_n^m(x) = (-1)^m (1-x^2)^{\frac{m}{2}} \frac{\mathrm{d}^m}{\mathrm{d}x^m} P_n(x)$$

它们根据勒让德多项式 $P_n(x)$ 的导数定义，是由下式给出的解的子集：

$$P_n(x) = \frac{1}{2^n n!} \frac{\mathrm{d}^n}{\mathrm{d}x^n}(x^2 - 1)^n$$

施密特（Schmidt）半归一化连带勒让德函数与非归一化连带勒让德函数 $P_n^m(x)$ 的关系如下：

$$P_n(x) \quad \text{for} \quad m = 0$$

$$S_n^m(x) = (-1)^m \sqrt{\frac{2(n-m)!}{(n+m)!}} P_n^m(x) \quad \text{for} \quad m > 0$$

完全归一化的连带勒让德函数按如下方式进行归一化：

$$\int_{-1}^{1}\left[N_n^m(x)\right]^2 \mathrm{d}x = 1$$

归一化函数 $P_n^m(x)$ 与非归一化连带勒让德函数的关系如下：

$$N_n^m(x) = (-1)^m \sqrt{\frac{\left(n+\frac{1}{2}\right)(n-m)!}{(n+m)!}} P_n^m(x)$$

在 MATLAB 中，legendre 命令用于对信号进行连带勒让德函数计算，其调用格式见表 9.16。

表 9.16　legendre 命令的调用格式

命 令 格 式	说　明
P = legendre(n,X)	计算信号 X 阶数为 n、级数为 m = 0,1,...,n 时的连带勒让德函数
P = legendre(n,X,normalization)	计算信号 X 的连带勒让德函数。参数 normalization 指定归一化类型，取值可以是'unnorm'（默认值，表示连带勒让德函数）、'sch'（表示 Schmidt 半归一化连带勒让德函数）或'norm'（表示完全归一化的连带勒让德函数）

扫一扫，看视频

实例——计算信号二阶勒让德函数

源文件：yuanwenjian\ch09\legendrehs.m

MATLAB 程序如下：

```
>> close all
>> clear
>> fs = 100;                               %定义采样频率为100Hz
>> t = 0:1/fs:1-1/fs;                      %定义信号采样时间序列
>> f0 = 10;                                %方波信号的频率
>> x = 0.5*square(2*pi*f0*t)+0.5*rand(size(t));   %创建叠加随机噪声的方波信号
>> tiledlayout(2,1)                        %创建2×1分块图布局
>> nexttile;
>> plot(x);title('原始信号');
>> y= legendre(2,x);          %计算信号 x 阶数为2、级数为 m=0,1,2 时的连带勒让德函数
>> nexttile;
>> plot(y);title('信号二阶 Legendre 函数');
```

运行结果如图 9.9 所示。

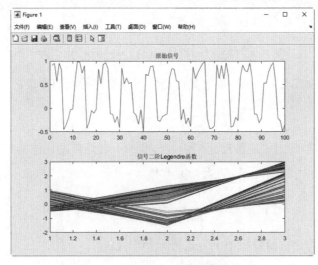

图 9.9　信号二阶勒让德函数

第 10 章　信 号 变 换

内容指南

信号变换的本质是将信号从时域转换为频域。信号变换作为信号处理的一种基本方法，已广泛应用于许多领域。

本章讲解的信号变换包括傅里叶变换、Z 变换、离散余弦变换和希尔伯特变换，这些变换不仅使信号便于分析，而且易于传输。

内容要点

- ➢ 傅里叶变换
- ➢ Z 变换
- ➢ 离散余弦变换
- ➢ 希尔伯特变换

10.1　傅里叶变换

大部分的仪器及软件都用快速傅里叶变换（Fast Fourier Transform，FFT）来产生频谱的信号。快速傅里叶变换是一种针对采样信号计算离散傅里叶变换的数学工具，可以近似傅里叶变换的结果。

10.1.1　傅里叶变换的定义

法国数学家吉恩·巴普提斯特·约瑟夫·傅里叶指出，任何周期函数都可以表示为不同频域的正弦和/或余弦之和的形式，每个正弦项和/或余弦项乘以不同的系数，这个和的形式称为傅里叶（Fourier）级数。无论函数多么复杂，只要它是周期的，并且满足某些适度的数学条件，都可以用这样的和来表示。即一个复杂的函数可以表示为简单的正弦和/或余弦之和。甚至非周期函数（但该曲线下的面积是有限的）也可以用正弦和/或余弦乘以加权函数的积分来表示。这种情况下的公式就是傅里叶变换。

傅里叶变换的实质是将一个信号分离为无穷多个正弦信号相加的形式。既然是无穷多个信号相加，对于非周期信号来说，每个信号的加权应该都是 0，但有密度上的差别，可以对比概率论中的概率密度来思考，落到每一个点的概率都是无限小，但这些无限小是有差别的。所以，傅里叶变换之后，横坐标即为分离出的正弦信号的频率，纵坐标对应的是加权密度。傅里叶变换在物理学、数论、组合数学、信号处理、概率、统计、密码学、声学、光学等领域都有着广泛的应用。在不同的研究领域，傅里叶变换具有多种不同的变体形式，如连续傅里叶变换和离散傅里叶变换。

傅里叶变换是一种分析信号的方法，它可以分析信号的成分，也可以用这些成分合成信号。许多波形可作为信号的成分，比如正弦波、方波、锯齿波等，傅里叶变换用正弦波作为信号的成分。

1. 一维连续傅里叶变换及逆变换

单变量连续函数 $f(x)$ 的傅里叶变换 $F(\mu)$ 定义为

$$F(\mu) = \int_{-\infty}^{\infty} f(x) e^{-j2\pi\mu x} dx$$

式中：x 为时域变量；μ 为频域变量；$j = \sqrt{-1}$。

给定 $F(\mu)$，通过傅里叶逆变换可以得到 $f(x)$，即

$$f(x) = \int_{-\infty}^{\infty} F(\mu) e^{j2\pi\mu x} d\mu$$

2. 二维连续傅里叶变换及逆变换

二维连续函数 $f(x, y)$ 的傅里叶变换 $F(\mu, v)$ 定义为

$$F(\mu, v) = \int_{-\infty}^{\infty} \int_{-\infty}^{\infty} f(x, y) e^{-j2\pi(\mu x + vy)} dx dy$$

式中：x、y 为时域变量；μ、v 为频域变量；$j = \sqrt{-1}$。

给定 $F(\mu, v)$，通过傅里叶逆变换可以得到 $f(x, y)$，即

$$f(x, y) = \int_{-\infty}^{\infty} \int_{-\infty}^{\infty} F(\mu, v) e^{j2\pi(\mu x + vy)} d\mu dv$$

傅里叶分析包含傅里叶级数与傅里叶变换。傅里叶级数用于对周期信号转换，傅里叶变换用于对非周期信号转换。

傅里叶变换要求满足狄利克雷条件和在（$-\infty, +\infty$）上绝对可积，但绝对可积是一个相当强的条件，很多常见的函数如正弦函数、单位阶跃函数和线性函数都不满足此条件，使得这种变换方法少了工程意义，所以就出现了拉氏变换。拉氏变换和 Z 变换都是傅里叶变换的延伸。

10.1.2　快速傅里叶变换

1965 年，J.W.库利和 T.W.图基提出快速傅里叶变换，这是计算离散傅里叶变换的一种快速算法。函数或信号可以通过一对数学的运算子在时域及频域之间转换。采用这种算法能使计算机计算离散傅里叶变换所需要的乘法次数大为减少，特别是被变换的抽样点数 N 越多，FFT 算法计算量的节省就越显著。

离散傅里叶变换转换定义为

$$Y(k) = \sum_{j=1}^{n} X(j) W_n^{(j-1)(k-1)}$$

$$X(j) = \frac{1}{n} \sum_{k=1}^{n} Y(k) W_n^{-(j-1)(k-1)}$$

式中：n 为信号 X、Y 的长度；$W_n = e^{(-2\pi i)/n}$。

1. 一维快速傅里叶变换

快速傅里叶变换（FFT）是离散傅里叶变换的快速算法，它是根据离散傅里叶变换的奇、偶、

虚、实等特性，对离散傅里叶变换的算法进行改进获得的。

在 MATLAB 中，fft 命令对信号进行一维快速傅里叶变换，其调用格式见表 10.1。

表 10.1　fft 命令的调用格式

命 令 格 式	说 明
Y = fft(X)	计算对信号向量 X 的快速傅里叶变换。Y 与 X 的维数相同，Y 的第一个数对应于直流分量，即频率值为 0
Y = fft(X,n)	计算信号向量的 n 点 FFT。当 X 的长度小于 n 时，系统将在 X 的尾部补 0，以构成 n 点数据；当 X 的长度大于 n 时，系统进行截尾
Y = fft(X,n,dim)	计算对指定的第 dim 维信号 X 的快速傅里叶变换

在 MATLAB 中，ifft 命令对信号进行一维快速傅里叶逆变换，其调用格式见表 10.2。

表 10.2　ifft 命令的调用格式

命 令 格 式	说 明
Y = ifft(X)	计算对信号向量 X 的快速傅里叶逆变换
Y = ifft(X,n)	计算信号向量的 n 点逆 FFT。当 X 的长度小于 n 时，系统将在 X 的尾部补 0，以构成 n 点数据；当 X 的长度大于 n 时，系统进行截尾
Y = ifft(X,n,dim)	计算对指定的第 dim 维信号的快速傅里叶逆变换
X = ifft(…,symflag)	symflag 指定变换的对称类型，可选值为'nonsymmetric'（默认）、'symmetric（共轭对称）'

实例——位移信号的傅里叶变换

扫一扫，看视频

源文件：yuanwenjian\ch10\fft1.m

计算分析地震时建筑物楼层的位移信号的傅里叶变换。

MATLAB 程序如下：

```
>> close all
>> clear
>> load('earthquake.mat')        %加载文件 earthquake.mat，包含以下变量：drift 表示地震时建
                                 筑物楼层的位移，以厘米为单位进行测量；t 表示时间，以秒为单位
                                 进行测量；Fs 表示采样频率，等于 1kHz

>> subplot(3,1,1)
>> plot(t,drift)                 %绘制随时间变化的位移信号
>> t1=title('原始信号');
>> t1.FontSize = 16;             %设置标题文本字号
>> subplot(3,1,2)
>> y=fft(drift);                 %对位移信号进行一维快速傅里叶变换，将时域变换到频域
>> plot(t,y)                     %绘制傅里叶变换后的信号
>> t2=title('傅里叶变换');
>> t2.FontSize = 16;
>> subplot(3,1,3)
>> z=ifft(y);                    %对信号 y 进行傅里叶逆变换
>> plot(t,z)                     %绘制傅里叶逆变换后还原的原始信号
>> t3 = title('傅里叶逆变换');
>> t3.FontSize = 16;
```

运行结果如图 10.1 所示。

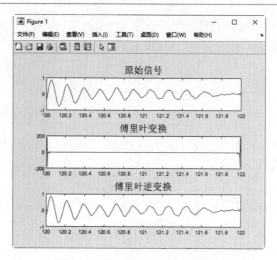

图 10.1　位移信号的傅里叶变换

2．二维快速傅里叶变换

以下公式定义 $m×n$ 矩阵 X 的离散傅里叶变换 Y，即

$$Y_{p+1,q+1} = \sum_{j=0}^{m-1}\sum_{k=0}^{n-1} \omega_m^{jp}\omega_n^{kq} X_{j+1,k+1}$$

ω_m 和 ω_n 是复单位根，即

$$\omega_m = \mathrm{e}^{-2\pi\mathrm{i}/m}$$
$$\omega_n = \mathrm{e}^{-2\pi\mathrm{i}/n}$$

式中：i 为虚数单位；p 和 j 为值范围从 0 到 m-1 的索引；q 和 k 为值范围从 0 到 n-1 的索引。此公式将 X 和 Y 的索引平移 1 位，以反映 MATLAB 中的矩阵索引。

在 MATLAB 中，fft2 命令对信号进行二维快速傅里叶变换，其调用格式见表 10.3。

表 10.3　fft2 命令的调用格式

命令格式	说　明
Y = fft2(X)	计算信号向量 X 的快速傅里叶变换
Y = fft2(X,m,n)	利用快速傅里叶变换算法截断信号 X 或用尾随的 0 填充信号 X，得到新的信号 Y，m、n 为变换后信号 y 的行数、列数

在 MATLAB 中，ifft2 命令对信号进行二维快速傅里叶逆变换，其调用格式见表 10.4。

表 10.4　ifft2 命令的调用格式

命令格式	说　明
Y = ifft2(X)	计算信号向量 X 的二维快速傅里叶逆变换
Y = ifft2(X,m,n)	利用快速傅里叶逆变换算法截断信号 X 或用尾随 0 填充信号 X，得到新的信号 Y，m、n 为变换后信号 y 的行数、列数
X = ifft2(…,symflag)	symflag 指定新信号 Y 的对称性

扫一扫，看视频

实例——正弦信号的频域变换

源文件：yuanwenjian\ch10\zxpybh.m

MATLAB 程序如下：

```
>> close all
>> clear
>> f=50;                              %定义信号频率为 50Hz
>> T = 2*(1/f);                       %定义采样时间,包含 2 个信号周期
>> fs = 1000;                         %定义采样频率为 1000Hz
>> t = 0:1/fs: T-1/fs;                %定义信号采样时间序列
>> x= sin(2*pi*f*t)+sin(4*pi*f*t);    %正弦信号
>> subplot(3,1,1)
>> plot(t,x,'linewidth',4)            %绘制随时间变化的正弦信号
>> title('原始信号')
>> subplot(3,1,2)
>> y=fft2(x);                         %对信号 x 进行二维快速傅里叶变换
>> plot(t,y)                          %绘制二维快速傅里叶变换后的信号 y
>> title('二维快速傅里叶变换')
>> subplot(3,1,3)
>> z=ifft2(y);                        %对信号 y 进行二维快速傅里叶逆变换计算
>> plot(t,z)                          %绘制二维快速傅里叶变换后的信号 z
>> title('二维快速傅里叶逆变换')
```

运行结果如图 10.2 所示。

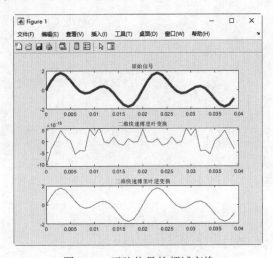

图 10.2 正弦信号的频域变换

3. 零频分量平移

在 MATLAB 中，fftshift 命令将信号中的零频分量平移到频谱中心，其调用格式见表 10.5。

表 10.5 fftshift 命令的调用格式

命 令 格 式	说 明
Y=fftshift(X)	通过将零频分量移动到数组中心，重新排列经过傅里叶变换的 X。 如果 X 是向量，该命令会交换 X 的左、右两半部分； 如果 X 是矩阵，则将 X 的第一象限与第三象限交换，将第二象限与第四象限交换； 如果 X 是多维数组，则沿每个维度交换 X 的半空间
Y=fftshift(X,dim)	沿 X 的维度 dim 执行运算。若 dim 为 1，将 X 的每一列的上、下两半部分进行交换；若 dim 为 2，则将 X 的每一行的左、右两半部分进行交换

在 MATLAB 中，ifftshift 命令将信号中的逆零频分量平移到频谱中心，实质上，ifftshift 就是撤消 fftshift 的结果，该命令的调用格式见表 10.6。

表 10.6 ifftshift 命令的调用格式

命 令 格 式	说 明
Y=ifftshift(X)	将进行过零频平移的傅里叶变换 X 重新排列回原始变换输出的样子
Y=ifftshift(X,dim)	沿指定的维度 dim 对 X 执行逆零频平移运算

扫一扫，看视频

实例——平移周期方波信号的零频分量

源文件：yuanwenjian\ch10\fblppy.m

MATLAB 程序如下：

```
>> close all
>> clear
>> fs=100;                               %定义信号采样频率为100Hz
>> N = 512;                              %定义信号采样点数
>> n = 0:N-1;                            %定义信号采样点序列
>> t = n/fs;                             %定义信号采样时间序列
>> x= square(2*pi*t);                    %周期方波
>> x=awgn(x,10,'measured','linear');     %在周期方波中添加信噪比为10dB的高斯白噪声
>> subplot(3,1,1)
>> plot(t,x)                             %绘制随时间变化的含噪声的方波信号
>> title('原始信号')
>> subplot(3,1,2)
>> y=fftshift(x);                        %对信号 x 进行零频分量平移
>> plot(t,y)                             %绘制平移零频分量后的信号
>> title('零频平移')
>> subplot(3,1,3)
>> z=ifftshift(y);                       %对信号 y 进行逆零频分量平移
>> plot(t,z)                             %绘制逆零频平移后的信号
>> title('逆零频平移')
```

运行结果如图 10.3 所示。

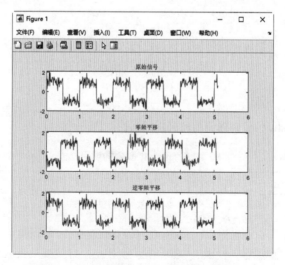

图 10.3 平移周期方波信号的零频分量

4. N 维傅里叶变换

N 维数组 *X* 的离散傅里叶变换 *Y* 定义如下：

$$Y_{p1, p2, \ldots,\ pN} = \sum_{j_1=0}^{m_1-1} \omega_{m_1}^{p_1 j_1} \sum_{j_2=0}^{m_2-1} \omega_{m_2}^{p_2 j_2} \ldots \sum_{j_N}^{m_N-1} \omega_{m_N}^{p_N j_N} X_{j_1,\ j_2, \ldots,\ j_N}$$

每个维度的长度为 m_k，其中 $k = 1,2,\ldots,N$，而 $\omega_{m_k} = e^{-2\pi i/m_k}$ 是复单位根，其中 i 是虚数单位。

MATLAB 提供了多维快速傅里叶变换的命令，其调用格式见表 10.7。

表 10.7　多维快速傅里叶变换调用格式

命　令	意　义	命令调用格式
fftn	多维快速傅里叶变换	y=fftn(X)，计算 X 的二维快速傅里叶变换
		y=fftn(X,m,n)，计算向量 X 的 m×n 维快速傅里叶变换
ifftn	多维逆快速傅里叶变换	y=ifftn(X)，计算 X 的 n 维逆快速傅里叶变换
		y=ifftn(X,size)，系统将视情况对 X 进行截尾或者以 0 来补齐
fftw	定义 FFT 算法	method = fftw('planner')，返回快速傅里叶变换算法的方法，函数包括 fft、fft2、fftn、ifft、ifft2 和 ifftn
		previous = fftw('planner',method)，method 用来设置选择方法
		fftinfo = fftw(wisdom)，为 wisdom 中指定的精度确定的最佳变换参数
		previous = fftw(wisdom,fftinfo)，将 fftinfo 中的参数应用于变换算法以实现 wisdom 中指定的精度

实例——信号从时域转换为频域

源文件：yuanwenjian\ch10\fftpy.m

MATLAB 程序如下：

```
>> close all
>> clear
>> load noisyecg        %加载文件 noisyecg.mat，包含 2000×1 的行向量 noisyECG_withTrend
>> x = noisyECG_withTrend';     %信号转置为列向量
>> fs = 2000;                   %定义采样频率为 2000Hz
>> subplot(2,1,1),plot(x);      %绘制时域内的信号
>> title('信号时域图')
>> Y=fft(x,512);                %对 x 进行 512 点的离散傅里叶变换，把时域信号变换到频域进行分析
>> f=fs*(0:256)/512;            %设置频率轴（横轴）坐标，采样频率为 2000Hz
>> P = abs(Y/512).^2;           %定义频域
>> subplot(2,1,2), plot(f,P(1:512/2+1),'LineWidth',2);    %绘制频域内的信号
>> title('信号频域图')
```

运行结果如图 10.4 所示。

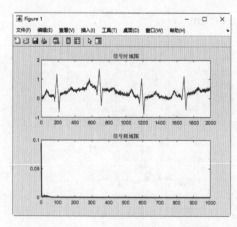

图 10.4　信号从时域转换为频域

10.1.3　DFT 变换矩阵

离散傅里叶变换（Discrete Fourier Transform，DFT）由于其高效算法，在数字信号处理中有着非常重要的作用。

DFT 表示为

$$X(k) = \sum_{n=0}^{N-1} x(n)W_N^{nk} \quad k = 0,1,\ldots,N-1$$

式中：n 为采样点；$W_N = e^{-j\frac{2\pi}{N}}$；$W$ 为各次幂组成的矩阵就是离散傅里叶变换矩阵。

DFT 反变换（IDFT）表示为

$$x(n) = \frac{1}{N} \sum_{k=0}^{N-1} X(k)W_N^{-kn} \quad n = 0,1,\ldots,N-1$$

在 MATLAB 中，dftmtx 命令计算信号的离散傅里叶变换矩阵，其使用格式见表 10.8。

表 10.8　dftmtx 命令的调用格式

命 令 格 式	说　　明
D=dftmtx(n)	返回一个 n×n 的离散傅里叶变换矩阵，输出矩阵 D 为 double 类型。n 是离散傅里叶变换长度

离散傅里叶变换矩阵 D 是一个复矩阵，dftmtx 利用单位矩阵的 FFT 生成变换矩阵。X 为列向量信号，其矩阵积与向量一起计算向量的离散傅里叶变换，即

```
y = fft(x,n)
y = x*dftmtx(n)
```

这两行代码的结果是相同的。

离散傅里叶逆变换矩阵如下：

```
ainv = conj(dftmtx(n))/n
y = ifft(x,n)
```

这两行代码结果是相同的。

实例——信号的 DFT 变换

源文件：yuanwenjian\ch10\dft1.m

MATLAB 程序如下：

```
>> close all
>> clear
>> N=20;                                             %定义信号采样点数
>> n=0:N-1;                                          %定义信号采样点序列
>> x = sin(2*pi*10*n)+cos(2*pi*20*n)+rand(size(n));  %创建受噪声污染的信号 x
>> D=dftmtx(N);                                      %返回 N 阶 DFT 矩阵
>> X=x*D;                                            %计算信号的 FFT 变换
>> subplot(2,1,1)
>> stem(n,x(1,:)),title('原始信号 x')
>> subplot(2,1,2)
>> stem(abs(X)); title('离散傅里叶变换 X')
```

运行结果如图 10.5 所示。

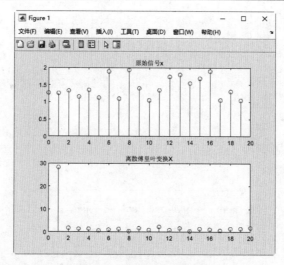

图 10.5 信号的 DFT 变换

10.1.4 复倒谱分析

复倒谱是指一个信号的傅里叶变换的对数的傅里叶反变换。它在实际信号处理中很有用处，例如可应用于通信、建筑声学、地震分析、地质勘探和语音处理等领域。尤其在语音处理方面，应用复倒谱算法可制成同态预测声码器系统，用于高度保密的通信。

在 MATLAB 中，cceps 命令对信号进行复倒谱分析，其调用格式见表 10.9。

表 10.9 cceps 命令的调用格式

命 令 格 式	说 明
xhat = cceps(x)	返回实信号序列 x 的复倒谱 xhat
[xhat,nd] = cceps(x)	为了保证输入的展开相位在零频率处是连续的，对信号 x 进行了相位修正，等效于时间延迟。nd 是延迟样本数
[xhat,nd,xhat1] = cceps(x)	返回第二个复倒谱 xhat1
[...] = cceps(x,n)	n 是零填充信号的长度

在 MATLAB 中，icceps 命令对信号进行逆复倒谱分析，其调用格式见表 10.10。

表 10.10 icceps 命令的调用格式

命 令 格 式	说 明
x = icceps(xhat,nd)	返回复实倒谱 xhat 的逆变换 x，nd 为要去除的延迟样本数

实例——计算信号的复倒谱

源文件：yuanwenjian\ch10\xhfdp.m

MATLAB 程序如下：

扫一扫，看视频

```
>> close all
>> clear
>> fs = 1000;                           %定义采样频率为1000Hz
>> t=0:1/fs:1-1/fs;                      %采样周期为0.001s
>> x= square(20*pi*t)+0.2*randn(size(t)); %创建受噪声污染的方波信号
>> [y,nd]= cceps(x);                     %返回信号 x 的复倒谱 y 和延迟样本数 nd
```

```
>> z=icceps(y,nd);                          %对信号 y 进行逆复倒谱分析
>> subplot(3,1,1);plot(t,x);                %绘制时域内的信号
>> title('原始信号 x')
>> subplot(3,1,2);
>> plot(t,y)                                %绘制信号的复倒谱
>> title('信号复倒谱')
>> subplot(3,1,3);
>> plot(t,z)                                %绘制信号的逆复倒谱
>> title('信号逆复倒谱')
```

运行结果如图 10.6 所示。

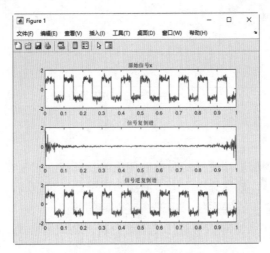

图 10.6　计算信号的复倒谱

10.1.5　傅里叶同步压缩变换

许多真实世界的信号，如语音波形、机器振动和生理信号，都可以表示为调幅和调频模式的叠加。在时频分析中，可以方便地将分析信号的和表示为

$$f(t)=\sum_{k=1}^{K} f_k(t) = \sum_{k=1}^{K} A_{k(t)}e^{j2\pi\phi_k(t)}$$

各阶段 $\phi_k(t)$ 有时间倒数 $D\phi_k(t)/DT$ 与瞬时频率相对应。当精确相位未知时，可以使用傅里叶同步压缩变换来估计它们。

在 MATLAB 中，fsst 命令对信号进行傅里叶同步压缩变换，其调用格式见表 10.11。

表 10.11　fsst 命令的调用格式

命 令 格 式	说　　明
s = fsst(x)	返回输入信号 x 的傅里叶同步压缩变换 s
[s,w,n] = fsst(x)	在上一语法格式的基础上，返回信号归一化频率 w、信号样本数 n
[s,f,t] = fsst(x,fs)	f 为循环频率，t 为采样时间向量，fs 表示信号采样频率
[s,f,t] = fsst(x,ts)	ts 是信号样本时间
[...] = fsst(...,window)	使用指定的窗函数 Window 将信号分割成段并执行窗口化
fsst(...)	在没有输出参数的情况下，绘制当前图形窗口中的同步压缩转换
fsst(...,freqloc)	freqloc 指定绘制频率的坐标轴

实例——信号的傅里叶同步压缩变换

源文件：yuanwenjian\ch10\tbysbh.m

MATLAB 程序如下：

```
>> close all
>> clear
>> load ampoutput1          %加载输出信号文件 ampoutput1.mat，生成 3600×1 的向量 y
>> fs = 3600;               %定义采样频率为 3600Hz
>> t=0:1/fs:1-1/fs;         %采样时间序列
>> x = y';                  %创建信号 x
>> subplot(2,1,1),plot(t,x); %绘制时域内的信号
>> title('原始信号 x')
>> subplot(2,1,2)
>> fsst(x,fs,'yaxis')        %计算并绘制信号的傅里叶同步压缩变换，指定频率绘制在 y 轴
>> title('原始信号傅里叶同步压缩变换')
```

运行结果如图 10.7 所示。

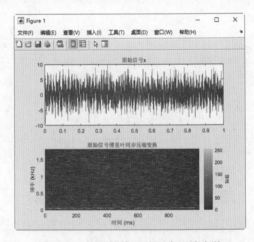

图 10.7 信号的傅里叶同步压缩变换

在 MATLAB 中，ifsst 命令对信号进行傅里叶同步压缩逆变换，其调用格式见表 10.12。

表 10.12 ifsst 命令的调用格式

命 令 格 式	说 明
s = ifsst(x)	返回同步压缩变换 x 的逆同步压缩变换 s
x = ifsst(s,window)	使用 window 将信号分割成段并执行窗口化
x = ifsst(s,window,f,freqrange)	f 为采样频率，freqrange 为一个二元素向量，表示频率范围，元素值必须严格递增，并且包含在 f 范围内
x = ifsst(s,window,iridge)	iridge 表示时频脊线指数
x = ifsst(s,window,iridge, 'NumFrequencyBins',nbins)	nbins 表示在感兴趣的时频脊两侧的相邻箱数

实例——信号的傅里叶同步压缩逆变换

源文件：yuanwenjian\ch10\ftbysbh.m

MATLAB 程序如下：

```
>> close all
>> clear
>> fs = 100;                      %定义采样频率为100Hz
>> f1=100;f2=200;                 %信号频率
>> t=0:1/fs:1;                    %采样时间序列，采样时间为1s
>> x=sin(2*pi*f1*t)+cos(2*pi*f2*t)+rand(size(t));   %创建受噪声干扰的信号
>> subplot(3,1,1),plot(t,x);      %绘制时域内的原始信号
>> xlabel('Time (s)')
>> title('原始信号x')
>> subplot(3,1,2)
>> fsst(x,fs)                     %绘制信号x的傅里叶同步压缩变换
>> title('原始信号傅里叶同步压缩变换')
>> [y,f] =fsst(x,fs);             %计算信号的傅里叶同步压缩变换y和循环频率f
>> z = ifsst(y);                  %信号傅里叶同步压缩变换后，进行傅里叶同步压缩逆变换，以重建信号
>> t = (0:length(y)-1)/fs;        %定义信号变换后的采样时间序列
>> subplot(3,1,3),plot(t,z)       %绘制重构信号
>> xlabel('Time (s)')
>> title('重构信号')
```

运行结果如图 10.8 所示。

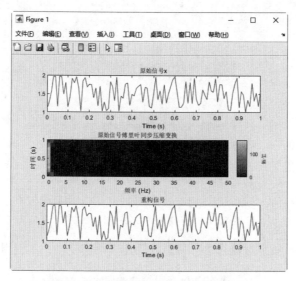

图 10.8　信号的傅里叶同步压缩逆变换

10.1.6　二阶格兹尔算法的离散傅里叶变换

格兹尔（Goertzel）算法由 Gerald Goertzel 在 1958 年提出，用于数字信号处理，属于离散傅里叶变换范畴，目的是从给定的采样中求出某一特定频率信号的能量，用于有效性的评价。

该算法有以下几个关键的参数。

➤ 采样率 R，指的是需要分析的数据每秒钟有多少个采样。

➤ 目标频率 f，指的是需要检测并评价的频率的值。

➤ 检测区段采样值数量 N，也就是每 N 个采样，这个算法会对频率 f 给出评价。

➤ 检测区段包含目标频率的完整周期个数 K。

上述参数应该显示关系如下：

$$K = \frac{Nf}{R}$$

其中，K 如果太大，不利于检测的时效；如果太小，则检测可能不准确。

格兹尔算法用于多音双频信号（DTMF）识别，还需要根据给定的一段时间的采样，能够最大限度地排除噪音的干扰，将有效的 DTMF 信号识别出来。

格兹尔算法实现了离散傅里叶变换 $X(k)$ 的卷积 N - 点输入 $x(n)$，$n = 0, 1, \ldots, N{-}1$，具有脉冲响应：

$$h_k(n) = \mathrm{e}^{-\mathrm{j}2\pi k}\, \mathrm{e}^{\mathrm{j}2\pi kn/N} u(n) \equiv \mathrm{e}^{-\mathrm{j}2\pi k} W_N^{-kn} u(n)$$

式中：$u(n)$ 表示单位步长序列 1；k 不一定是整数；在一个频率上 $f = kf_s/N$，f_s 表示采样率。

$$X(k) = y_k(n)\big|_{n=N}$$

$$y_k(n) = \sum_{m=0}^{N} x(m) h_k(n - m)$$

$$H_k(z) = \frac{(1 - W_N^k z^{-1})\mathrm{e}^{-\mathrm{j}2\pi k}}{1 - 2\cos\left(\dfrac{2\pi k}{N}\right) z^{-1} + z^{-2}}$$

在 MATLAB 中，goertzel 命令使用二阶格兹尔算法对信号进行傅里叶变换，该命令的调用格式见表 10.13。

表 10.13　goertzel 命令的调用格式

命令格式	说　明
dft = goertzel(data)	使用二阶格兹尔算法计算信号 data 离散傅里叶变换 dft
dft = goertzel(data,findx)	findx 指定信号频率索引
dft = goertzel(data,findx,dim)	沿维数 dim 计算 DFT

实例——周期方波信号添加噪声后的 DFT 变换

源文件：yuanwenjian\ch10\dft2.m

MATLAB 程序如下：

扫一扫，看视频

```
>> close all
>> clear
>> fs = 1000;                          %定义采样频率为1000Hz
>> t=0:1/fs:3;                         %采样时间序列，采样时间为3s
>> x = square(2*pi*t);                 %创建周期方波信号
>> x = awgn(x,1,'measured');           %在方波信号中添加高斯白噪声
>> subplot(2,1,1),plot(t,x);           %绘制时域内的信号
>> title('原始信号 x')
>> N = (length(x)+1)/2;
>> f = (fs/2)/N*(0:N-1);               %定义频率
>> indxs = find(f>1.2e3& f<1.3e3);     %将频率范围限制在1.2～1.3kHz
>> y= goertzel(x,indxs);               %使用格兹尔算法计算信号 x 的 DFT
>> subplot(2,1,2),plot(t,y);           %绘制频域内的信号
>> title('原始信号 DFT 变换')
```

运行结果如图 10.9 所示。

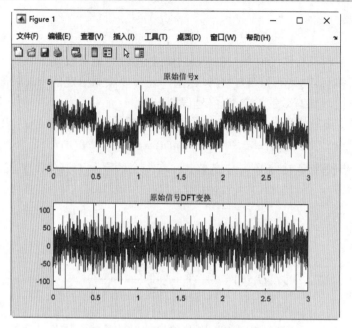

图 10.9　周期方波信号添加噪声后的 DFT 变换

10.2　Z 变 换

傅里叶变换可粗略地分为连续时间傅里叶变换（CTFT）和离散时间傅里叶变换（DTFT）两类。CTFT 是将连续时间信号变换到频域，将频率的含义扩充之后得到拉普拉斯变换。DTFT 是将离散时间信号变换到频域，将频率的含义扩充之后得到 Z 变换（Z-transformation）。

10.2.1　Z 变换定义

1947 年，霍尔维兹（W. Hurewicz）首先引进了一个变换用于对离散序列的处理。在此基础上，崔普金于 1949 年、拉格兹尼和扎德（R. Ragazzini 和 LA. Zadeh）于 1952 年，分别提出和定义了 Z 变换方法，大大简化了运算步骤，并在此基础上发展起脉冲控制系统理论。

由于 Z 变换只能反映脉冲系统在采样点的运动规律，崔普金、巴克尔（R.H. Barker）和朱利（E.I. Jury）又分别于 1950 年、1951 年和 1956 年提出了广义 Z 变换和修正 Z 变换（modified Z-transformation）的方法。

Z 变换可将时域信号（即离散时间序列）变换为在复频域的表达式。它在离散时间信号处理中的地位，如同拉普拉斯变换在连续时间信号处理中的地位。离散时间信号的 Z 变换是分析线性时不变离散时间系统问题的重要工具，把线性移（时）不变离散系统的时域数学模型——差分方程转换为 Z 域的代数方程，使离散系统的分析同样得以简化，还可以利用系统函数来分析系统的时域特性、频率响应及稳定性等。

对于一般的信号序列，均可以由表 10.14 直接查出其 Z 变换。相应地，当然也可由信号序列的 Z 变换查出原信号序列，从而使求取信号序列的 Z 变换较为简便易行。

表 10.14　Z 变换的基本性质

序号	序列	Z 变换	收敛域	备注
1	$x[n]$	$X(Z)$	$R_{X-}<\|Z\|<R_{X+}$	
2	$y[n]$	$Y(Z)$	$R_{Y-}<\|Z\|<R_{Y+}$	
3	$ax[n]+by[n]$	$aX(Z)+bY(Z)$	$\max[R_{X-},\ R_{Y-}]<\|Z\|$ $<\min[R_{X+},\ R_{Y+}]$	线性
4	$x[-n]$	$X\left(\dfrac{1}{Z}\right)$	$\dfrac{1}{R_{X-}}<\|Z\|<\dfrac{1}{R_{X+}}$	时域反转
5	$x[n]*y[n]$	$X(Z)Y(Z)$	$\max[R_{X-},\ R_{Y-}]<\|Z\|$ $<\min[R_{X+},\ R_{Y+}]$	序列卷积
6	$x[n]y[n]$	$\dfrac{1}{2\pi j}\int_C X(v)*Y\left(\dfrac{Z}{v}\right)v^{-1}dv$	$R_{X-}R_{Y-}<\|Z\|<R_{X+}R_{Y+}$	序列相乘
7	$x^*[n]$	$X^*(Z^*)$	$R_{X-}<\|Z\|<R_{X+}$	序列共轭
8	$nx[n]$	$-Z\dfrac{dX(Z)}{dZ}$	$R_{X-}<\|Z\|<R_{X+}$	频域微分
9	$x[n+n_0]$	$Z^{n_0}X(Z)$	$R_{X-}<\|Z\|<R_{X+}$	序列移位
10	$x[0]=X(\infty)$		因果序列　$\|Z\|>R_{X-}$	初值定理
11	$x[\infty]=\mathrm{Res}(X(Z),1)$		$(Z-1)X(Z)$ 收敛于 $Z\geqslant 1$	终值定理

双边 Z 变换表示为

$$X(Z)=Z\{x[n]\}=\sum_{n=-\infty}^{+\infty}x[n]Z^{-n}\quad Z\in R_x$$

单边 Z 变换表示为

$$X(Z)=Z\{x[n]\}=\sum_{n=0}^{+\infty}x[n]Z^{-n}\quad Z\in R_x$$

式中：R_x 称为 $X(Z)$ 的收敛域。

双边 Z 变换与单边 Z 变换的关系如下：

$$X(Z)=Z\{x[n]\}=\sum_{n=-\infty}^{+\infty}x[n]Z^{-n}=\sum_{n=-1}^{-\infty}x[n]Z^{-n}+\sum_{n=0}^{+\infty}x[n]Z^{-n}=X_L(Z)+X_R(Z)$$

式中：

$$X_L(Z)=\sum_{n=-1}^{-\infty}x[n]Z^{-n}$$

$$X_R(Z)=\sum_{n=0}^{+\infty}x[n]Z^{-n}$$

根据 Z 变换的定义可知，Z 变换收敛的充要条件是它满足绝对可和条件，即

$$\left|\sum_{n=0}^{+\infty}x[n]Z^{-n}\right|<\infty\qquad\text{（单边 }Z\text{ 变换）}$$

$$\left|\sum_{n=-\infty}^{+\infty}x[n]Z^{-n}\right|<\infty\qquad\text{（双边 }Z\text{ 变换）}$$

在 Z 平面上使上式成立的 Z 的取值范围 R_x 称为任意给定的有界序列 $x(n)$ 的 Z 变换 $X(Z)$ 的收敛域。

10.2.2　信号的 Z 变换

Z 变换解决了不满足绝对可和条件的离散信号，变换到频率域的问题，同时也同样对"频率"的定义进行了扩充。

Z 变换与离散时间傅里叶变换（DTFT）的关系是：Z 变换将频率从实数推广为复数，因而 DTFT 变成了 Z 变换的一个特例，即当 Z 的模为 1 时，$x[n]$ 的 Z 变换即为 $x[n]$ 的 DTFT。

DTFT 的公式是 $\sum\limits_{n=-\infty}^{\infty} x[n]\,\mathrm{e}^{-j\omega n}$，$\omega$ 是连续变化的实数。

同样的，DTFT 需要满足绝对可和的条件，即 $\sum\limits_{n=-\infty}^{\infty} |x[n]| < \infty$。

为了让不满足绝对可和条件的函数 $x[n]$ 也能变换到频率域，乘一个指数函数 a^{-n}，a 为（满足收敛域的）任意实数，则函数 $x[n]a^{-n}$ 的 DTFT 如下：

$$\sum_{n=-\infty}^{\infty} x[n]a^{-n}\mathrm{e}^{-j\omega n}$$

化简得

$$\sum_{n=-\infty}^{\infty} x[n](a\cdot\mathrm{e}^{j\omega})^{-n}$$

显然，$a\cdot\mathrm{e}^{j\omega}$ 是一个极坐标形式的复数，把复数定义为离散信号的复频率，记为 Z。

则得到 Z 变换的公式：

$$\sum_{n=-\infty}^{\infty} x[n]Z^{-n}$$

Z 变换的工程意义类似于拉普拉斯变换，可以看作离散的拉普拉斯变换。它能将 S 域的无限面映射到 Z 域的圆内，变无限为有限，也有利于很多问题的解决。

快速啁啾算法是引入两次快速傅里叶变换（FFT）及一个解析高斯核，计算复杂度低于卷积算法。

在 MATLAB 中，czt 命令对信号进行啁啾 Z 变换，该命令的调用格式见表 10.15。

表 10.15　czt 命令的调用格式

命 令 格 式	说　　明
y = czt(x,m,w,a)	计算啁啾信号 x 的 Z 变换信号 y，m 为变换长度，啁啾 Z 变换沿螺旋等高线变换，w 为螺旋轮廓点间比，a 为螺旋轮廓起始点，z = a*w.^-(0:m-1)

实例——创建信号啁啾 Z 变换

源文件：yuanwenjian\ch10\zjzbh.m
MATLAB 程序如下：

```
>> close all
>> clear
>> fs = 5000;            %定义采样频率为5000Hz
>> N = 1024;             %定义信号采样点数
>> n = 0:N-1;            %定义信号采样点序列
```

```
>> t = n/fs;                        %定义信号采样时间序列
>> x = rectpuls(2*pi*t);            %创建非周期方波信号
>> x = awgn(x,1,'measured');        %在方波中添加高斯白噪声
>> subplot(2,1,1)
>> plot(t,x)                        %绘制原始信号时域图
>> xlabel('时间序列 t');ylabel('原始信号 x(t)');
>> title('原始信号');
>> subplot(2,1,2)
>> f1 = 100;                        %细化频率段起点
>> f2 = 150;                        %细化频率段终点
>> w = exp(-j*2*pi*(f2-f1)/(N*fs)); %细化频率段的跨度(步长)
>> a = exp(j*2*pi*f1/fs);           %细化频率段的起始点
>> y = czt(x,N,w,a);                %计算序列 x 沿着由 w 和 a 定义的 Z 平面上的螺旋轮廓的线
                                     性调频 Z 变换，细化频段的频点数为 N
>> plot(t,y)
>> xlabel('时间序列 t');ylabel('变换信号 y(t)');
>> title('啁啾 Z 变换');
```

运行结果如图 10.10 所示。

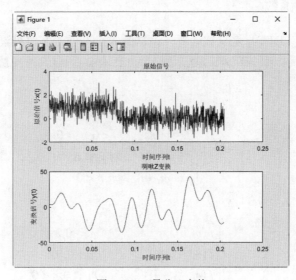

图 10.10 啁啾 Z 变换

10.3 离散余弦变换

离散余弦变换（discrete cosine transform，DCT）主要用于数据或图像的压缩，能够将空域的信号转换到频域上，具有良好的去相关性的性能。

10.3.1 离散余弦变换的定义

离散余弦变换（DCT）与离散傅里叶变换（DFT）密切相关。通常只需要几个离散余弦变换系数就可以非常准确地重建一个序列。

离散余弦变换有 4 个标准变体。为了一个信号 x 长度 N，与克罗内克（Kronecker）增量，转换由以下方法定义。

➢ DCT-1:

$$y(k) = \sqrt{\frac{2}{N-1}} \sum_{n=1}^{N} x(n) \frac{1}{\sqrt{1+\delta_{n1}+\delta_{nN}}} \frac{1}{\sqrt{1+\delta_{k1}+\delta_{kN}}} \cos\left[\frac{\pi}{N-1}(n-1)(k-1)\right]$$

➢ DCT-2:

$$y(k) = \sqrt{\frac{2}{N}} \sum_{n=1}^{N} x(n) \frac{1}{\sqrt{1+\delta_{k1}}} \cos\left[\frac{\pi}{2N}(2n-1)(k-1)\right]$$

➢ DCT-3:

$$y(k) = \sqrt{\frac{2}{N}} \sum_{n=1}^{N} x(n) \frac{1}{\sqrt{1+\delta_{n1}}} \cos\left[\frac{\pi}{2N}(n-1)(2k-1)\right]$$

➢ DCT-4:

$$y(k) = \sqrt{\frac{2}{N}} \sum_{n=1}^{N} x(n) \cos\left[\frac{\pi}{4N}(2n-1)(2k-1)\right]$$

10.3.2 离散余弦变换函数

由于离散傅里叶变换（DFT）是复数运算，运算量大，不便于实时处理，所以通过对函数的构造使之变成偶函数，实偶函数的 2D-DFT 就仅含实部（余弦项），形成的变换就称为离散余弦变换。

1. 奇对称的偶函数

$$f(m,n) = \begin{cases} f(m,n) & m,n \geqslant 0 \\ f(-m,n) & m < 0, n \geqslant 0 \\ f(m,-n) & m \geqslant 0, n < 0 \\ f(-m,-n) & m,n < 0 \end{cases}$$

2. 偶对称的偶函数

$$f(m,n) = \begin{cases} f(m,n) & m \geqslant 0, n \geqslant 0 \\ f(-1-m,n) & m < 0, n \geqslant 0 \\ f(m,-1-n) & m \geqslant 0, n < 0 \\ f(-1-m,-1-n) & m,n < 0 \end{cases}$$

将构造的偶函数代入 2D-DFT 公式，进行整理后就得到 2D-DCT 公式：

$$F(u,v) = \alpha(u)\alpha(v) \sum_{m=0}^{N-1} \sum_{n=0}^{N-1} f(m,n) \cos\frac{(2m+1)u\pi}{2N} \cos\frac{(2n+1)v\pi}{2N}$$

2D-DCT 的反变换定义如下：

$$f(m,n) = \sum_{u=0}^{N-1} \sum_{v=0}^{N-1} \alpha(u)\alpha(v) F(u,v) \cos\frac{(2m+1)u\pi}{2N} \cos\frac{(2n+1)v\pi}{2N}$$

式中：

$$m,n,u,v = 0,1,2,...,N-1, \quad \alpha(u) = \alpha(v) = \begin{cases} \sqrt{\dfrac{1}{N}} & u=0 \text{或} v=0 \\ \sqrt{\dfrac{2}{N}} & u,v = 1,2,...,N-1 \end{cases}$$

2D-DCT 的矩阵表示为

$$\begin{cases} F = C^{\mathrm{T}} f C \\ f = CFC^{\mathrm{T}} \end{cases}$$

在 MATLAB 中，dct 命令对信号进行 DCT 变换，其调用格式见表 10.16。

表 10.16 dct 命令的调用格式

命 令 格 式	说　明
y = dct(x)	对信号 x 进行离散余弦变换
y = dct(x,n)	信号 x 截断长度为 n
y = dct(x,n,dim)	按维数 dim 计算信号 x 的离散余弦变换
y = dct(…,'Type',dcttype)	dcttype 指定要计算的离散余弦变换的类型，为 1～4 的正整数标量

离散余弦变换的逆，通常相应地被称为"反离散余弦变换""逆离散余弦变换"或者"IDCT"。
在 MATLAB 中，idct 命令对信号进行逆离散余弦变换，其调用格式见表 10.17。

表 10.17 idct 命令的调用格式

命 令 格 式	说　明
B = idct(x)	对信号 x 进行离散余弦逆变换
y = idct(x,n)	信号 x 截断长度为 n
y = idct(x,n,dim)	按维数 dim 计算离散余弦逆变换
y = idct(…,'Type',dcttype)	dcttype 指定要计算的离散余弦逆变换的类型，为 1～4 的正整数标量

实例——创建信号 DCT 变换

源文件：yuanwenjian\ch10\dctxh.m

MATLAB 程序如下：

扫一扫，看视频

```
>> close all
>> clear
>> fs = 2000;                      %定义采样频率为 2000Hz
>> t = 0:1/fs: 4-1/fs;             %定义信号采样时间序列
>> x1 = awgn(sin(t),1,'measured'); %创建添加高斯白噪声的正弦信号 x1
>> x2 = 2*sawtooth(4*pi*t);        %在时间序列 t 上产生三角波信号 x2，频率为 1Hz，幅值为 2
>> x=x1.*x2;                       %两个信号乘运算
>> subplot(2,1,1)
>> plot(t,x)                       %绘制原始信号 x 的时域图
>> xlabel('时间序列 t');ylabel('原始信号 x(t)');
>> title('原始信号');
>> subplot(2,1,2)
>> y = dct(x);                     %计算序列 x 的离散余弦变换
>> plot(t,y)                       %DCT 变换后的时域图
>> xlabel('时间序列 t');ylabel('变换信号 y(t)');
>> title('DCT 变换');
```

运行结果如图 10.11 所示。

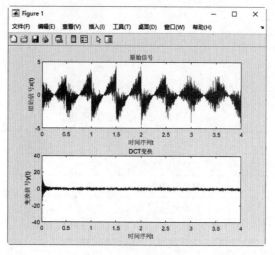

图 10.11　DCT 变换

10.4　希尔伯特变换

希尔伯特（Hilbert）变换是信号处理中的一种常用手段，数学定义如下：

设有一个实值函数 $x(t)$，其希尔伯特变换记作 $\hat{x}(t)$（或记作 $H[x(t)]$），即

$$\hat{x}(t) = H[x(t)] = \frac{1}{\pi} \int_{-\infty}^{\infty} \frac{x(\tau)}{t - \tau} \mathrm{d}\tau$$

反变换为

$$x(t) = H^{-1}[\hat{x}(t)] = -\frac{1}{\pi} \int_{-\infty}^{\infty} \frac{\hat{x}(\tau)}{t - \tau} \mathrm{d}\tau$$

10.4.1　希尔伯特变换的定义

希尔伯特变换的表达式实际上就是将原始信号和一个信号做卷积的结果。因此，希尔伯特变换可以看成是将原始信号通过一个滤波器，或者一个系统，这个系统的冲击响应为 $h(t)$，如图 10.12 所示。

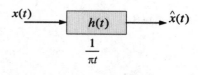

图 10.12　希尔伯特变换

Hilbert 本质上也是转向器，对应频率变换为

$$\frac{1}{\pi t} \Leftrightarrow \mathrm{jsign}(\omega)$$

即余弦信号的希尔伯特变换是正弦信号，又有

$$\frac{1}{\pi t} \cdot \frac{1}{\pi t} \Leftrightarrow \mathrm{jsign}(\omega) \cdot \mathrm{jsign}(\omega) = -1$$

即信号两次希尔伯特变换后是其自身相反数，因此正弦信号的希尔伯特是负的余弦。对应解析信号为

$$z(t) = x(t) + \mathrm{j}\hat{x}(t)$$

此操作实现了信号由双边谱到单边谱的转化。

10.4.2 希尔伯特变换函数

在 MATLAB 中，hilbert 命令用来表示基于希尔伯特变换的离散时间解析信号，其调用格式见表 10.18。

表 10.18 hilbert 命令的调用格式

命 令 格 式	说 明
z = hilbert(x)	将实数信号 x(n) 进行 Hilbert 变换，并得到解析信号 z(n)。如果 x 为矩阵，则返回每一列的解析信号
x = hilbert(xr,n)	使用 n 点快速傅里叶变换（FFT）计算希尔伯特变换。输入数据为零填充或截断为长度为 n

实例——信号的希尔伯特变换

源文件：yuanwenjian\ch10\hilbertbh.m

MATLAB 程序如下：

```
>> close all
>> clear
>> load noisyecg              %加载噪声信号，得到2000×1的变量 noisyECG_withTrend
>> x=noisyECG_withTrend';     %转置变量，定义信号 x
>> plot(x);                   %绘制信号波形
>> z=hilbert(x');             %信号 x 进行希尔伯特变换，返回解析信号 z
>> zi = imag(z);             %解析信号的实部就是原始实信号，虚部就是原信号的希尔伯特变换
>> hold on
>> plot(zi,'r--');            %绘制希尔伯特变换
>> legend('原始信号','信号 Hilbert 变换')
>> title('信号 Hilbert 变换');
```

运行结果如图 10.13 所示。

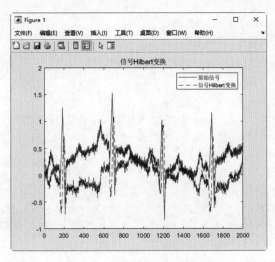

图 10.13 信号的希尔伯特变换

10.4.3 希尔伯特-黄变换函数

1998 年，Norden E. Huang（黄锷）等提出了经验模态分解方法，并引入了希尔伯特谱的概念和

希尔伯特谱分析的方法，美国国家航空和宇航局（NASA）将这一方法命名为希尔伯特-黄变换（Hilbert-Huang Transform，HHT）。

HHT 主要内容包含两部分：第一部分为经验模态分解（Empirical Mode Decomposition，EMD），它是由 Huang 提出的；第二部分为希尔伯特谱分析（Hilbert Spectrum Analysis，HSA）。

HHT 处理非平稳信号的基本过程如下。

➤ 利用 EMD 方法将给定的信号分解为若干固有模态函数（以 Intrinsic Mode Function，IMF，也称为本征模态函数），这些 IMF 是满足一定条件的分量。

➤ 对每一个 IMF 进行希尔伯特变换，得到相应的希尔伯特谱，即将每个 IMF 表示在联合的时频域中。

➤ 汇总所有 IMF 的希尔伯特谱就会得到原始信号的希尔伯特谱。

在 MATLAB 中，hht 命令用来对信号进行希尔伯特-黄变换，其调用格式见表 10.19。

表 10.19　hht 命令的调用格式

命 令 格 式	说　　明
hs = hht(imf)	对固有模态函数 imf 指定的信号进行希尔伯特谱分析，识别局部特征
hs = hht(imf,fs)	对采样率为 fs 的信号进行希尔伯特谱分析
[hs,f,t] = hht(…)	返回频率向量 f 和时间向量 t
[hs,f,t,imfinsf,imfinse] = hht(…)	返回瞬时频率 imfinsf、瞬时能量 imfinse
[…] = hht(…,Name,Value)	使用名称-值对参数指定附加选项，用于估计希尔伯特谱参数
hht(…)	在没有输出参数的情况下，在当前的图形窗口中绘制希尔伯特谱
hht(…,freqlocation)	用可选方法绘制希尔伯特谱图，freqlocation 参数指定频率轴的位置。默认情况下频率表示在 y 轴

实例——信号的希尔伯特-黄变换

源文件：yuanwenjian\ch10\hilbertybh.m

MATLAB 程序如下：

```
>> close all
>> clear
>> load relatedsig          %加载相关信号
>> fs = FsSig;              %利用加载的变量 FsSig 定义采样频率为 1000Hz
>> t = 0:1/fs:1-1/fs;       %定义信号采样时间序列
>> subplot(2,1,1);
>> plot(t,sig1,'r');        %绘制加载的信号 sig1 的时域图
>> title('原始信号');
>> subplot(2,1,2);
>> hht(sig1,fs,'FrequencyLimits',[0 10]);   %绘制信号 sig1 的希尔伯特谱，频率范围为 0～10Hz
>> title('信号 Hilbert 黄变换');
```

运行结果如图 10.14 所示。

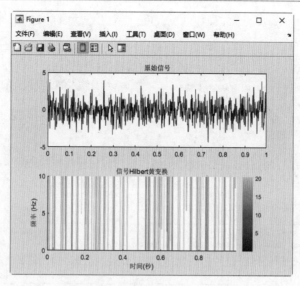

图 10.14　信号的希尔伯特-黄变换

10.4.4　信号包络

信号包络线是将一段时间长度的高频信号的峰值点连成线，反映高频信号幅度变化的曲线。当用一个低频信号对一个高频信号进行幅度调制（即调幅）时，低频信号就成了高频信号的包络线，这样的信号称为调幅信号。从调幅信号中将低频信号解调出来的过程，就称为包络检波，即幅度检波。

将任一平稳窄带高斯随机过程 $X(t)$ 表示为标准正态振荡的形式：

$$X(t) = A(t)\cos[\omega t + \varphi(t)]$$

式中：ω 为窄带随机过程的载波频率；$A(t)$ 和 $\varphi(t)$ 为 $X(t)$ 的包络和相位。包络即随机过程的振幅随着时间变化的曲线。

在 MATLAB 中，envelope 命令用来进行信号包络，其调用格式见表 10.20。

表 10.20　envelope 命令的调用格式

命 令 格 式	说　明
[yupper,ylower] = envelope(x)	分析信号 x 中实现的离散傅里叶变换，返回输入信号序列的上、下信号包络 yupper、ylower，作为其分析信号的幅度的方法
[yupper,ylower] = envelope(x,fl,'analytic')	参数 fl 表示希尔伯特滤波长度
[yupper,ylower] = envelope(x,wl,'rms')	参数 wl 表示窗长
[yupper,ylower] = envelope(x,np,'peak')	参数 np 表示波峰分离

实例——余弦信号的包络线

源文件：yuanwenjian\ch10\blx.m

MATLAB 程序如下：

扫一扫，看视频

```
>> close all
>> clear
>> fs = 1000;                    %定义采样频率为1000Hz
>> t = 0:1/fs:1-1/fs;            %定义信号采样时间序列
>> x = cos(2*pi*20*t) + 2*cos(20*pi*10*t) + 4*cos(2*pi*30*t) +
```

```
0.01*randn(1,length(t));                          %创建添加高斯噪声的余弦信号
   >> subplot(3,1,1);
   >> plot(t,x);                                   %原始信号时域图
   >> title('原始信号');
   >> [yupper,ylower] = envelope(x);              %计算输入信号序列 x 的上、下信号包络
   >> subplot(3,1,2);
   >> plot(t,x,t,yupper,'linewidth',1.5);         %原始信号和上包络线
   >> title('信号上包络线');
   >> subplot(3,1,3);
   >> plot(t,x,t,ylower,'linewidth',1.5);         %原始信号和下包络线
   >> title('信号下包络线');
```

运行结果如图 10.15 所示。

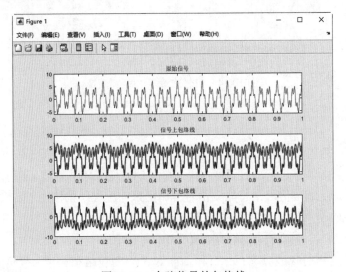

图 10.15　余弦信号的包络线

10.4.5　估计瞬时频率

希尔伯特变换通常用来得到解析信号，基于此原理，希尔伯特变换可以用来对窄带信号进行解包络，并求解信号的瞬时频率。

设有窄带信号：

$$x(t) = a(t)\cos[2\pi f_s t + \varphi(t)]$$

式中：f_s 为载波频率；$a(t)$ 为 $x(t)$ 的包络；$\varphi(t)$ 为 $x(t)$ 的相位调制信号。由于 $x(t)$ 是窄波信号，因此 $a(t)$ 也是窄波信号，可设为

$$a(t) = 1 + \sum_{m=1}^{M} X_m \cos(2\pi f_m t + \gamma_m)$$

式中：f_m 为调幅信号 $a(t)$ 的频率分量；γ_m 为 f_m 的各初相角。

对 $x(t)$ 进行希尔伯特变换，并求解解析信号，得到：

$$z(t) = e^{j[2\pi f_s + \varphi(t)]} \left[1 + \sum_{m=1}^{M} X_m \cos(2\pi f_m t + \gamma_m) \right]$$

设

$$A(t) = 1 + \sum_{m=1}^{M} X_m \cos(2\pi f_m t + \gamma_m)$$

$$\varPhi(t) = 2\pi f_s t + \varphi(t)$$

则解析信号可以重新表达为

$$z(t) = A(t)\mathrm{e}^{\mathrm{j}\varPhi(t)}$$

对比 $x(t)$ 表达式，容易发现

$$a(t) = A(t) = \sqrt{x^2(t) + \tilde{x}^2(t)}$$

$$\varphi(t) = \varPhi(t) - 2\pi f_s t = \arctan\frac{x(t)}{\tilde{x}(t)} - 2\pi f_s t$$

由此可以得出：对于窄带信号 $x(t)$，利用希尔伯特变换可以求解解析信号，从而得到信号的幅值解调 $a(t)$ 和相位解调 $\varphi(t)$，并可以利用相位解调求解频率解调 $f(t)$。因为

$$f(t) = \frac{1}{2\pi}\frac{\mathrm{d}\varphi(t)}{\mathrm{d}t} = \frac{1}{2\pi}\frac{\mathrm{d}\varPhi(t)}{\mathrm{d}t} - f_s$$

在 MATLAB 中，instfreq 命令用来计算复信号的瞬时频率，其调用格式见表 10.21。

表 10.21　instfreq 命令的调用格式

命令格式	说　明
ifq = instfreq(x,fs)	计算采样率为 fs 的信号 x 的瞬时频率
ifq = instfreq(x,t)	计算采样时间为 t 的信号 x(n)的瞬时频率
ifq = instfreq(xt)	计算存储在时间表内的信号 xt 的瞬时频率
ifq = instfreq(tfd,fd,td)	计算时频分布中频率为 fd 时间为 td 的信号的瞬时频率
ifq = instfreq(…,Name,Value)	使用一个或多个名称-值对参数设置附加选项
[ifq,t] = instfreq(…)	返回瞬时频率 ifq 和对应于 ifq 的采样时间序列
instfreq(…)	绘制估计的瞬时频率

实例——添加高斯白噪声信号的瞬时频率

源文件：yuanwenjian\ch10\sspl.m

MATLAB 程序如下：

扫一扫，看视频

```
>> close all
>> clear
>> fs = 1000;                    %定义采样频率为1000Hz
>> t = 0:1/fs:2-1/fs;            %定义信号采样时间序列
>> x=(1+0.5*cos(2*pi*5*t))*cos(2*pi*50*t+0.5*sin(2*pi*10*t));    %定义信号 x
>> y = awgn(x,10,'measured');    %在信号 x 中添加高斯白噪声，每一个采样点的信噪比为10，
                                   在添加噪声之前测量了 x 的能量
>> subplot(3,1,1);
>> plot(t,x);                    %x 的时域图
>> subplot(3,1,2);
>> plot(t,y);                    %y 的时域图
>> z = hilbert(y);               %希尔伯特变换，得到解析信号 z
>> subplot(3,1,3)
>> instfreq(z,fs);               %绘制估计的瞬时频率
```

运行结果如图 10.16 所示。

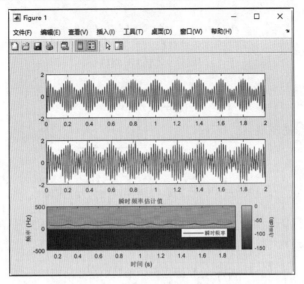

图 10.16　添加高斯白噪声信号的瞬时频率

10.4.6　快速沃尔什-阿达玛变换

沃尔什-阿达玛（Walsh-Hadamard）变换（简称阿达玛变换）是一种广义傅里叶变换，在数位信号处理大型集成电路算法的领域中，阿达玛变换是一种简单且重要的算法之一，主要能针对频谱做快速的分析。

使用四阶和八阶的阿达玛变换来计算 SATD（Sum of Absolute Transformed Difference，绝对变换差和），其变换矩阵分别为

$$\boldsymbol{H}_4 = \begin{bmatrix} 1 & 1 & 1 & 1 \\ 1 & -1 & 1 & -1 \\ 1 & 1 & -1 & -1 \\ 1 & -1 & -1 & 1 \end{bmatrix}$$

$$\boldsymbol{H}_8 = \begin{bmatrix} 1 & 1 & 1 & 1 & 1 & 1 & 1 & 1 \\ 1 & -1 & 1 & -1 & 1 & -1 & 1 & -1 \\ 1 & 1 & -1 & -1 & 1 & 1 & -1 & -1 \\ 1 & -1 & -1 & 1 & 1 & -1 & -1 & 1 \\ 1 & 1 & 1 & 1 & -1 & -1 & -1 & -1 \\ 1 & -1 & 1 & -1 & -1 & 1 & -1 & 1 \\ 1 & 1 & -1 & -1 & -1 & -1 & 1 & 1 \\ 1 & -1 & -1 & 1 & -1 & 1 & 1 & -1 \end{bmatrix}$$

SATD 计算方法具体来说，就是残差矩阵经过阿达玛变换得到系数矩阵，绝对值求和得到 SATD 值。

当计算 4×4 块[$\boldsymbol{L}_4$]的 SATD 时，先使用下面的方法进行二维的阿达玛变换：

$$[\boldsymbol{L}_4'] = [\boldsymbol{H}_4] \times [\boldsymbol{L}_4] \times [\boldsymbol{H}_4]$$

然后计算[$\boldsymbol{L}_4'$]所有系数绝对值之和并归一化。

类似地，当计算 8×8 块 $[L_8]$ 的 SATD 时，先使用下面的方法进行二维的阿达玛变换：

$$[L_8'] = [H_8] \times [L_8] \times [H_8]$$

然后计算 $[L_8']$ 所有系数绝对值之和并归一化。

在 MATLAB 中，fwht 命令对信号进行快速阿达玛变换，其调用格式见表 10.22。

表 10.22　fwht 命令的调用格式

命 令 格 式	说　　明
y = fwht(x)	计算对信号 x 的离散阿达玛变换
y = fwht(x,n)	计算信号 x 的 n 点离散阿达玛变换
y = fwht(x,n,ordering)	参数 ordering 为阿达玛变换系数的阶，可选值为 'sequency'：默认按升序值排序的系数，其中每一行都有一个额外的 0 交叉； 'hadamard'：正规阿达玛阶系数； 'dyadic'：系数按灰码顺序排列，其中单个比特从一个系数变化到另一个系数

在 MATLAB 中，ifwht 命令对信号进行快速阿达玛逆变换，其调用格式见表 10.23。

表 10.23　ifwht 命令的调用格式

命 令 格 式	说　　明
y = ifwht(x)	对信号 x 进行离散阿达玛逆变换，返回离散快速阿达玛变换的系数 y
y = ifwht(x,n)	计算信号 x 的 n 点离散阿达玛逆变换。n 必须是 2 的幂
y = ifwht(x,n,ordering)	ordering 为阿达玛逆变换系数的阶

实例——信号的阿达玛变换

源文件：yuanwenjian\ch10\hadamardbh.m

MATLAB 程序如下：

```
>> close all
>> clear
>> fs = 1000;              %定义采样频率为1000Hz
>> t = 0:1/fs:1-1/fs;      %定义信号采样时间序列
>> x = sinc(2*pi*10*t);    %sinc 信号
>> subplot(2,1,1)
>> plot(t,x)              %绘制随时间变化的 sinc 信号
>> title('原始信号')
>> subplot(2,1,2)
>> y=fwht(x);             %对信号 x 进行快速阿达玛变换，返回系数 y
>> N =1:length(y);        %N 为信号的序号序列
>> t=(N-1)/fs;            %定义采样时间序列
>> plot(t,y)             %绘制快速阿达玛变换后的信号
>> title('快速 Walsh-Hadamard 变换')
```

运行结果如图 10.17 所示。

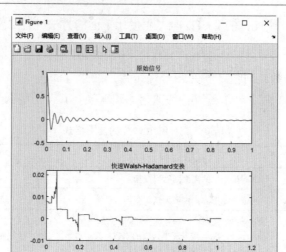

图 10.17　信号的阿达玛变换

第 11 章　数字滤波器基础

内容指南

在信号处理过程中，要处理的信号往往混有噪声，从接收到的信号中消除或减弱噪声是信号传输和处理中十分重要的问题。根据有用信号和噪声的不同特性，提取有用信号的过程称为滤波，实现滤波功能的系统称为滤波器。根据滤波器所处理的信号不同，滤波器主要分为模拟滤波器和数字滤波器两种形式。本章主要介绍数字滤波器。

内容要点

- ➢ 数字滤波器简介
- ➢ 数字滤波器设计
- ➢ 滤波器滤波
- ➢ 频率响应与脉冲响应

11.1　数字滤波器简介

数字滤波技术是数字信号分析、处理技术的重要分支。无论是信号的获取、传输，还是信号的处理和交换都离不开滤波技术，它对信号安全可靠和有效灵活地传输至关重要。在所有的电子系统中，使用最多技术、最复杂的就是数字滤波器。数字滤波器的优劣直接决定产品的优劣。

数字滤波器是由数字乘法器、加法器和延时单元组成的一种算法或装置。数字滤波器的功能是对输入离散信号的数字代码进行运算处理，以达到改变信号频谱的目的。

数字滤波器对信号滤波的方法是：用数字计算机对数字信号进行处理，处理就是按照预先编制的程序进行计算。数字滤波器的原理如图 11.1 所示，它的核心是数字信号处理器。

图 11.1　数字滤波器的原理

数字滤波器是一种具有频率选择性的离散线性系统，在信号数字处理中有着广泛的应用。数字滤波器的设计实际上是确定其系统函数 $H(z)$ 并实现的过程。

应用数字滤波器处理模拟信号（对应模拟频率）时，首先须对输入模拟信号进行限带、抽样和模/数转换。数字滤波器输入信号的数字频率（$2\pi \cdot f / f_s$，f 为模拟信号的频率，f_s 为采样频率，注意区别于模拟频率），按照奈奎斯特抽样定理，要使抽样信号的频谱不产生重叠，应小于折叠频率（为采样频率的一半），其频率响应具有以 2π 为间隔的周期重复特性，且以折叠频率，即以 $\omega=\pi$ 点对称。为得到模拟信号，数字滤波器处理的输出数字信号须经数/模转换、平滑。数字滤波器具有高精度、高可靠性、可程控改变特性或复用、便于集成等优点。数字滤波器在语言信号处理、图像信号处理、医学生物信号处理以及其他应用领域都得到了广泛应用。

11.1.1 滤波器分类

从功能上分，滤波器可以分为低通、高通、带通、带阻和全通滤波器。它们的理想幅频特性如图 11.2 所示。

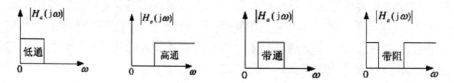

图 11.2　各种理想滤波器的幅频特性

- 低通滤波器：允许信号中的低频或直流分量通过，抑制高频分量或干扰和噪声。
- 高通滤波器：允许信号中的高频分量通过，抑制低频或直流分量。
- 带通滤波器：允许一定频段的信号通过，抑制低于或高于该频段的信号、干扰和噪声。
- 带阻滤波器：抑制一定频段内的信号，允许该频段以外的信号通过，又称为陷波滤波器。
- 全通滤波器：在全频带范围内，信号的幅值不会改变，也就是全频带内幅值增益恒等于 1。一般全通滤波器用于移相，也就是说，对输入信号的相位进行改变，理想情况是相移与频率成正比，相当于一个时间延时系统。

从设计方法上，滤波器可以分为切比雪夫（Chebyshev）滤波器，巴特沃斯（Butterworth）滤波器；从处理信号上，滤波器可以分为经典滤波器和现代滤波器。

- 经典滤波器：假定输入信号 $x(n)$ 中的有用成分和希望去除的成分各自占有不同的频带，当 $x(n)$ 经过一个线性系统（即滤波器）后，即可将希望去除的成分有效地去除，如图 11.3 所示。但如果信号和噪声的频谱相互重叠，那么经典滤波器将无能为力。

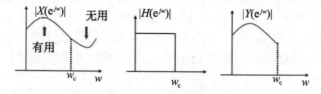

图 11.3　经典滤波器过滤

- 现代滤波器：从含有噪声的数据记录（又称时间序列）中估计出信号的某些特征或信号本身。一旦信号被估计出，那么估计出的信号将比原信号有较高的信噪比。现代滤波器把信号和噪声都视为随机信号，利用它们的统计特征（如自相关函数、功率谱等）导出一套最佳估值算法，然后用硬件或软件予以实现。现代滤波器包括维纳滤波器、卡尔曼滤波器、线性预测器和自适应滤波器等。

数字滤波器的结构根据单位冲激的长度可分为无限冲激响应滤波器（IIR）和有限冲激响应滤波器（FIR）。

> ➤ 无限冲激响应滤波器（IIR）：具有无限长持续时间脉冲响应 $h(n)$，$0 \leqslant n < \infty$，体现在差分方程中 $a_k \neq 0$。当前的输出 $y(n)$ 可以由输出的过去值 $y(n-k)$ 递推得到，常采用递归形式实现。

> ➤ 有限冲激响应滤波器（FIR）：具有有限长持续时间脉冲响应 $h(n)$，$0 \leqslant n < N-1$，体现在差分方程中 $a_k = 0$，与响应的过去值无关，采用非递归形式实现，即

$$y(n) = \sum_{k=0}^{M} b_k x(n-k) - \sum_{k=1}^{N} a_k y(n-k)$$

FIR 的滤波器是没有闭环的反馈的环路信号，它的结构比较简单，可以实现比较严格的线性方程相位计算。一般情况下，相位的要求不严格，不会使用 FIR 滤波器。

11.1.2　数字滤波器的发展及其现状

数字滤波是从 20 世纪 60 年代发展起来的，当时主要采用计算机模拟的方法研究数字滤波问题。到了 70 年代，开始将微处理器应用于数字滤波。但是微处理器速度不高，在很多场合都难以实现实时处理。随着 VLSI（Very Large Scale Integration，超大规模集成电路）技术的发展，使用硬件来实现数字滤波器已成为可能。80 年代，通用数字信号处理器的成熟和大量涌现，使得音频范围内数字滤波技术迅速得到广泛的应用。近些年来，除了不断提高通用信号处理器的速度和功能外，还出现了许多工作频率达 100MHz 以上的专用芯片和积木式部件，从而使数字滤波技术进入视频实时处理阶段。

在近代电信设备和各类控制系统中，数字滤波器应用极为广泛。在军事上被大量应用于导航、制导、电子对抗和战场侦察；在电力系统中被应用于能源分布规划和自动检测；在环境保护领域被应用于对空气污染和噪声干扰的自动监测；在经济领域被应用于股票市场预测和经济效益分析。

1．语音处理

语音处理是最早应用数字滤波器的领域之一，也是最早推动数字信号处理理论发展的领域之一。该领域主要包括五个方面的内容：

（1）语音信号分析，即对语音信号的波形特征、统计特性、模型参数等进行分析计算。

（2）语音合成，即利用专用数字硬件或在通用计算机上运行软件来产生语音。

（3）语音识别，即用专用硬件或计算机识别人讲的话，或者识别说话的人。

（4）语音增强，即从噪声或干扰中提取被掩盖的语音信号。

（5）语音编码，主要用于语音数据压缩，目前已经建立了一系列语音编码的国际标准，大量用于通信和音频处理。

2．图像处理

数字滤波技术已成功地应用于静止图像和活动图像的恢复与增强、数据压缩、去噪声和干扰、图像识别以及层析 X 射线摄影，还成功地应用于雷达、声呐、超声波和红外信号的可见图像成像。

3．通信

在现代通信技术领域内，几乎没有一个分支不受到数字滤波技术的影响。信源编码、信道编码、调制、多路复用、数据压缩以及自适应信道均衡等，都广泛地采用数字滤波器，特别是在数字通信、网络通信、图像通信、多媒体通信等应用中，离开了数字滤波器，几乎是寸步难行。其中，被认为是通信技术未来发展方向的软件无线电技术，更是以数字滤波技术为基础。

4．电视

数字电视取代模拟电视已是必然趋势。高清晰度电视普及率显著提升；可视电话和会议电视产品不断更新换代。视频压缩和音频压缩技术所取得的成就和标准化工作，促成了电视领域产业的蓬勃发展，而数字滤波器及其相关技术是视频压缩和音频压缩技术的重要基础。

5．雷达

雷达信号占有的频带非常宽，数据传输速率也非常高，因而压缩数据量和降低数据传输速率是雷达信号数字处理面临的首要问题。高速数字器件的出现促进了雷达信号处理技术的进步。在现代雷达系统中，数字信号处理部分是不可缺少的，因为从信号的产生、滤波、加工到目标参数的估计和目标成像显示都离不开数字滤波技术。雷达信号的数字滤波器是当今十分活跃的研究领域之一。

6．声呐

声呐信号处理分为两大类，即有源声呐信号处理和无源声呐信号处理，有源声呐系统涉及的许多理论和技术与雷达系统相同。例如，它们都要产生和发射脉冲式探测信号，其信号处理任务都主要是对微弱的目标回波进行检测和分析，从而达到对目标进行探测、定位、跟踪、导航、成像显示等目的，它们要应用到的主要信号处理技术包括滤波、门限比较、谱估计等。

7．生物医学信号处理

数字滤波器在医学中的应用日益广泛，如对脑电图和心电图的分析、层析 X 射线摄影的计算机辅助分析、胎儿心音的自适应检测等。

8．音乐

数字滤波器为音乐领域开辟了一个新局面。在对音乐信号进行编辑、合成，以及在音乐中加入交混回响、合声等特殊效果方面，数字滤波技术都显示出了强大的威力。数字滤波器还可用于作曲、录音和播放，或对旧录音带的音质进行恢复等。

11.1.3　数字滤波器的实现方法

数字滤波器在语言信号处理、图像信号处理、医学生物信号处理以及其他应用领域都得到了广泛应用。数字滤波器的实现，大体上有如下几种方法。

（1）用单片机来实现。目前单片机的发展速度很快，功能也很强，依靠单片机的硬件环境和信号处理软件可用于工程实际，如数字控制、医疗仪器等。

（2）用 DSP 来实现。DSP 芯片较之单片机有着更为突出的优点，如内部带有乘法器、累加器，采用流水线工作方式及并行结构，多线程、速度快，配有适用于信号处理指令等，DSP 芯片的问世及飞速发展，为信号处理技术应用于工程实际提供了可能。

（3）在通用的微型计算机上用软件的方法来实现。软件可以由自己编写或者使用现成的。自 IEE DSP Co.于 1979 年推出第一个信号处理软件包以来，国外的研究机构也陆续推出不同语言、不同用途的信号处理软件包。MATLAB 具有良好的工作平台及编程环境、简单易用的程序语言、强大的科学计算机数据处理能力和出色的图形处理功能等。因此，本章节主要采用 MATLAB 来实现 FIR 数字滤波器的设计。

11.2　数字滤波器设计

对于数据滤波部分，研究常常采用 Savitzky-Golay 滤波器和脉冲成型滤波器。本节简要介绍这两种滤波器在 MATLAB 中的设计。

11.2.1　Savitzky-Golay 滤波器设计

Savitzky-Golay 滤波器通常简称为 S-G 滤波器，最初由 Savitzky 和 Golay 于 1964 年提出，之后被广泛地运用于平滑具有较大频率跨度的噪声信号，是一种在时域内基于局域多项式最小二乘法拟合的滤波方法。这种滤波器比标准平均 FIR 滤波器更容易滤除信号的高频内容，其最大的特点在于在滤除噪声的同时可以确保信号的形状、宽度不变。但当噪音水平特别高时，该滤波器在抑制噪音方面却不太成功。

在 MATLAB 中，sgolay 命令用于创建 Savitzky-Golay 滤波器，其调用格式见表 11.1。

表 11.1　sgolay 命令的调用格式

命 令 格 式	说　　明
b = sgolay(order,framelen)	创建 Savitzky-Golay FIR 平滑滤波器，阶数为 order、帧长为 framelen，返回 Savitzky-GolayFIR 滤波器系数 b
b = sgolay(order,framelen,weights)	创建 Savitzky-Golay FIR 平滑滤波器，阶数为 order、帧长为 framelen、加权为 weights
[b,g] = sgolay(…)	在以上任一语法格式的基础上，还返回信号滤波器微分矩阵 g

实例——绘制 S-G 滤波器频谱图

源文件：yuanwenjian\ch11\sgolay_lbpp.m

MATLAB 程序如下：

```
>> close all
>> clear
>> load OscillationData        %加载电力系统次同步振荡数据 x、时间序列 t、采样频率 fs
>> order = 4;                   %滤波器阶数
>> framelen = 21;              %帧长
>> b = sgolay(order,framelen); %创建 Savitzky-Golay 滤波器，返回滤波器系数 b
>> y = fftfilt(b,x);           %计算滤波器滤波信号
>> pspectrum(y)               %绘制滤波器滤波后信号的频谱图
```

运行结果如图 11.4 所示。

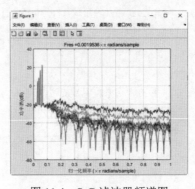

图 11.4　S-G 滤波器频谱图

11.2.2　脉冲成型滤波器设计

在数字通信系统中，基带信号进入调制器前，波形是矩形脉冲，突变的上升沿和下降沿包含高频成分较丰富，信号的频谱一般比较宽。从本质上说，脉冲成型就是一种滤波，成型滤波的作用是保证采样点不失真。

数字通信系统的信号都必须在一定的频带内，但是基带脉冲信号的频谱是一个 Sa 函数，在频带上是无限宽的，单个符号的脉冲将会延伸到相邻符号码元内产生码间串扰，这样就会干扰到其他信号，这是不允许的。为了消除干扰，信号在发射之前要进行脉冲成型滤波，把信号的频率约束在带内。因此，在信道带宽有限的条件下，要降低误码率提升信道频带利用率，需要在信号传输前对其进行脉冲成型处理，改善其频谱特性，产生适合信道传输的波形。

常用的脉冲成型滤波器有 RC 脉冲成型（升阶余弦）滤波器、高斯 FIR 脉冲成型滤波器等。

1．RC 脉冲成型滤波器

在 MATLAB 中，rcosdesign 命令用于创建 RC 脉冲成型滤波器，其调用格式见表 11.2。

表 11.2　rcosdesign 命令的调用格式

命 令 格 式	说　　明
b = rcosdesign(beta,span,sps)	创建滚降系数为 beta 的升阶余弦 FIR 脉冲成型滤波器，截断的符号数为 span，单个符号的采样个数为 sps，返回 Savitzky-Golay FIR 滤波器系数 b
b = rcosdesign(beta,span,sps,shape)	在上一语法格式的基础上，指定升阶余弦窗的形状 shape。值为 normal 时，返回升阶余弦 FIR 滤波器；值为 sqrt 时，返回平方根升阶余弦滤波器

实例——绘制 RC 脉冲成型滤波器频谱图

源文件：yuanwenjian\ch11\rcosdesign_lbpp.m

MATLAB 程序如下：

```
>> close all
>> clear
>> load kobe                     %加载某地震记录的负荷地震仪数据 kobe，数据采样频率为 1Hz
>> fs=1000;                      %定义信号采样频率为 1000Hz
>> t = 0:1/fs:1-1/fs;            %定义采样时间序列
>> x = kobe;                     %定义信号 x
>> order = 4;                    %阶数
>> framelen = 21;               %帧长
>> b = rcosdesign(0.25,6,4);    %创建升阶余弦 FIR 脉冲成型滤波器，指定滚降系数为 0.25，将过滤
                                 器截断为 6 个符号，每个符号用 4 个样本表示
>> y = fftfilt(b,x);            %计算滤波器滤波信号
>> tiledlayout(2,1)
>> nexttile;
>> pspectrum(x)                 %绘制原始信号的功率谱
>> title('Original Data Pspectrum')
>> nexttile;
>> pspectrum(y)                 %绘制滤波器滤波后信号的功率谱
>> title('Filtered Data Pspectrum');
```

运行结果如图 11.5 所示。

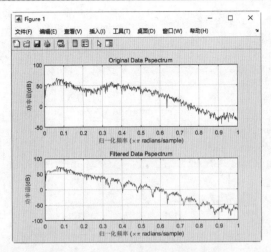

图 11.5　RC 脉冲成型滤波器频谱图

2. 高斯 FIR 脉冲成型滤波器

高斯 FIR 脉冲成型滤波器是一种用于高斯最小移位键控的基带脉冲成型滤波器。

在 MATLAB 中，gaussdesign 命令用于创建低通 FIR 高斯脉冲成型滤波器，其调用格式见表 11.3。

表 11.3　gaussdesign 命令的调用格式

命 令 格 式	说 明
h = gaussdesign(bt,span,sps)	设计一个低通 FIR 高斯脉冲成型滤波器，返回时变 FIR 滤波器系数 h，3dB 带宽符号时间乘积为 bt，截断符号数为 span，每个符号的样本数为 sps

扫一扫，看视频

实例——绘制语音信号滤波器频谱图

源文件：yuanwenjian\ch11\yylbpp.m

MATLAB 程序如下：

```
>> close all
>> clear
>> load Strong                    %加载语音数据集，包含变量 him、her、Fs
>> fs=1000;                       %定义信号采样频率为 1000Hz
>> t = 0:1/fs:1-1/fs;             %定义采样时间序列
>> x = him(1:1000)';              %定义信号 x
>> bt = 0.3;                      %脉冲的带宽为 3dB，相当于比特率的 0.3
>> span = 4;                      %滤波器截断符号个数
>> sps = 8;                       %每个符号表示样本数
>> b = gaussdesign(bt,span,sps);  %设计一个低通 FIR 高斯脉冲成型滤波器
>> y = fftfilt(b,x);              %计算滤波器滤波信号
>> tiledlayout(2,2)
>> nexttile;
>> plot(t,x)                      %绘制原始信号
>> title('Original Data')
>> nexttile;
>> plot(t,y)                      %绘制滤波后信号
>> title('Filtered Data ');
>> nexttile;
>> pspectrum(x)                   %绘制原始信号的功率谱
```

```
>> title('Original Data Pspectrum')
>> nexttile;
>> pspectrum(y)                        %绘制滤波器滤波后信号的功率谱
>> title('Filtered Data Pspectrum');
```

运行结果如图 11.6 所示。

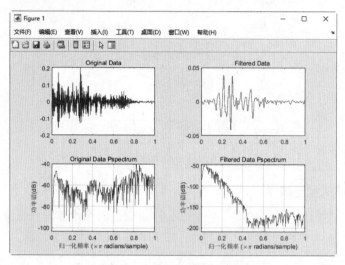

图 11.6　语音信号滤波器频谱图

11.3　滤波器滤波

本节简要介绍数字滤波器的一般设计方法、幅值响应，以及利用 MATLAB 函数创建一维数字滤波器和二维数字滤波器的方法。

11.3.1　滤波器设计方法

数字滤波器设计方法一般有以下两种。

1. 利用模拟滤波器的理论设计数字滤波器

先设计一个合适的模拟滤波器，然后变换成满足预定指标的数字滤波器。模拟的网络综合理论已经发展得很成熟，有许多高效率的设计方法。

很多常用的模拟滤波器不仅有简单而严格的设计公式，而且设计参数已表格化，设计起来方便、准确，因此可将这些理论继承下来，作为设计数字滤波器的工具。

2. 最优化设计方法

最优化设计方法分为以下两步。

（1）确定一种最优准则，如最小均方误差准则，使设计出的实际频率响应的幅度特性 $|H(\mathrm{e}\mathrm{j}\omega)|$ 与所要求的理想频率响应 $|H_\mathrm{d}(\mathrm{e}^{\mathrm{j}\omega})|$ 的均方误差最小，即

$$\sum_{y=1}^{M}\Big[\big|H(\mathrm{e}^{\mathrm{j}\omega})\big|-\big|H_\mathrm{d}(\mathrm{e}^{\mathrm{j}\omega})\big|\Big]^2=\min$$

此外还有其他多种误差最小原则。

（2）在此最佳准则下，通过迭代运算求滤波器的系数 a_i、b_i。

因为数字滤波器在很多场合所要完成的任务与模拟滤波器相同，如作低通、高通、带通及带阻网络等，这时数字滤波也可看作是"模仿"模拟滤波。因此第一种方法用得较为普遍，如 IIR 滤波器的设计。但随着计算机技术的发展，最优化设计方法的使用逐渐增多。

11.3.2　数字滤波器的幅值响应

在 MATLAB 中，designfilt 命令用于打开、编辑滤波器设计工具，其调用格式见表 11.4。

表 11.4　designfilt 命令的调用格式

命 令 格 式	说 明
d = designfilt(resp,Name,Value)	设计响应类型为 resp 的数字滤波器 d，使用一个或多个名称-值对参数指定滤波器阶数、频率约束、幅度约束、设计方法等参数
designfilt(d)	打开滤波器设计助手，编辑现有的数字滤波器 d

滤波器参数说明见表 11.5。

表 11.5　滤波器参数说明

命 令		说 明	参 数 值
'FilterOrder'		滤波器阶数	正整数
'NumeratorOrder'		分子阶数	正整数
'DenominatorOrder'		分母阶数	正整数
频率约束	'PassbandFrequency'	通带频率	正数
	'StopbandFrequency'	阻带频率	正数
	'CutoffFrequency'	6dB 频率	正数
	'HalfPowerFrequency'	3dB 频率	正数
	'TransitionWidth'	过渡带宽	正数
	'Frequencies'	响应频率	正数
	'NumBands'	频段数	正数
	'BandFrequencies1'	多频段响应频率	矢量
幅值约束	'PassbandRipple'	通带纹波	1，正数
	'StopbandAttenuation'	阻带衰减	默认为 60，正数
	'Amplitudes'	期望响应幅度	矢量
	'BandAmplitudes1'	多频段响应幅度	矢量
'DesignMethod'		设计方法	'butter'、'cheby1'、'cheby2'、'cls'、'ellip'、'equiripple'、'freqsamp'、'kaiserwin'、'ls'、'maxflat'、'window'
设计方法选择	'Window'	窗	数值向量、窗口名称、功能手柄、单元阵列
	'MatchExactly'	频段匹配	'stopband'、'passband'、'both'
	'PassbandOffset'	通带偏移	0（默认）正标量
	'ScalePassband'	通带缩放	true（默认）false
	'ZeroPhase'	零相位	false（默认）true
	'PassbandWeight'	通带优化权重	1（默认）正标量
	'StopbandWeight'	阻带优化权重	1（默认）正标量
	'Weights'	优化权重	1（默认）正标量、矢量、'BandWeights1'、'...'
	'BandWeightsN'	多频段权重	1（默认）正标量、矢量
'SampleRate'		采样率	2（默认）正标量

滤波器可视化工具是一种交互式工具，可以显示滤波器的大小、相位响应、群延迟、脉冲响应、阶跃响应、零极点图和系数。

在 MATLAB 中，fvtool 命令用于打开滤波器可视化工具，其调用格式见表 11.6。

表 11.6 fvtool 命令的调用格式

命 令 格 式	说　明
fvtool(b,a)	打开 FVTool 并显示数字滤波器的幅值响应
fvtool(sos)	打开 FVTool 并显示由 L×6 矩阵表示的二阶截面
fvtool(d)	打开 FVTool 并显示数字滤波器的幅值响应 d
fvtool(b1,a1,b2,a2,...,bN,aN)	打开 FVTool 并显示多个滤波器的大小响应
fvtool(sos1,sos2,...,sosN)	打开 FVTool 并显示由二阶截面矩阵定义的多个滤波器的幅值响应
fvtool(Hd)	打开 FVTool 并显示 dfilt 过滤对象 Hd
fvtool(Hd1,Hd2,...,HdN)	在 Dfilt 对象中打开 FVTool，显示数字滤波器 Hd1、Hd2、...、HdN 的幅值响应
h = fvtool(...)	返回数字句柄 h

扫一扫，看视频

实例——滤波器可视化

源文件：yuanwenjian\ch11\kshlbq.m

MATLAB 程序如下：

```
>> close all
>> clear
>> hpFilt = designfilt('highpassfir','StopbandFrequency',0.25, ...
            'PassbandFrequency',0.35,'PassbandRipple',0.5, ...
            'StopbandAttenuation',65,'DesignMethod','blackman'); %使用布莱克曼窗口设计
具有归一化阻带频率的最小阶高通 FIR 滤波器，角频率为 0.25πrad/s，通带频率 0.35πrad/s，通带纹波 0.5dB，
阻带衰减为 65dB
>> fvtool(hpFilt)                %可视化滤波器设计结果
```

执行 designfilt 命令后，弹出"滤波器设计助手"对话框，如图 11.7 所示；单击"是"按钮，弹出一个提供生成代码的新对话框，显示程序中定义的参数，如图 11.8 所示；可以根据需要修改参数值，然后单击"OK"按钮关闭对话框。

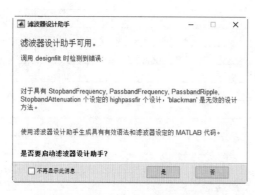

图 11.7　"滤波器设计助手"对话框 1

图 11.8　"滤波器设计助手"对话框 2

运行结果如图 11.9 所示。

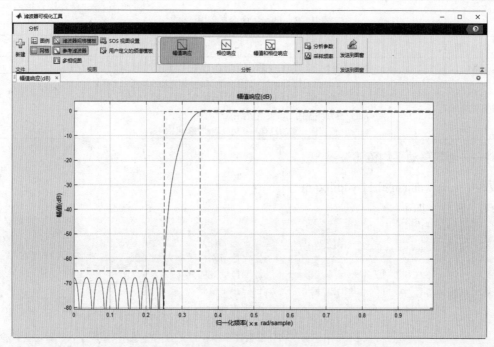

图 11.9　滤波器可视化工具显示幅值响应

11.3.3　创建数字滤波器

滤波器是一种数据处理技术，可以滤掉数据中的高频波动部分或从数据中删除特定频率的周期，使波形平滑。

Z 变换域上的向量运算是使用一个有理传递函数来处理 FIR 和 IIR 滤波器，有理传递函数的形式：

$$Y(z) = \frac{b(1) + b(2)z^{-1} + \cdots + b(n_b + 1)z^{-n_b}}{1 + a(2)z^{-1} + \cdots + a(n_a + 1)z^{-n_a}} X(z)$$

式中：n_a 为反馈筛选器的顺序；n_b 为前馈过滤顺序。由于正常化，假设 $a(1) = 1$。

还可以将有理传递函数表示为差分方程：

$$a(1)y(n) = b(1)x(n) + b(2)x(n-1) + \cdots + b(n_b + 1)x(n - n_b)$$
$$-a(2)y(n-1) - \cdots - a(n_a + 1)y(n - n_a)$$

在 MATLAB 中，filter 命令用于创建一维数字滤波器，是实现移动平均值滤波器的一种方式，它是一种常见的数据平滑技术，其调用格式见表 11.7。

表 11.7　filter 命令的调用格式

命令格式	说　明
y = filter(b,a,x)	使用有理传递函数的分子系数 b、分母系数 a 创建一维数字滤波器，对输入信号 x 进行滤波，返回滤波后的信号 y
y = filter(b,a,x,zi)	使用指定的系数向量 a 和 b 对输入数据 x 进行滤波，表示 zi 指定滤波器延迟的初始条件
y = filter(b,a,x,zi,dim)	在上一语法格式的基础上，使用 dim 指定计算维度
[y,zf] = filter(...)	在以上任一语法格式的基础上，返回滤波器延迟的最终条件 zf

在 MATLAB 中，filter2 命令用于创建二维数字滤波器，其调用格式见表 11.8。

表 11.8　filter2 命令的调用格式

命　令　格　式	说　　　明
Y = filter2(H,X)	根据矩阵 H 中的系数，对数据矩阵 X 应用有限脉冲响应滤波
Y = filter2(H,X,shape)	在上一语法格式的基础上，使用参数 shape 指定滤波数据的子区。 'same'：默认值，返回滤波数据的中心部分，大小与 X 相同； 'full'：返回完整的二维滤波数据； 'valid'：仅返回计算的没有补 0 边缘的滤波数据部分

扫一扫，看视频

实例——创建移动平均值滤波器

源文件：yuanwenjian\ch11\ydpjlbq.m

MATLAB 程序如下：

```
>> close all
>> clear
>> fs=100;                    %定义信号采样频率为100Hz
>> t = 0:1/fs:1-1/fs;         %波形持续时间为1s
>> x = sin(2*pi*10*t.^3).^2;  %创建正弦信号
>> a = 1;                     %有理传递函数的分母系数
>> b = [1/4 1/4 1/4 1/4];     %有理传递函数的分子系数
>> y = filter(b,a,x);         %使用由分子和分母系数b和a定义的有理传递函数对输入数据x进行滤波，返
回滤波后的数据y
>> plot(t,x,'--',t,y,'r-')    %绘制原始数据和滤波后的数据
>> legend('Original Data','Filtered Data')
```

运行结果如图 11.10 所示。

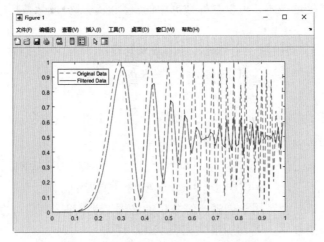

图 11.10　正弦波信号的移动平均值滤波器

11.4　频率响应与脉冲响应

　　频率响应是指将一个以恒电压输出的音频信号与系统相连接时，音箱产生的声压随频率的变化发生增大或衰减、相位随频率发生变化的现象，这种声压和相位与频率的相关联的变化关系称为频率响应。频率响应也指在振幅允许的范围内，音响系统能够重放的频率范围，以及在此范围内信号的变化量。

脉冲响应，指在一个输入上施加一个脉冲函数引起的时间响应，描述了时域中的线性系统，并通过傅里叶变换与传递函数相对应。

11.4.1　数字滤波器的频率响应

频率响应包括幅频响应和相频响应，表述了一个测试系统输入和输出的频域关系。

频率响应的表示方法如下：

$$A \cdot u(f) = Au(f) < \phi(f)$$

式中：$Au(f)$ 为幅频特性；$\phi(f)$ 为相频特性。

设数字滤波器的输入为 $x(k)$，输出为 $y(k)$，则该滤波器可用差分方程表示为

$$y(k) + \sum_{i=1}^{N} a(i)y(k-i) = \sum_{i=0}^{M} b(i)x(k-i)$$

其传递函数为

$$H(z) = \frac{b(0) + b(1)z^{-1} + \cdots + b(M)z^{-M}}{1 + a(1)z^{-1} + \cdots + a(N)z^{-N}}$$

式中：$a(i)(i=1,2,\cdots,N)$ 和 $b(i)(i=1,2,\cdots,M)$ 分别是数字滤波器分母多项式和分子多项式的系数。

数字滤波器的频率响应 $H(\omega)$ 为

$$H(\omega) = \frac{b(0) + b(1)\mathrm{e}^{-\mathrm{j}\omega} + \cdots + b(M)\mathrm{e}^{-\mathrm{j}M\omega}}{1 + a(1)\mathrm{e}^{-\mathrm{j}\omega} + \cdots + a(N)\mathrm{e}^{-\mathrm{j}M\omega}}$$

即

$$H(\omega) = \mathrm{Re}[H(\omega)] + \mathrm{j}\,\mathrm{Im}[H(\omega)]$$
$$= |H(\omega)|\mathrm{e}^{\mathrm{j}\varphi(\omega)}$$

式中：$|H(\omega)|$ 为数字滤波器的幅频响应，若用分贝表示，则为 $20\log_{10}|H(\omega)|$(dB)。数字滤波器的相频响应可表示为

$$\varphi(\omega) = \arctan^{-1}\left(\frac{\mathrm{Im}[H(\omega)]}{\mathrm{Re}[H(\omega)]}\right)$$

在 MATLAB 中，freqz 命令用于显示数字滤波器的频率响应，其调用格式见表 11.9。

表 11.9　freqz 命令的调用格式

命 令 格 式	说　　明
[h,w] = freqz(b,a,n)	返回数字滤波器的 n 点频率响应矢量 h 和相应的角频率矢量 w，其中分子和分母多项式系数分别存储在 b 和 a 中
[h,w] = freqz(sos,n)	返回对应于二阶截面矩阵 sos 的 n 点复频率响应
[h,w] = freqz(d,n)	返回数字滤波器 d 的 n 点复频率响应
[h,w] = freqz(…,n,'whole')	返回整个单位圆周围的 n 个采样点的频率响应
[h,f] = freqz(…,n,fs)	返回分别存储在 b 和 a 中的分子和分母多项式系数的数字滤波器的频率响应 h 与相应的物理频率 f，给定采样率 fs
[h,f] = freqz(…,n,'whole',fs)	返回包含 n 个 0～fs 之间的频率点向量 f
h = freqz(…,w)	返回单位的归一化频率 w 处的频率响应 h

续表

命 令 格 式	说　明
h = freqz(…,f,fs)	返回物理频率 f 中提供的采样频率 fs 处的频率响应 h
freqz(…)	绘制滤波器的频率响应图

扫一扫，看视频

实例——绘制功率谱密度估计

源文件：yuanwenjian\ch11\psdgj.m

MATLAB 程序如下：

```
>> clear
>> A = [1 -2.7607 3.8106 -2.6535 0.9238];    %创建一个 AR(4) 系统函数
>> [h,f] = freqz(1,A,[],1);                  %计算系统的频率响应 h 和频率 f
>> plot(f,20*log10(abs(h)))                  %绘制系统的 PSD（功率谱密度）图
>> xlabel('Frequency (Hz)')
>> ylabel('PSD (dB/Hz)')
```

运行结果如图 11.11 所示。

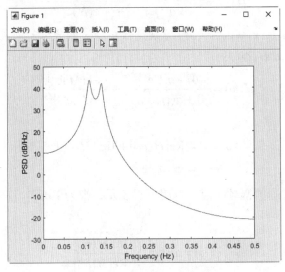

图 11.11　功率谱密度估计

扫一扫，看视频

实例——滤波器频率响应

源文件：yuanwenjian\ch11\plfzxy.m

MATLAB 程序如下：

```
>> close all
>> clear
>> fs = 10000;              %定义信号采样频率
>> fcuts = [1000 2000];     %定义信号频率范围，即信号的带宽
>> mags = [1 0];            %定义信号幅值范围，即信号的带幅 a
>> devs = [0.05 0.01];      %指定每个频带的输出滤波器的频率响应与其频带幅度之间的最大允许偏差
>> [n,Wn,beta,ftype] = kaiserord(fcuts,mags,devs,fs);%计算滤波器估计参数，包括阶数、归一化
                                                      频带边界、形状因子和滤波器类型
>> hh = fir1(n,Wn,ftype,kaiser(n+1,beta),'noscale');%根据估计的参数设计 FIR 滤波器
>> freqz(hh,1,1024,fs)      %绘制滤波器频率响应
```

```
>> title('滤波器频率响应');
```

运行结果如图 11.12 所示。

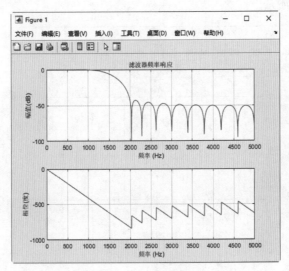

图 11.12   滤波器频率响应

11.4.2   数字滤波器的脉冲响应

在信号与电路理论等学科中，脉冲响应也称为冲激响应，一般是指系统在输入为单位冲激函数时的输出（响应）。

对于任意的输入序列，线性系统的输出表示为脉冲响应函数与输入的卷积，可表示为

$$y[n] = x[n] \otimes h[n] = \sum_{m=-\infty}^{n} x[m]h[n-m]$$

式中：$y[n]$ 为卷积输出；$x[n]$ 为输入序列；$h[n]$ 为脉冲响应。

在 MATLAB 中，impz 命令用于显示数字滤波器的脉冲响应，其调用格式见表 11.10。

表 11.10   impz 命令的调用格式

命 令 格 式	说 明
[h,t] = impz(b,a)	返回数字滤波器的脉冲响应 h 和相应的时间 t，其中分子和分母系数分别存储在 b 和 a 中
[h,t] = impz(sos)	返回对应于二阶截面矩阵 sos 的脉冲响应 h 和相应的时间 t
[h,t] = impz(d)	返回数字滤波器 d 的脉冲响应 h 和相应的时间 t
[h,t] = impz(...,n)	在以上任一语法格式的基础上，使用参数 n 指定要计算的脉冲响应样本数
[h,t] = impz(...,n,fs)	在以上任一语法格式的基础上，使用参数 fs 指定采样频率
impz(...)	绘制滤波器的脉冲响应图

实例——计算传递函数脉冲响应

源文件：yuanwenjian\ch11\mcxy.m

MATLAB 程序如下：

扫一扫，看视频

```
>> clear
>> a = [1 0.4 1];                    %定义滤波器传递函数分母系数
```

```
>> b = [0.2 0.3 1];          %定义滤波器传递函数分子系数
>> impz(b,a)                  %绘制滤波器的脉冲响应图
```

运行结果如图 11.13 所示。

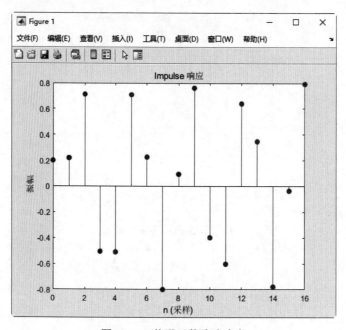

图 11.13　传递函数脉冲响应

第 12 章　FIR 滤波器设计

内容指南

FIR 系统被称为"有限长单位脉冲响应系统"，其单位脉冲响应是一个有限长序列。本章主要介绍在 MATLAB 中，FIR 滤波器的设计、线性相位 FIR 滤波器的特性及设计，以及窗函数法进行 FIR 滤波器设计的操作。

内容要点

➤ FIR 滤波器基础
➤ 线性相位 FIR 滤波器的特性及设计
➤ 窗函数法 FIR 滤波器设计

12.1　FIR 滤波器基础

FIR 数字滤波器的差分方程描述为

$$y(n) = \sum_{i=0}^{N-1} a_i x(n-i) \tag{12.1}$$

对应的系统函数为

$$H(z) = \sum_{i=0}^{N-1} a_i z^{-i} \tag{12.2}$$

由于它是一种线性时不变系统，也可用卷积和形式表示为

$$y(n) = \sum_{i=0}^{N-1} h(i) x(n-i) \tag{12.3}$$

比较式（12.1）和式（12.3）得：$a_i = h(i)$，$H(z) = \sum_{i=0}^{N-1} h(i) z^{-i}$，设计任务是求 $h(i)$。

12.1.1　FIR 滤波器的结构

FIR 网络结构特点是没有反馈支路，即没有环路，其单位脉冲响应是有限长的。设单位脉冲响应 $h(n)$ 长度为 N，FIR 数字滤波器系统函数一般形式为

$$H(z) = \sum_{n=0}^{N-1} h(n) z^{-n} = h(0) + h(1) z^{-1} + h(2) z^{-2} + \cdots + h(N-1) z^{-N+1}$$

$$= \frac{h(0) z^{N-1} + h(1) z^{N-2} + \cdots + h(N-1)}{z^{N-1}}$$

式中：系统的单位冲激响应 $h(n)$ 在有限个值不为 0；系统函数 $H(z)$ 在 $|z| > 0$ 处收敛，$N-1$ 个极点全部位于 $z = 0$ 处，$N-1$ 个零值点可在 z 平面任意位置；没有输出到输入间的反馈，不存在稳定性问题。差分方程形式如下：

$$y(n) = \sum_{k=0}^{N-1} h(k)x(n-k)$$

FIR 滤波器的结构包括直接型结构、级联型结构、频率采样型结构和快速卷积型结构。

1. 直接型结构

FIR 滤波器系统所对应的是非递归差分方程如下：

$$y(n) = \sum_{k=0}^{M} b_k x(n-k)$$

即

$$y(n) = b_0 x(n) + b_1 x(n-1) + b_2 x(n-2) + \Lambda + b_M x(n-M)$$

根据差分方程，可得到 FIR 滤波器的直接型结构，如图 12.1 所示。

图 12.1　FIR 滤波器的直接型结构

2. 级联型结构

FIR 滤波器在实现时系数量化会受到有限字长效应等的影响，从而产生误差。为了减少这些误差，有效的方法是把高阶滤波器分解成若干个二阶或一阶（阶数为奇数的情况下）滤波器子系统，然后再将它们级联起来，如图 12.2 所示。

$$H(z) = b_0 + b_1 z^{-1} + \cdots + b_{M-1} z^{1-M}$$

$$= b_0 \left(1 + \frac{b_1}{b_0} z^{-1} + \cdots + \frac{b_{M-1}}{b_0} z^{1-M} \right)$$

$$= b_0 \prod_{k=1}^{K} (1 + \beta_{k,1} z^{-1} + \beta_{k,2} z^{-2})$$

$$K = [M / 2]$$

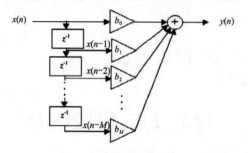

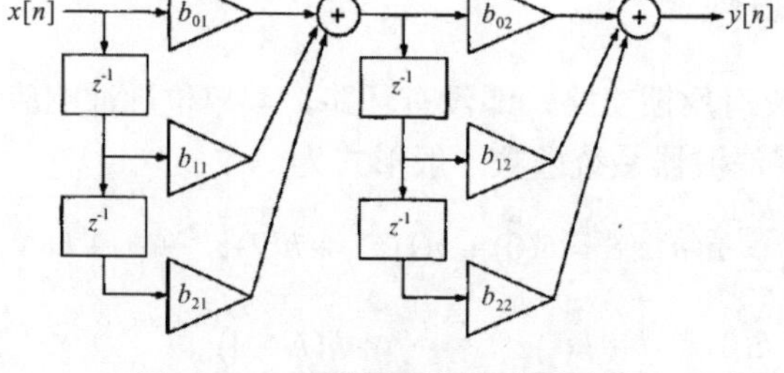

图 12.2　FIR 滤波器的级联型结构

3．频率采样型结构

由 DFT 可知，$H(z)$ 与频率采样值 $H(k)$ 满足以下条件：

$$H(z) = (1 - z^{-N}) \frac{1}{N} \sum_{k=0}^{N-1} \frac{H(k)}{1 - W_N^{-k} z^{-1}}$$

$$H(k) = H(z)\big|_{z=e^{j\frac{2\pi}{N}k}} \quad k = 0, 1, 2, \cdots, N-1$$

式中：

$$W_N = e^{-j\frac{2\pi}{N}}$$

频率采样滤波器是指满足频率域采样定理，即频率域采样点数 N 大于或等于原序列的长度的 FIR 滤波器。

4．快速卷积型结构

只要将两个有限长序列补上一定的零值点，就可以用圆周卷积来代替两序列的线性卷积。由于时域的圆周卷积，等效到频域则为离散傅里叶变换的乘积。因而，如果将输入 $x(n)$ 补上 $L-N_1$ 个零值点，将有限长单位冲激响应 h（n 补上 $L-N_2$ 个零值点，只要满足 $L \geq N_1 + N_2$，则 L 点的圆周卷积就能代表线性卷积，即用 DFT 表示，则有

$$Y(k) = X(k)H(k)$$

式中：$Y(k) = \text{DFT}[y(n)]$，L 点；$X(k) = \text{DFT}[x(n)]$，L 点；$H(k) = \text{DFT}[h(n)]$，L 点。

12.1.2 FIR 滤波器滤波

在 MATLAB 中，fftfilt 命令基于 FFT 的重叠加法 FIR 滤波，其调用格式见表 12.1。

表 12.1 fftfilt 命令的调用格式

命 令 格 式	说 明
y = fftfilt(b,x)	使用由滤波器系数 b 定义的滤波器对信号 x 滤波
y = fftfilt(b,x,n)	在上一语法格式的基础上，使用参数 n 指定 FFT 的长度
y = fftfilt(d,x)	使用数字滤波器 d 对信号 x 滤波
y = fftfilt(d,x,n)	在上一语法格式的基础上，指定 FFT 的长度为 n
y = fftfilt(gpuArrayb,gpuArrayX,n)	对 gpuArray 对象 gpuArrayX 中的数据进行滤波，FIR 滤波器系数储存在 gpuArray 对象 gpuArrayb 中

实例——使用叠加法对信号进行基于 FFT 的 FIR 滤波

源文件：yuanwenjian\ch12\jffir.m

MATLAB 程序如下：

扫一扫，看视频

```
>> close all
>> clear
>> fs=100;                                %定义信号采样频率为100Hz
>> t = 0:1/fs:1-1/fs;                     %波形持续时间为1s
>> x=(1+0.5*cos(2*pi*5*t)).*cos(2*pi*50*t+2*sin(2*pi*10*t));        %定义信号
>> b = [0.8 1 2 0.5];                     %创建滤波器系数向量
>> y = fftfilt(b,x);                      %计算 FIR 滤波信号 y
>> tiledlayout(2,1)                       %创建 2 行 1 列的分块图布局
>> nexttile;
```

```
>> plot(t,x,'--',t,y,'r-')              %绘制原始数据和滤波后的数据
>> legend('Original Data','Filtered Data')
>> nexttile;
>> pspectrum(y,fs)                       %分析滤波信号的频率和时频域，绘制功率谱
>> title('Filtered Data Pspectrum ');
```

运行结果如图 12.3 所示。

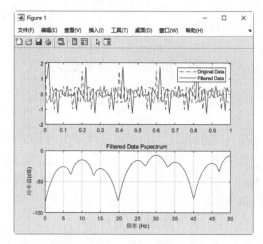

图 12.3   使用叠加法对信号进行基于 FFT 的 FIR 滤波

12.2   线性相位 FIR 滤波器的特性及设计

考虑长度为 N 的 $h[n]$，系统函数为 $H(z) = \sum_{n=0}^{N-1} h(n)z^{-n}$，其中 $z = \mathrm{e}^{\mathrm{j}\omega}$。频率响应函数为

$$H(\mathrm{e}^{\mathrm{j}\omega}) = \sum_{n=0}^{N-1} h(n)\mathrm{e}^{-\mathrm{j}\omega n} = H_g(\omega)\mathrm{e}^{-\mathrm{j}\theta(\omega)}$$

式中：$H_g(\omega)$ 称为幅度特性；$\theta(\omega)$ 称为相位特性。注意，$H_g(\omega)$ 不同于 $|H(\mathrm{e}^{\mathrm{j}\omega})|$，$H_g(\omega)$ 为 ω 的实函数，可能取负值，而 $|H(\mathrm{e}^{\mathrm{j}\omega})|$ 总是正值。

线性相位是指 $\theta(\omega)$ 是 ω 的线性函数。

$H(\mathrm{e}^{\mathrm{j}\omega})$ 线性相位分为两类：$\theta(\omega)$ 是 ω 的线性函数，第一类线性相位，$\theta(\omega) = -\tau\omega$，$\tau$ 为常数。第二类线性相位 $\theta(\omega)$ 满足下式：$\theta(\omega) = \theta_0 - \tau\omega$，$\theta_0$ 是起始相位。第二类线性相位中的 $\theta(\omega)$ 不具有线性相位，但以上两种情况都满足群时延，线性相位导数是一个常数，即 $\dfrac{\mathrm{d}\theta(\omega)}{\mathrm{d}\omega} = -\tau$。

12.2.1   线性相位 FIR 数字滤波器的特性

1. 线性相位特性

如果单位脉冲响应 $h(n)$ 为实数，且具有偶对称或奇对称性，则 FIR 数字滤波器具有严格的线性相位特性。

（1）第一类线性相位。$h(n)$ 是实序列且对 $(N-1)/2$ 偶对称，即

$$h(n) = h(N - n - 1)$$

（2）第二类线性相位。$h(n)$是实序列且对$(N-1)/2$奇对称，即

$$h(n) = -h(N - n - 1)$$

2. 线性相位 FIP 滤波器幅度特性

$H(w)$分以下 4 种情况。

（1）偶对称、奇数点，4 种滤波器都可设计。

（2）偶对称、偶数点，可设计低、带通滤波器，不能设计高通、带阻滤波器。

（3）奇对称、奇数点，只能设计带通滤波器，其他滤波器都不能设计。

（4）奇对称、偶数点，可设计高、带通滤波器，不能设计低通、带阻滤波器。

12.2.2 最小二乘线性相位 FIR 滤波器设计

在 MATLAB 中，firls 命令创建最小二乘线性相位 FIR 滤波器，其调用格式见表 12.2。

表 12.2　firls 命令的调用格式

命 令 格 式	说　　明
b = firls(n,f,a)	根据阶数 n、频率 f 和幅值特性 a 设计 FIR 滤波器，返回滤波器系数 b
b = firls(n,f,a,w)	根据阶数 n、频率 f、权值 w 和幅值特性 a 设计 FIR 滤波器，返回滤波器系数 b
b = firls(…,ftype)	在以上任一语法格式的基础上，指定滤波器类型 ftype：'hilbert'（Hilbert 变压器）或'differentiator'（有与频率成正比的幅值特性的 FIR 微分器）

实例——显示滤波器的幅值和相位响应

源文件：yuanwenjian\ch12\fzxwxy.m

MATLAB 程序如下：

```
>> close all
>> clear
>> n=256;                              %定义滤波器阶数
>> f=[0 0.25 0.3 1];                   %定义滤波器频率
>> a=[1 1 0 0];                        %定义滤波器幅值特性
>> b = firls(n,f,a);                   %创建 n 阶 FIR 滤波器，返回系数行向量，包含 n+1 个系数
>> fvtool(b,1,'OverlayedAnalysis','phase')     %显示滤波器的幅值和相位响应
```

运行结果如图 12.4 所示。

实例——绘制信号滤波器频率响应图

源文件：yuanwenjian\ch12\plxyt.m

MATLAB 程序如下：

```
>> clear
>> n=100;                    %定义滤波器阶数
>> f=[0.2 0.5 0.5 0.8];      %定义滤波器频率
>> a=[1 1 0 0];             %定义滤波器幅值特性
>> d = firls(n,f,a);         %创建 100 阶 FIR 滤波器
>> freqz(d,n);              %绘制滤波器的频率响应
```

运行结果如图 12.5 所示。

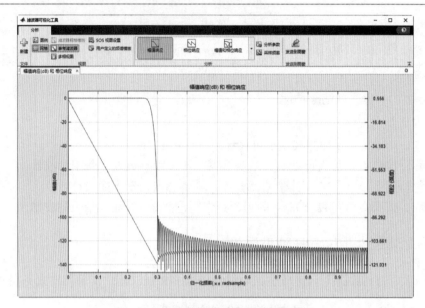

图 12.4　显示滤波器的幅值和相位响应

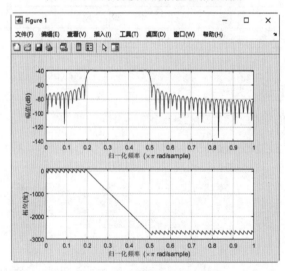

图 12.5　信号滤波器频率的响应图

在 MATLAB 中，fircls 命令创建约束最小二乘多带滤波器，其调用格式见表 12.3。

表 12.3　fircls 命令的调用格式

命 令 格 式	说　　明
b = fircls(n,f,amp,up,lo)	生成长度 n+1 线性相位 FIR 滤波器系数 b，过渡频率为 f，频率响应的频带数 amp，每个频带内频率响应的上界 up 和下界 lo
fircls(n,f,amp,up,lo,'design_flag')	'design_flag'表示监控滤波器设计，可选值为'trace'（使用设计表的文本显示），'plots'（显示用于筛选器的大小、组延迟、零点和极点的图），'both'（文本显示和图解）

扫一扫，看视频

实例——绘制滤波器频率响应图

源文件：yuanwenjian\ch12\plxyt2.m

MATLAB 程序如下：

```
>> close all
>> clear
>> n = 150;                  %阶数
>> f = [0 0.4 1];           %频率点对向量,指定在0~1之间的范围内,频率必须按递增顺序排列,
                              1对应于奈奎斯特频率
>> a = [1 0];               %在f中指定的点处的幅度
>> up = [1.02 0.01];        %每个频带内频率响应的上界up和下界lo
>> lo = [0.98 -0.01];
>> b = fircls(n,f,a,up,lo,'both'); %创建约束最小二乘线性相位FIR滤波器,显示约束违反值并绘图
   Bound Violation = 0.0788344298966
   Bound Violation = 0.0096137744998
   Bound Violation = 0.0005681345753
   Bound Violation = 0.0000051519942
   Bound Violation = 0.0000000348656
   Bound Violation = 0.0000000006231
>> freqz(b,n);              %计算信号滤波后的频率响应
```

运行结果如图12.6所示。

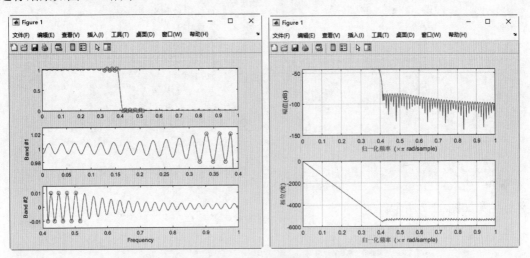

图12.6 滤波器频率响应图

在 MATLAB 中,fircls1 命令创建约束最小二乘线性相位低通或高通 FIR 滤波器,采用迭代最小二乘算法获得等波纹响应,其调用格式见表12.4。

表12.4 fircls1命令的调用格式

命令格式	说 明
b = fircls1(n,wo,dp,ds)	返回低通 FIR 滤波器系数 b、滤波器的阶数 n(滤波器长度为 n+1)、归一化截止频率为 wo、最大通带偏差 dp、最大阻带偏差 ds
b = fircls1(n,wo,dp,ds,'high')	返回高通 FIR 滤波器系数 b、滤波器的阶数 n、归一化截止频率为 wo、最大通带偏差 dp、最大阻带偏差 ds
b = fircls1(n,wo,dp,ds,wt)	返回低通 FIR 滤波器系数 b、滤波器的阶数 n、归一化截止频率为 wo、最大通带偏差 dp、最大阻带偏差 ds,指定频率为 wt
b = fircls1(n,wo,dp,ds,wt,'high')	返回高通 FIR 滤波器系数 b、滤波器的阶数 n、归一化截止频率为 wo、最大通带偏差 dp、最大阻带偏差 ds,指定频率为 wt
b = fircls1(n,wo,dp,ds,wp,ws,k)	加权函数为 ws,k 是通带与阻带的比率,$k = \dfrac{\int_0^{w_p} \lvert A(\omega) - D(\omega)\rvert^2 \, d\omega}{\int_{w_s}^{\pi} \lvert A(\omega) - D(\omega)\rvert^2 \, d\omega}$

命 令 格 式	说 明
b = fircls1(n,wo,dp,ds,wp,ws,k,'high')	返回高通 FIR 滤波器
b = fircls1(n,wo,dp,ds,...,'design_flag')	'design_flag'表示监控滤波器设计，可选值为'trace'（使用设计表的文本显示），'plots'（显示用于筛选器的大小、组延迟、零点和极点的图），'both'（文本显示和图解）

扫一扫，看视频

实例——绘制高通滤波器功率谱

源文件：yuanwenjian\ch12\gtlbqglp.m

MATLAB 程序如下：

```
>> close all
>> clear
>> fs=1000;                          %定义信号采样频率为1000Hz
>> t = 0:1/fs:2;                     %定义采样时间序列
>> load ecg                          %加载心电图信号 ecg
>> n = 150;                          %定义滤波器的阶数 n（滤波器长度为 n+1）
>> wo = 0.3;                         %定义归一化截止频率 wo
>> dp = 0.02;                        %定义最大通带偏差 dp
>> ds = 0.008;                       %定义最大阻带偏差 ds
>> b = fircls1(n,wo,dp,ds,'high');   %创建约束最小二乘高通滤波器
>> y = fftfilt(b,ecg);              %计算滤波器滤波信号
>> tiledlayout(2,1)
>> nexttile;
>> plot(t,y)                         %绘制滤波器滤波后的时域图
>> title('Filtered Data ');
>> nexttile;
>> pspectrum(y)                      %绘制滤波器滤波后信号的功率谱
>> title('Filtered Data Pspectrum');
```

运行结果如图 12.7 所示。

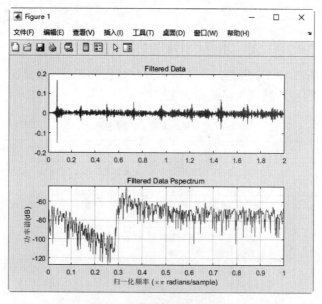

图 12.7　高通滤波器功率谱

12.2.3 插值线性相位 FIR 滤波器设计

在 MATLAB 中，intfilt 命令用于创建插值线性相位 FIR 滤波器，其调用格式见表 12.5。

表 12.5 intfilt 命令的调用格式

命令格式	说明
b = intfilt(r,n,alpha)	设计一个线性相位 FIR 滤波器，并对理想带限信号插值后平滑，样本数为 r，非 0 样本数为 n，过渡带宽的逆测度为 alpha
b = intfilt(r,n,'Lagrange')	设计一个线性相位 FIR 滤波器，'Lagrange' 表示使用多项式插值法，n 为拉格朗日多项式的阶

实例——绘制滤波器双边功率谱

源文件：yuanwenjian\ch12\shbglp.m

MATLAB 程序如下：

```
>> close all
>> clear
>> fs=1000;                          %定义信号采样频率为 1000Hz
>> t = 0:1/fs:1-1/fs;                %定义采样时间序列
>> x=tukeywin(1000,1);              %创建 1000 个采样点的 tukey 锥形余弦窗口信号
>> upfac = 7;                        %样本数
>> alpha = 0.5;                      %过渡带宽逆测度
>> b = intfilt(upfac,2,alpha);      %设计线性相位 FIR 滤波器，并对理想带限信号插值后平滑
>> y = fftfilt(b,x);                %计算滤波器滤波信号
>> tiledlayout(2,1)
>> nexttile;
>> plot(t,y)                         %绘制滤波信号的时域图
>> title('Filtered Data ');
>> nexttile;
>> pspectrum(y,fs,'TwoSided',true)  %绘制滤波器滤波后信号的双边功率谱图
>> title('Filtered Data Pspectrum');
```

运行结果如图 12.8 所示。

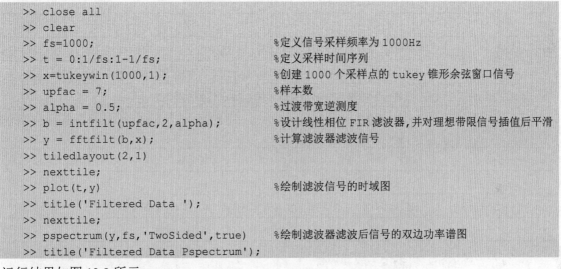

图 12.8 滤波器双边功率谱

12.2.4　线性相位等波纹滤波器设计

MATLAB 提供了更通用的指定理想滤波器的设计方法，如帕克斯-麦克莱伦（Parks-McClellan）最佳 FIR 滤波器设计，用于设计希尔伯特变换器、微分器和其他具有奇数对称系数（III类和IV类线性相位）的滤波器。

帕克斯-麦克莱伦最佳 FIR 滤波器设计实现帕克斯-麦克莱伦算法，该算法使用雷米兹（Remez）交换算法和切比雪夫（Chebyshev）逼近理论来设计在指定频率响应和实际频率响应之间具有最佳拟合的滤波器。这种滤波器可最小化指定频率响应和实际频率响应之间的最大误差，以这种方式设计的滤波器在频率响应方面表现出等波纹特性，因此也称为等波纹滤波器。帕克斯-麦克莱伦 FIR 滤波器设计算法可能是最流行和最广泛使用的 FIR 滤波器设计方法。

在 MATLAB 中，firpm 命令用于进行等纹滤波器设计，其调用格式见表 12.6。

表 12.6　firpm 命令的调用格式

命 令 格 式	说　明
b = firpm(n,f,a)	使用归一化频率为 f，期望振幅 a，设计 n 阶帕克斯-麦克莱伦最佳 FIR 滤波器，返回滤波器系数 b
b = firpm(n,f,a,w)	在上一语法格式的基础上，使用参数 w 指定权值调整每个频带的适合度
b = firpm(n,f,a,ftype)	在第一种语法格式的基础上，使用参数 ftype 定义滤波器类型
b = firpm(n,f,a,lgrid)	在第一种语法格式的基础上，使用整数 lgrid 控制频率网格的密度，大致有 2^nextpow2(lgrid*n)个频率点，默认值为 25
[b,err] = firpm(…)	在以上任一语法格式的基础上，还返回最大波纹高度 err
[b,err,res] = firpm(…)	在上一语法格式的基础上，还返回频率响应特性 res
b = firpm(n,f,fresp,w)	返回频率-幅值特性最接近句柄 fresp 表示的频率响应的 FIR 滤波器系数 b
b = firpm(n,f,fresp,w,ftype)	在上一种语法格式的基础上，使用参数 ftype 指定滤波器类型

实例——显示和分析多个等纹滤波器

源文件：yuanwenjian\ch12\dwlbq.m

MATLAB 程序如下：

```
>> close all
>> clear
>> b1 = firpm(20,[0 0.4 0.5 1],[1 1 0 0]);      %20 阶等纹滤波器
>> b2 = firpm(40,[0 0.4 0.5 1],[1 1 0 0]);      %40 阶等纹滤波器
>> h=fvtool(b1,1,b2,1);          %启动 FVTool 可视化滤波器幅值响应，并返回 FVTool 的句柄 h
>> legend(h,"b1","b2");          %添加图例
```

运行结果如图 12.9 所示。

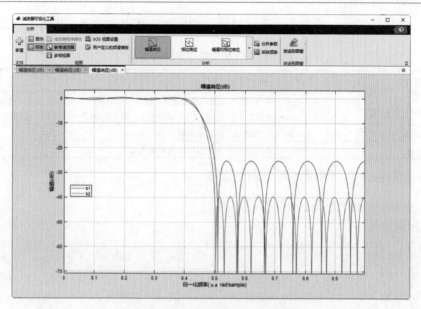

图 12.9 显示和分析多个等纹滤波器

实例——创建等纹滤波器

源文件：yuanwenjian\ch12\dwlbq2.m

MATLAB 程序如下：

```
>> close all
>> clear
>> f = [0.1 0.2 0.3 0.4 0.7 1];          %归一化频率
>> a = [0 0 1 1 1 0];                     %期望振幅
>> b = firpm(15,f,a);                     %15 阶等纹滤波器
>> fvtool(b)                              %可视化滤波器
```

运行结果如图 12.10 所示。

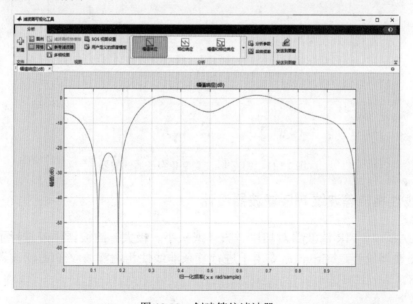

图 12.10 创建等纹滤波器

在 MATLAB 中，firpmord 命令用于计算最佳 FIR 滤波器阶次估计，其调用格式见表 12.7。

表 12.7　firpmord 命令的调用格式

命 令 格 式	说　　明
[n,fo,ao,w] = firpmord(f,a,dev)	查找满足频带边缘 f、频带上的期望幅度 a、每个频带的频率响应与输出滤波器的期望幅度之间的最大允许偏差为 dev 的最佳 FIR 滤波器的近似阶数 n、归一化频带边 fo、频带振幅 ao 和权重 w
[...] = firpmord(...,fs)	在上一语法格式的基础上，还指定采样率 fs
c = firpmord(...,'cell')	在以上任一语法格式的基础上，返回单元格数据 c

实例——绘制帕克斯-麦克莱伦级低通滤波器

源文件：yuanwenjian\ch12\dwdtlbq.m

MATLAB 程序如下：

```
>> close all
>> clear
>> [n,fo,ao,w] = firpmord([1000 3000],[1 0],[0.01 0.1],8000);  %计算帕克斯-麦克莱伦
级低通滤波器参数，其中滤波器带通截止频率为1000Hz、带阻截止频率为3000Hz，采样频率为8000Hz，最大
阻带幅度为0.1，最大通带误差(纹波)为0.01
>> b = firpm(n,fo,ao,w);                    %利用参数计算帕克斯-麦克莱伦最佳FIR滤波器的系数
>> fvtool(b)                                %可视化滤波器的幅值响应
```

运行结果如图 12.11 所示。

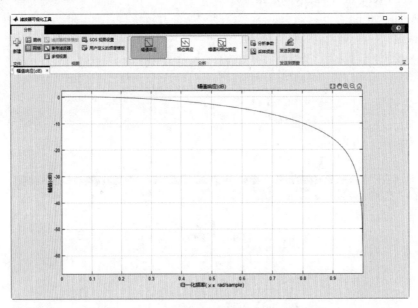

图 12.11　帕克斯-麦克莱伦级低通滤波器

12.2.5　非线性相位等波纹 FIR 滤波器设计

在 MATLAB 中，FIR 滤波器对切比雪夫（或极小、极大）滤波器误差进行了优化，产生了等波纹 FIR 滤波器设计，cfirpm 命令用于进行复杂非线性相位等波纹 FIR 滤波器设计，其调用格式见表 12.8。

表 12.8　cfirpm 命令的调用格式

命 令 格 式	说　明
b = cfirpm(n,f,@fresp)	返回长度为 n+1、频带边缘对为 f、频率-幅值特性最接近句柄 fresp 表示的频率响应的 FIR 滤波器系数 b
b = cfirpm(n,f,@fresp,w)	在上一种语法格式的基础上，指定调整每个频带的适合度权重值为 w（在优化过程中使用的正权值）
b = cfirpm(n,f,a)	等同于 b = cfirpm(n,f,{@multiband,a})。@multiband 设计了一种具有任意频带幅值的线性相位频率响应滤波器
b = cfirpm(n,f,a,w)	返回长度为 n+1、频率响应为 a、权重为 w、频带边缘对为 f 的 FIR 滤波器
b = cfirpm(...,'sym')	对设计的脉冲响应施加对称约束，'sym'可选值为 'none'：默认的，不存在对称约束； 'even'：默认的高通、低通、全通、带通、带阻、逆正弦和多波段设计； 'odd'：默认的希尔伯特和微分设计； 'real'：指示频率响应的共轭对称性
b = cfirpm(...,'skip_stage2')	滤波器设计禁用第二阶段优化算法
b = cfirpm(...,'debug')	滤波器设计启用中间结果的显示
b = cfirpm(...,{lgrid})	使用整数 lgrid 来控制频率网格的密度，大致有 2^nextpow2(lgrid*n)频率点，lgrid 默认值为 25。{lgrid} 参数必须是 1×1 单元格数组
[b,delta] = cfirpm(...)	在以上任一种语法格式的基础上，还返回最大波纹高度 delta
[b,delta,opt] = cfirpm(...)	在上一种语法格式的基础上，还返回计算的可选结果结构体 opt

实例——显示 FIR 滤波器幅值相位图

源文件：yuanwenjian\ch12\firfzxw.m

MATLAB 程序如下：

扫一扫，看视频

```
>> close all
>> clear
>> b = cfirpm(20,[0 0.4 0.5 1],[1 1 0 0]);        %设计 20 阶非线性相位等波纹 FIR 滤波器
>> fvtool(b,1,'OverlayedAnalysis','phase')        %显示滤波器的幅值响应和相位响应
```

运行结果如图 12.12 所示。

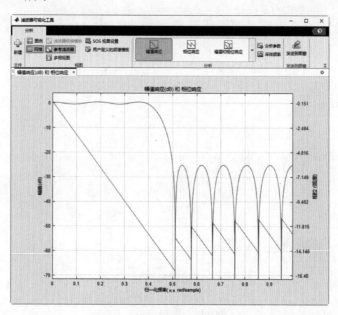

图 12.12　FIR 滤波器幅值相位图

12.3 窗函数法 FIR 滤波器设计

传统的信号处理主要是建立在连续时间信号和连续时间系统基础上，数字信号处理是研究用数字序列表示信号波形，并且用数字的方式去处理这些序列。

在处理实际信号时，能得到的信号长度总是有限的，需要把信号分成许多一定长度的数据段，然后分段处理。这样就引进一个截断函数，这个截断函数称为窗函数，相当于对无限长的时间序列施加一个窗函数。随着信号分析技术的改进和提高，窗函数的应用也有很大的发展。

12.3.1 窗函数类型

窗函数的类型包括了矩形窗、三角形窗、汉宁一次窗、汉宁二次窗和海明窗等。

1. 矩形窗

矩形窗的表达式为

$$w(n) = R_N(n) = 1 \quad n = 0, 1, \ldots, N-1$$

矩形窗的窗谱为

$$W(e^{j\omega}) = \frac{\sin\left(\dfrac{N\omega}{2}\right)}{\sin\left(\dfrac{\omega}{2}\right)} e^{-j\left(\frac{N-1}{2}\right)\omega} = W_R(\omega) e^{-j\left(\frac{N-1}{2}\right)\omega}$$

式中：$W_R(\omega)$ 为矩形窗函数的窗谱。

2. 三角形窗

三角形窗的表达式为

$$W(n) = \begin{cases} \dfrac{2n}{N-1} & 0 \leqslant n \leqslant \dfrac{N-1}{2} \\ 2 - \dfrac{2n}{N-1} & \dfrac{N-1}{2} \leqslant n \leqslant N-1 \end{cases}$$

三角形窗的窗谱为

$$W(e^{j\omega}) = \frac{2}{N-1} \left\{ \frac{\sin\left[\left(\dfrac{N-1}{4}\right)\omega\right]}{\sin\left(\dfrac{\omega}{2}\right)} \right\}^2 e^{-j\left(\frac{N-1}{2}\right)\omega} \approx \frac{2}{N} \left[\frac{\sin\left(\dfrac{N\omega}{4}\right)}{\sin\left(\dfrac{\omega}{2}\right)} \right]^2 e^{-j\left(\frac{N-1}{2}\right)\omega}$$

3. 汉宁一次窗

汉宁一次窗又称升余弦窗，其表达式为

$$W(n) = \frac{1}{2}\left[1 - \cos\left(\frac{2\pi n}{N-1}\right)\right] R_N(n)$$

当 $N \geqslant 1$ 时，$N-1 \approx N$，汉宁一次窗的窗谱为

$$W(\omega) = 0.5W_R(\omega) + 0.25\left[W_R\left(\omega - \frac{2\pi}{N}\right) + W_R\left(\omega + \frac{2\pi}{N}\right)\right]$$

4．汉宁二次窗

汉宁二次窗的表达式为

$$W(n) = \frac{1}{W(0)}\left[a_0 + 2\sum_{k=1}^{2} a_k \cos\left(\frac{2\pi kn}{N-1}\right)\right]R_N(n)$$

式中：$W(0) = 2.6667$；$a_0 = 1$；$a_1 = 0.6667$；$a_2 = 0.16667$。同理，由上面对汉宁一次窗的窗谱的分析过程，可得汉宁二次窗的窗谱如下。

当 $N \geqslant 1$ 时，$N-1 \approx N$，汉宁二次窗的窗谱为

$$W(\omega) \approx \frac{a_0}{W(0)}W_R(\omega) + \frac{a_1}{W(0)}\left[W_R\left(\omega - \frac{2\pi}{N}\right) + W_R\left(\omega + \frac{2\pi}{N}\right)\right] + \frac{a_2}{W(0)}\left[W_R\left(\omega - \frac{4\pi}{N}\right) + W_R\left(\omega + \frac{4\pi}{N}\right)\right]$$

5．海明窗

海明窗的时域表达式为

$$W(n) = \left[0.54 - 0.46\cos\left(\frac{2\pi n}{N-1}\right)\right]R_N(n)$$

同理可得，当 $N \geqslant 1$ 时，海明窗的窗谱为

$$W(\omega) \approx 0.54W_R(\omega) + 0.23\left[W_R\left(\omega - \frac{2\pi}{N}\right) + W_R\left(\omega + \frac{2\pi}{N}\right)\right]$$

12.3.2　窗函数命令

MATLAB 提供了多种窗函数的命令，见表 12.9。

表 12.9　窗函数

命　令	意　　义	命令调用格式
bartlett	巴特利特窗	w = bartlett(L)：返回长度为 L 的巴特利特窗
blackman	布莱克曼窗	w = blackman(L)：返回长度为 L 的布莱克曼窗
		w = blackman(L,sflag)：利用指定的窗口抽样方法 sflag 返回布莱克曼窗。窗口抽样方法如下： 'symmetric'：在使用 windows 进行过滤器设计时使用此选项。 'periodic'：使加窗信号具有离散傅里叶变换所隐含的完美周期扩展
blackmanharris	布莱克曼-哈里斯窗	w = blackmanharris(N)：返回 N-点对称四项布莱克曼-哈里斯窗
		w = blackmanharris(N,sflag)：使用指定的窗口抽样方法 sflag 返回布莱克曼-哈里斯窗
bohmanwin	波曼窗	w = bohmanwin(L)：返回长度为 L 的波曼窗
barthannwin	巴特利特-汉恩窗	w = barthannwin(L)：返回长度为 L 的巴特利特-汉恩窗
chebwin	切比雪夫窗	w = chebwin(L)：返回长度为 L 的切比雪夫窗
		w = chebwin(L,r)：返回 L 点对称的利用旁瓣幅值因子 r 的切比雪夫窗
flattopwin	平顶加权	w = flattopwin (L)：返回长度为 L 的平顶窗
		w = flattopwin (L,sflag)：指定的窗口抽样 sflag 返回平顶窗

续表

命 令	意 义	命令调用格式
gausswin	高斯窗	w = gausswin(L)：返回 L-点高斯窗
		w = gausswin(L,alpha)：返回带宽因子为 alpha 的长度为 L 的高斯窗
hamming	汉明窗	w = hamming (L)：返回长度为 L 的汉明窗
		w = hamming (L,sflag)：指定的窗口抽样 sflag 返回汉明窗
hann	汉宁窗	w = hann (L)：返回长度为 L 的汉宁窗
		w = hann(L,sflag)：指定的窗口抽样 sflag 返回汉宁窗
kaiser	凯撒窗	w = kaiser(L,beta)：返回带形状因子为 beta 的长度为 L 的凯撒窗
nuttallwin	纳托尔定义的最小 4 项布莱克曼-哈里斯窗	w = nuttallwin(N)：返回长度为 L 的布莱克曼-哈里斯窗
		w = nuttallwin(N,SFLAG)：指定的窗口抽样 SFLAG 返回布莱克曼-哈里斯窗
parzenwin	帕尔逊窗	w = parzenwin(L)：返回长度为 L 的帕尔逊窗
rectwin	矩形窗	w = rectwin(L)：返回长度为 L 的矩形窗
taylorwin	泰勒窗	w = taylorwin(L)：返回长度为 L 的泰勒窗
		w = taylorwin(L,nbar)：nbar 表示窗恒定电平旁瓣数
		w = taylorwin(L,nbar,sll)：sll 表示相对主瓣峰值的最大旁瓣电平
triang	三角窗	w = triang(L)：返回长度为 L 的三角窗
tukeywin	锥形余弦窗	w = tukeywin(L,r)：返回长度为 L 余弦分数为 r 的锥形余弦窗

在 MATLAB 中，wvtool 命令是开放窗口可视化工具，窗口可视化工具是一种交互式工具，在可视化窗口显示信号的时域和频域图，其调用格式见表 12.10。

表 12.10　wvtool 命令的调用格式

命 令 格 式	说 明
wvtool(WindowVector)	在指定的窗口 WindowVector 中显示单个时域和频域图
wvtool(WindowVector1,...,WindowVectorN)	在指定的窗口 WindowVector 中显示多个时域和频域图
H = wvtool(...)	返回窗口句柄 H

扫一扫，看视频

实例——巴特利特窗

源文件：yuanwenjian\ch12\bartlettwin.m

MATLAB 程序如下：

```
>> close all
>> clear
>> L = 64;                 %定义信号长度
>> bw = bartlett(L);       %创建一个 64 点的巴特利特窗
>> wvtool(bw)              %使用 wvtools 显示窗函数的时域图和频域图
```

运行结果如图 12.13 所示。

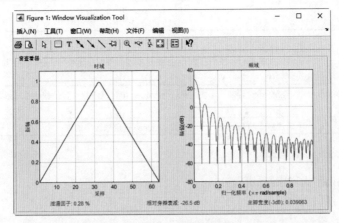

图 12.13 巴特利特窗

扫一扫，看视频

实例——三角窗、锥形余弦窗、泰勒窗

源文件：yuanwenjian\ch12\windows.m

MATLAB 程序如下：

```
>> close all
>> clear
>> L = 64;                                   %定义信号长度
>> wvtool(triang(L), tukeywin(L), taylorwin(L))   %使用 wvtools 显示结果
```

运行结果如图 12.14 所示。

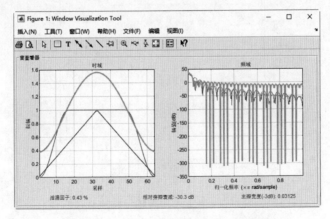

图 12.14 三角窗、锥形余弦窗、泰勒窗

12.3.3 基于窗函数的 FIR 滤波器设计

在 MATLAB 中，fir1 命令表示基于窗口的 FIR 滤波器设计，其调用格式见表 12.11。

表 12.11 fir1 命令的调用格式

命令格式	说　明
b = fir1(n,Wn)	使用汉明窗设计具有线性相位的 n 阶低通、带通或多波段 FIR 滤波器。滤波器类型取决于截止频率 Wn。0≤Wn≤1，Wn=1 对应于采样频率的一半。Wn 为二元素向量[W1,W2]，W1≤ω（数字角频率）≤W2，设计带通和带阻滤波器

续表

命令格式	说　明
b = fir1(n,Wn,ftype)	在上一种语法格式的基础上，使用参数 ftype 指定滤波器类型：高通（high）或带阻（stop）。低通和带通 FIR 滤波器无须输入该参数
b = fir1(…,window)	在以上任一种语法格式的基础上，使用参数 window 指定窗函数。窗函数的长度应等于 FIR 滤波器的系数个数，即 n+1
b = fir1(…,scaleopt)	在以上任一种语法格式的基础上，使用参数 scaleopt 指定滤波器的幅值响应是否归一化

实例——绘制滤波器功率谱图

源文件：yuanwenjian\ch12\hammingglp.m

MATLAB 程序如下：

```
>> close all
>> clear
>> fs=1000;                      %定义信号采样频率为1000Hz
>> y = fir1(36,[0.05 0.8]);      %基于汉明窗和截止频率创建36阶带通或带阻FIR滤波器
>> t = (0:length(y)-1)/fs;       %信号采样时间序列
>> pspectrum(y,t,'Leakage',1)    %绘制功率谱，泄漏因子为1
```

运行结果如图 12.15 所示。

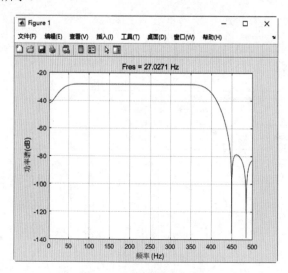

图 12.15　滤波器功率谱图

12.3.4　基于频率采样的 FIR 滤波器设计

在 MATLAB 中，fir2 命令表示基于频率采样的 FIR 滤波器设计，其调用格式见表 12.12。

表 12.12　fir2 命令的调用格式

命令格式	说　明
b = fir2(n,f,m)	返回具有频率幅值特性的 n 阶 FIR 滤波器系数 b。从 0～1 的频率点 f 和指定的每个频率点处包含所需的幅度响应 m
b = fir2(n,f,m,npt,lap)	在上一种语法格式的基础上，使用参数 npt 指定网格点数，lap 指定重复频率点周围区域的长度
b = fir2(…,window)	在以上任一种语法格式的基础上，指定要在设计中使用的窗函数 window

实例——显示时钟信号与滤波器功率谱

源文件：yuanwenjian\ch12\clockglp.m

MATLAB 程序如下：

```
>> close all
>> clear
>> load clocksig        %加载时钟信号文件 clocksig.mat，包含变量 clock1、clock2、Fs、time1、time2
>> f = [0 0.2 0.4 0.6 0.8 1];        %定义从 0 到 1 的频率点
>> m = [1 0 2 0 3 0];                %每个频率点处包含所需的期望幅值 m
>> h = fir2(30,f,m);                 %使用 30 阶 Hamming 窗口设计滤波器
>> tiledlayout(2,1)
>> nexttile;
>> pspectrum(clock1,Fs)              %时钟信号 clock1 的功率谱
>> title('时钟信号功率谱');
>> nexttile;
>> pspectrum(h,Fs)
>> title('滤波器功率谱');
```

运行结果如图 12.16 所示。

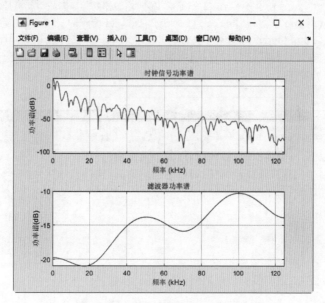

图 12.16　时钟信号与滤波器功率谱

12.3.5　凯撒窗 FIR 滤波器设计参数估计

在 MATLAB 中，kaiserord 命令利用凯撒窗计算 FIR 滤波器参数，根据参数可进行 FIR 滤波器设计，其调用格式见表 12.13。

表 12.13　kaiserord 调用格式

命　　令	说　　明
[n,Wn,beta,ftype] = kaiserord(f,a,dev)	利用凯撒窗估计滤波器参数，信号的带宽为 f、信号的带幅为 a、最大允许偏差为 dev，返回滤波器阶数 n、归一化频率 Wn、形状因子 beta、滤波器类型 ftype ftype 过滤器类型如下： 'low'：具有截止频率的低通滤波器；

续表

命　令	说　明
[n,Wn,beta,ftype] = kaiserord(f,a,dev)	'high': 具有截止频率的高通滤波器； 'bandpass': 带通滤波器是一个二元向量； 'stop': 带阻滤波器是一个二元向量； 'DC-0': 多波段滤波器的第一个频带是一个阻带； 'DC-1': 多波段滤波器的第一个频带是通带

实例——显示滤波器幅值响应

源文件：yuanwenjian\ch12\kaiserfzxy.m

MATLAB 程序如下：

```
>> close all
>> clear
>> fs = 10000;                %定义信号采样频率
>> fcuts = [1000 2000];       %定义信号频率范围，即信号的带宽
>> mags = [1 0];              %定义信号幅值范围，即信号的带幅 a
>> devs = [0.05 0.01];        %指定每个频带的输出滤波器的频率响应与其频带幅度之间的最大允许偏差
>> [n,Wn,beta,ftype] = kaiserord(fcuts,mags,devs,fs);   %计算 n 阶滤波器估计参数
>> hh = fir1(n,Wn,ftype,kaiser(n+1,beta),'noscale');    %根据估计的参数进行 FIR 滤波器设计
>> fvtool(hh)                 %显示滤波器幅值响应
```

运行结果如图 12.17 所示。

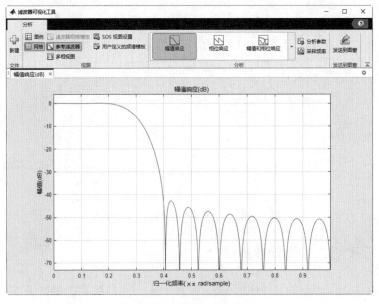

图 12.17　滤波器幅值响应

第 13 章　IIR 滤波器设计

内容指南

IIR 系统被称为"无限长单位脉冲响应系统"，其单位脉冲响应是一个无限长序列。本章主要介绍几种常用的 IIR 滤波器的设计、频率响应以及对信号进行滤波的操作。

内容要点

➢ IIR 滤波器的设计方法
➢ IIR 滤波器的频率响应
➢ IIR 滤波器滤波

13.1　IIR 滤波器的设计方法

IIR 数字滤波器设计最通用的方法是借助于模拟滤波器的设计方法。模拟滤波器的理论和设计方法已发展得相当成熟，且有若干典型的模拟滤波器以供选择，例如，巴特沃斯（Butterworth）滤波器、贝塞尔（Bessel）滤波器、切比雪夫（Chebyshev）滤波器和椭圆滤波器。这些滤波器有完整的设计公式，还有比较完整的图表可供查询。

模拟滤波器按幅度特性可分为低通、高通、带通和带阻滤波器。设计滤波器时，总是先设计低通滤波器，再通过频率变换，将低通滤波器转换成需要类型的滤波器。

13.1.1　巴特沃斯滤波器设计

巴特沃斯滤波器是由英国工程师斯蒂芬·巴特沃斯（Stephen Butterworth）于 1930 年发表在英国期刊《无线电工程》的一篇论文中提出的一种电子滤波器，是在现代设计方法设计的滤波器中最有名的滤波器。其特点是通频带内的频率响应曲线最大限度平坦没有起伏，而在阻频带则逐渐下降为 0。由于它设计简单，性能方面没有明显的缺点，且对构成滤波器的元件 Q 值要求较低，因此得到了广泛应用。

在 MATLAB 中，根据不同传递函数的系数来定义滤波器。

对于数字滤波器，传递函数系数为 b 和 a，如：

$$H(z) = \frac{B(z)}{A(z)} = \frac{B(1) + B(2)z^{-1} + \cdots + B(n+1)z^{-n}}{A(1) + A(2)z^{-1} + \cdots + A(n+1)z^{-n}}$$

对于模拟滤波器，传递函数系数为 b 和 a，如：

$$H(s) = \frac{B(s)}{A(s)} = \frac{B(1)s^n + B(2)s^{n-1} + \cdots + B(n+1)}{A(1)s^n + A(2)s^{n-1} + \cdots + A(n+1)}$$

对于数字滤波器，传递函数表示为 z、p 和 k，如：

$$H(z) = k\frac{[1 - Z(1)z^{-1}][1 - Z(2)z^{-1}] \cdots [1 - Z(N)z^{-1}]}{[1 - P(1)z^{-1}][1 - P(2)z^{-1}] \cdots [1 - P(N)z^{-1}]}$$

对于模拟滤波器，传递函数表示为 z、p 和 k，如：

$$H(s) = k\frac{[s - Z(1)][s - Z(2)] \cdots [s - Z(N)]}{[s - P(1)][s - P(2)] \cdots [s - P(N)]}$$

对于数字滤波器，状态空间矩阵将状态向量关联起来。x_i 输入 u_i 以及输出 y 贯通：

$$x(k+1) = Ax(k) + Bu(k)$$
$$y(k) = Cx(k) + Du(k)$$

对于模拟滤波器，状态空间矩阵将状态向量关联起来。x_i 输入 u_i 以及输出 y 贯通：

$$\dot{x} = Ax + Bu$$
$$y = Cx + Du$$

巴特沃斯滤波器的幅频特性单调下降。在 MATLAB 中，butter 命令计算巴特沃斯滤波器系数，用于创建巴特沃斯滤波器，该命令的调用格式见表 13.1。

表 13.1　butter 命令的调用格式

命 令 格 式	说　　明
[b,a] = butter(n,Wn)	根据滤波器阶数 n、归一化截止频率 Wn，计算低通数字巴特沃斯滤波器传递函数系数 b 和 a
[b,a] = butter(n,Wn,ftype)	在上一种语法格式的基础上，使用参数 ftype 指定滤波器类型：低通、高通、带通或带阻巴特沃斯滤波器
[z,p,k] = butter(...)	设计低通、高通、带通或带阻数字巴特沃斯滤波器，并返回其零点 z、极点 p 和增益 k
[A,B,C,D] = butter(...)	设计一个低通、高通、带通或带阻数字巴特沃斯滤波器，并返回表示其状态空间的系数矩阵
[...] = butter(...,'s')	设计具有截止角频率的低通、高通、带通或带阻模拟巴特沃斯滤波器

实例——计算五阶带阻巴特沃斯滤波器功率谱

源文件：yuanwenjian\ch13\butterglp.m

MATLAB 程序如下：

```
>> close all
>> clear
>> fs=100;                              %定义采样频率为100Hz
>> t = -1:1/fs:1;                       %信号持续时间为2s
>> N = 201;                             %脉冲宽度
>> x = chirp(0:N-1,0.1,N,0.8,'quadratic',[],'convex')'+randn(N,1)/100;
%在阵列0:N-1中定义的时刻产生凸二次扫频余弦信号的样本，起始频率为0.1Hz，时刻N的瞬时频率为
  0.8Hz，叠加高斯噪声
>> [b,a] = butter(5,[0.2 0.6],'stop');  %计算五阶带阻巴特沃斯滤波器系数
>> y = filtfilt(b,a,x);                 %计算信号零相位滤波
>> tiledlayout(2,2)
>> nexttile;
>> plot(t,x)                            %绘制原始信号时域图
```

```
>> title('原始信号')
>> nexttile;
>> plot(t,y)                              %绘制滤波信号
>> title('滤波后的信号');
>> nexttile;
>> pspectrum(x,fs,'Leakage',0.91)        %绘制原始信号功率谱的单面谱，泄漏因子为0.91
>> title('原始信号功率谱')
>> nexttile;
>> pspectrum(y,fs,'Leakage',0.91)        %绘制滤波信号功率谱的单面谱，泄漏因子为0.91
>> title('滤波信号功率谱');
```

运行结果如图 13.1 所示。

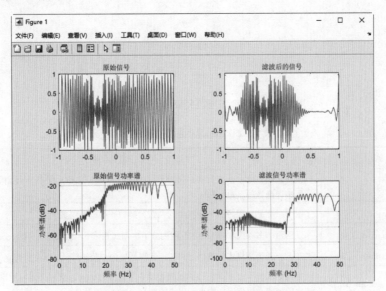

图 13.1 五阶带阻巴特沃斯滤波器功率谱

实例——九阶高通巴特沃斯滤波器幅值响应

源文件：yuanwenjian\ch13\butterfzxy.m

MATLAB 程序如下：

扫一扫，看视频

```
>> close all
>> clear
>> [b,a] = butter(9,0.9,'high');         %创建九阶高通巴特沃斯滤波器系数
>> fvtool(b,a);                          %可视化巴特沃斯滤波器幅值响应
```

运行结果如图 13.2 所示。

在 MATLAB 中，maxflat 函数也可以计算滤波器系数，用于创建广义巴特沃斯滤波器，是 IIR 滤波器的一个重要函数。该函数与 butter 函数的功能基本相同，不同的是 maxflat 函数可以指定归一化和非归一化参数。如果这两个参数值相同，则与 butter 函数的结果相同。maxflat 命令的调用格式见表 13.2。

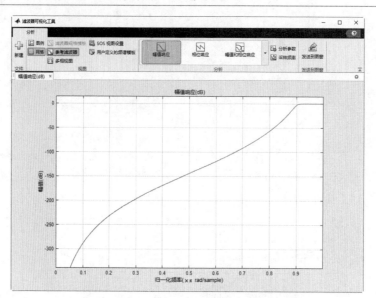

图 13.2　九阶高通巴特沃斯滤波器幅值响应

表 13.2　maxflat 函数的调用格式

命 令 格 式	说 明
[b,a] = maxflat(n,m,Wn)	根据滤波器分子系数阶数 n、分母系数阶数 m、归一化截止频率 Wn，计算广义低通巴特沃斯滤波器传递函数的系数 b 和 a
b = maxflat(n,'sym',Wn)	返回对称 FIR 巴特沃斯滤波器的系数，参数 n 必须是偶数
[b,a,b1,b2] = maxflat(n,m,Wn)	返回两个多项式 b1 和 b2，其积为分子多项式系数 b，也就是说，b = conv(b1,b2)
[b,a,b1,b2,sos,g] = maxflat(n,m,Wn)	在上一种语法格式的基础上，还返回滤波器的二阶矩阵 sos 以及增益 g
[...] = maxflat(n,m,Wn,design_flag)	参数 design_flag 表示监控滤波器设计，可选值为'trace'（使用文本显示设计表）、'plots'（显示滤波器的幅值、组延迟、零点和极点的图）、'both'（同时显示文本和图示）

扫一扫，看视频

实例——广义巴特沃斯滤波信号频谱图

源文件：yuanwenjian\ch13\gybutter.m

MATLAB 程序如下：

```
>> close all
>> clear
>> f = 50;                                  %定义信号频频率为50Hz
>> T = 10*(1/f);                            %定义采样时间为 10 个信号周期
>> fs = 1000;                               %定义采样频率为1000Hz
>> t = 0:1/fs:T-1/fs;                       %定义采样时间序列
>> x = 5*sin(2*pi*0.2*t) + randn(size(t));  %创建叠加高斯噪声的正弦波信号
>> n = 10;                                  %定义滤波器分子系数
>> m = 2;                                   %定义滤波器分母系数
>> Wn = 0.2;                                %定义截止频率
>> [b,a] = maxflat(n,m,Wn);                 %创建广义巴特沃斯滤波器系数
>> y = filtfilt(b,a,x);                     %对信号进行零相位滤波
>> tiledlayout(2,2)                         %创建两行两列的分块图布局
>> nexttile;
>> plot(t,x)                                %在第一个图块中绘制原始信号
>> title('原始信号')
```

```
>> nexttile;
>> plot(t,y)                                    %绘制滤波后的数据
>> title('滤波后的信号');
>> nexttile;
>> pspectrum(x,fs,'Leakage',0.91)              %绘制原始信号的单面功率谱，泄漏因子为0.91
>> title('原始信号功率谱')
>> nexttile;
>> pspectrum(y,fs,'Leakage',0.91)              %绘制滤波信号的单面功率谱，泄漏因子为0.91
>> title('滤波信号功率谱');
```

运行结果如图 13.3 所示。

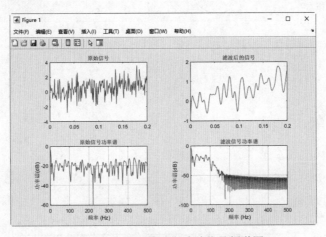

图 13.3　广义巴特沃斯滤波信号频谱图

13.1.2　贝塞尔滤波器设计

贝赛尔滤波器是具有最大平坦的群延迟（线性相位响应）的线性过滤器，可用于减少所有 IIR 滤波器固有的非线性相位失真。由于具有向其截止频率以下的所有频率提供等量延时的特性，它常用在音频天桥系统中。

虽然贝塞尔滤波器在它的通频带内提供最平坦的幅度和相位响应，但它的选择性比同阶的巴特沃斯（Butterworth）滤波器或切比雪夫（Chebyshev）滤波器要差。因此，为了达到特定的阻带衰减水平，需要设计更高阶的贝塞尔滤波器，从而需要仔细选择放大器和元件来达到最低的噪声和失真度。

在 MATLAB 中，使用 besself 命令创建贝塞尔滤波器，该命令的调用格式见表 13.3。

表 13.3　besself 命令的调用格式

命 令 格 式	说　　　明
[b,a] = besself(n,Wo)	根据滤波器阶数 n、归一化截止频率 Wo，计算贝塞尔滤波器的传递函数系数 b 和 a
[b,a] = besself(n,Wo,ftype)	在上一种语法格式的基础上，使用参数 ftype 指定滤波器的类型：低通、高通、带通或带阻
[z,p,k] = besself(…)	设计低通、高通、带通或带阻模拟贝塞尔滤波器，并返回其零点 z、极点 p 和增益 k
[A,B,C,D] = besself(…)	设计一个低通、高通、带通或带阻贝塞尔滤波器，并返回其状态空间的系数矩阵

实例——带通贝塞尔滤波器幅值响应

源文件：yuanwenjian\ch13\besselffzxy.m

MATLAB 程序如下：

扫一扫，看视频

```
>> close all
>> clear
>> [b,a] = besself(6,[300 500],'bandpass');    %创建六阶带通贝塞尔滤波器系数
>> fvtool(b,a)                                  %可视化滤波器幅值响应
```

运行结果如图 13.4 所示。

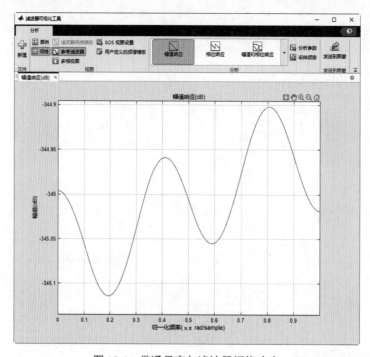

图 13.4　带通贝塞尔滤波器幅值响应

13.1.3　切比雪夫滤波器设计

切比雪夫滤波器是以俄罗斯数学家巴夫尼提·列波维其·切比雪夫的名字命名，在通带或阻带上频率响应幅度等波纹波动的滤波器。在通带波动的为"切比雪夫 I 型滤波器"，在阻带波动的为"切比雪夫 II 型滤波器"。切比雪夫滤波器在过渡带比巴特沃斯滤波器衰减快，但频率响应的幅频特性不如后者平坦。切比雪夫滤波器和理想滤波器的频率响应曲线之间的误差最小，但是在通频带内存在幅度波动。

在 MATLAB 中，使用 cheby1 命令设计切比雪夫 I 型滤波器，其调用格式见表 13.4。

表 13.4　cheby1 命令的调用格式

命 令 格 式	说　　明
[b,a] = cheby1(n,Rs,Ws)	计算归一化通带边缘频率为 Ws、峰间通带纹波为 Rs 的 n 阶切比雪夫 I 型数字滤波器的传递函数的分子系数 b、分母系数 a。如果 Ws 为标量，设计低通或高通滤波器；如果 Ws 为二元素向量，设计带通或带阻滤波器
[b,a] = cheby1(n,Rs,Ws,ftype)	在上一种语法格式的基础上，使用参数 ftype 指定滤波器类型：'low'、'bandpass'、'high'、'stop'
[z,p,k] = cheby1(...)	计算切比雪夫 I 型数字滤波器的零点 z、极点 p 和增益 k
[A,B,C,D] = cheby1(...)	计算滤波器状态空间矩阵 A、B、C、D
[...] = cheby1(...,'s')	设计低通、高通、带通或带阻模拟切比雪夫 I 型滤波器

在 MATLAB 中，使用 cheby2 命令设计切比雪夫 II 型滤波器，其调用格式与 cheby1 相同，这里不再赘述。

实例——切比雪夫滤波器幅值响应

源文件：yuanwenjian\ch13\cheby1fzxy.m

MATLAB 程序如下：

```
>> close all
>> clear
>> [b1,a1] = cheby1(9,20,0.5,'high');    %创建九阶切比雪夫 I 型高通滤波器，通带峰值纹波
                                          为 20，通带截止频率为 0.5
>> [b2,a2] = cheby2(9,20,0.5,'high');    %创建九阶切比雪夫 II 型高通滤波器
>> h=fvtool(b1,a1,b2,a2);                %可视化两个滤波器的幅值响应
>> legend(h,'切比雪夫 I 型','切比雪夫 II 型')
```

运行结果如图 13.5 所示。

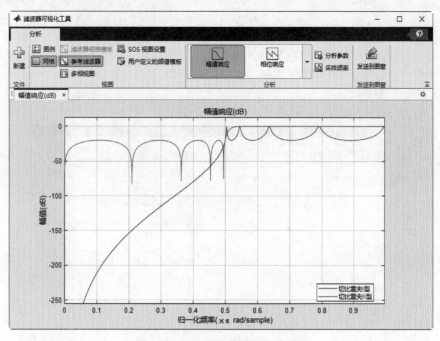

图 13.5 切比雪夫滤波器幅值响应

13.1.4 椭圆滤波器设计

椭圆滤波器又称考尔（Cauer）滤波器，是在通带和阻带等波纹的一种滤波器。与在通带和阻带都平坦的巴特沃斯滤波器，以及通带平坦、阻带等波纹或是阻带平坦、通带等波纹的切比雪夫滤波器相比，在阶数相同的条件下，椭圆滤波器有着最小的通带和阻带波动，且在通带和阻带的波动相同。

椭圆滤波器传输函数是一种较复杂的逼近函数，其利用传统的设计方法要进行烦琐的计算，然后根据计算结果进行查表，因此设计、调整过程都很困难。用 MATLAB 设计椭圆滤波器则可以大大简化设计过程。在 MATLAB 中，使用 ellip 命令设计椭圆滤波器，其调用格式见表 13.5。

表 13.5 ellip 命令的调用格式

命 令 格 式	说　明
[b,a] = ellip(n,Rp,Rs,Wp)	计算 n 阶低通数字椭圆滤波器的传递函数的系数 b 和 a，归一化通带边缘频率为 Wp，从峰值通带值下降的阻带衰减为 Rs、峰间通带纹波为 Rp
[b,a] = ellip (n,Rp,Rs,Wp,ftype)	在上一种语法格式的基础上，使用参数 ftype 指定滤波器类型：low'、'bandpass'、'high'、'stop'
[z,p,k] = ellip (…)	计算滤波器系数零点 z、极点 p 和增益 k
[A,B,C,D] = ellip(…)	计算滤波器状态空间矩阵 A、B、C、D
[...] = ellip(…,'s')	设计低通、高通、带通或带阻模拟椭圆滤波器

实例——椭圆滤波器幅值响应和相位响应

源文件：yuanwenjian\ch13\ellipfzxw.m

MATLAB 程序如下：

```
>> close all
>> clear
>> [b,a] = ellip(9,0.1,0.5,0.6,'high');      %创建九阶高通椭圆滤波器，通带峰值纹波为0.1dB,
                                              阻带衰减为0.5dB，通带截止频率为0.6Hz
>> h=fvtool(b,a,'Analysis','freq');          %创建滤波信号的幅值响应和相位响应
>> legend(h)                                  %添加图例
```

运行结果如图 13.6 所示。

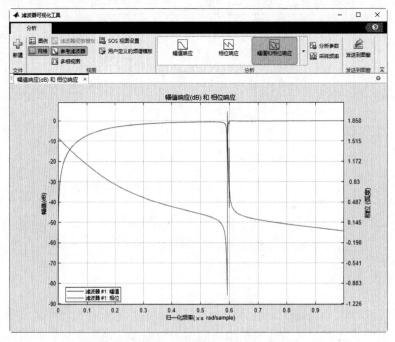

图 13.6　椭圆滤波器幅值响应和相位响应

13.2　IIR 滤波器的频率响应

在 MATLAB 中，freqs 命令用于显示模拟滤波器的频率响应，其调用格式见表 13.6。

表 13.6 freqs 命令的调用格式

命 令 格 式	说 明
h = freqs(b,a,w)	返回角频率为 w 的模拟滤波器的复频率响应 h，模拟滤波器由分子和分母多项式系数 b 和 a 定义
[h,wout] = freqs(b,a,n)	使用 n 个频率点计算模拟滤波器的复频率响应 h，以及相应的角频率 wout
freqs(…)	绘制模拟滤波器的频率响应图

实例——计算传递函数频率响应

源文件：yuanwenjian\ch13\cdhsplxy.m

MATLAB 程序如下：

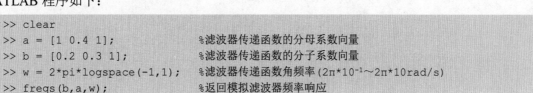

```
>> clear
>> a = [1 0.4 1];            %滤波器传递函数的分母系数向量
>> b = [0.2 0.3 1];          %滤波器传递函数的分子系数向量
>> w = 2*pi*logspace(-1,1);  %滤波器传递函数角频率(2π*10⁻¹～2π*10rad/s)
>> freqs(b,a,w);             %返回模拟滤波器频率响应
```

运行结果如图 13.7 所示。

实例——求解五阶带阻巴特沃斯滤波器的频率响应

源文件：yuanwenjian\ch13\butterplxy.m

MATLAB 程序如下：

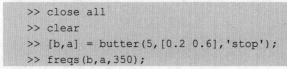

```
>> close all
>> clear
>> [b,a] = butter(5,[0.2 0.6],'stop');    %创建五阶带阻巴特沃斯滤波器系数
>> freqs(b,a,350);                         %巴特沃斯滤波器350个频率点的频率响应
```

运行结果如图 13.8 所示。

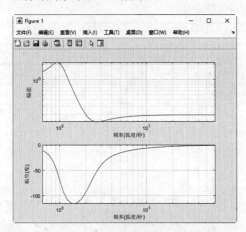

图 13.7 传递函数频率响应

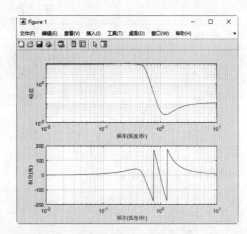

图 13.8 五阶带阻巴特沃斯滤波器的频率响应

实例——计算九阶高通巴特沃斯滤波器频率响应

源文件：yuanwenjian\ch13\buttergtplxy.m

MATLAB 程序如下：

```
>> close all
>> clear
```

```
>> [b,a] = butter(9,0.9,'high');        %创建九阶高通巴特沃斯滤波器系数
>> freqs(b,a,logspace(-1,2));           %创建巴特沃斯滤波器频率响应，角频率为0.1~100rad/s
```

运行结果如图 13.9 所示。

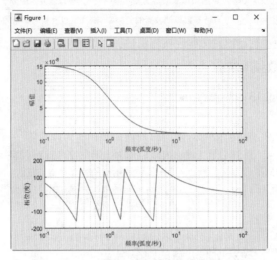

图 13.9　九阶高通巴特沃斯滤波器频率响应

13.3　IIR 滤波器滤波

在 MATLAB 中，filtfilt 命令表示使用 IIR 滤波器对信号进行零相位数字滤波，其调用格式见表 13.7。

表 13.7　filtfilt 命令的调用格式

命令格式	说　明
y = filtfilt(b,a,x)	使用分子、分母多项式系数分别为 b、a 的滤波器对信号 x 进行零相位数字滤波，返回滤波信号 y
y = filtfilt(sos,g,x)	使用由二阶系数矩阵 sos 和比例因子 g 表示的双二阶滤波器对输入数据 x 进行零相位滤波
y = filtfilt(d,x)	使用数字滤波器 d 对输入数据 x 进行零相位滤波

扫一扫，看视频

实例——对啁啾信号滤波

源文件：yuanwenjian\ch13\chirplb.m

MATLAB 程序如下：

```
>> close all
>> clear
>> fs=1000;                             %定义信号采样频率为1000Hz
>> t = 0:1/fs:1-1/fs;                   %信号采样时间序列，波形持续时间为1s
>> x= chirp(t,30,2,5).*exp(-(2*t-3).^2)+2;  %创建高斯调制的啁啾信号，信号直流值为2，初始
                                            啁啾频率为30Hz，2s后衰减到5Hz
>> d = designfilt('lowpassfir', ...
    'PassbandFrequency',0.15,'StopbandFrequency',0.2, ...
    'PassbandRipple',1,'StopbandAttenuation',60, ...
    'DesignMethod','equiripple');       %构造低通 FIR 等波纹滤波器
>> y1 = filtfilt(d,x);                  %计算零相位滤波信号
```

```
>> y2 = filter(d,x);                    %一维数字滤波器滤波信号
>> y3 = fftfilt(d,x);                   %使用基于 FFT 的叠加法对 x 进行滤波
>> tiledlayout(2,1)
>> nexttile;
>> plot(t,x)                            %绘制原始信号时域图
>> title('原始信号')
>> nexttile;
>> plot(t,y1,t,y2,t,y3)                 %绘制滤波后的信号时域图
>> legend('零相位数字滤波','一维数字滤波','FFT 叠加法滤波')
>> title('滤波后的信号');
```

运行结果如图 13.10 所示。

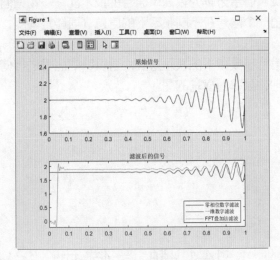

图 13.10　对啁啾信号滤波

第 14 章　信号频谱分析

内容指南

频谱分析是一种将复噪声信号分解为较简单信号的技术。许多物理信号均可以表示为多个不同频率的简单信号之和。找出一个信号在不同频率下的信息（可能是幅度、功率、强度或相位等）的操作就是频谱分析。

频谱是指一个时域的信号在频域下的表示方式，可以针对信号进行傅里叶变换得到，所得的结果会是以幅度及相位为纵轴、频率为横轴的图。

内容要点

➤ 频谱估计
➤ 短时傅里叶变换
➤ 伪谱估计

14.1　频　谱　估　计

广义上，信号频谱是指组成信号的全部频率分量的总集；狭义上，一般的频谱测量中，常将随频率变化的幅度谱称为频谱。

频谱分析是指把时间域的各种动态信号通过傅里叶变换转换到频率域进行分析。频谱分析中应注意频谱混叠、泄漏效应和栅栏效应。

14.1.1　信号频谱定义

频谱是频率谱密度的简称，是频率的分布曲线。复杂振荡分解为振幅不同和频率不同的谐振荡，这些谐振荡的幅值按频率排列的图形就称为频谱。频谱将对信号的研究从时域引入到频域，从而带来更直观的认识。

如果信号随着时间变化，且可以用幅度表示，则都有其对应的频谱。可见光（颜色）、音乐、无线电波、振动等都有这样的性质。用频谱表示这些物理现象时，可以提供一些物理现象产生原因的相关信息。例如针对一个仪器的振动，可以借由其振动信号频谱的频率成分，推测振动是由哪些元件所造成的。

谱一般是表示某种物理量数值与频率关系的一张图。常见的信号被表述为一个随时间变化的物理量 $f(t)$，其等价的频域上的方程 $F(\omega)$ 表示了该物理量在频域上的特征。时域和频率上的关系可以通过傅里叶分析和傅里叶变换来研究。

傅里叶变换，将时域变换到频域，其变换方程可以定义为

$$F[x(t)] = \int_{-\infty}^{\infty} x(t)\mathrm{e}^{-\mathrm{j}\omega t}\mathrm{d}t = X(\omega)$$

傅里叶逆变换，频域到时域上的变化可以表示为

$$F^{-1}[X(\omega)] = \frac{1}{2\pi}\int_{-\infty}^{\infty} X(\omega)\mathrm{e}^{\mathrm{j}\omega t}\mathrm{d}\omega = x(t)$$

帕塞瓦尔（Parseval）定理揭示了时域和频域上的能量关系，表明了信号的能量在时域和频域相等，其公式为

$$\omega(t) = \int_{-\infty}^{\infty} f^2(t)\mathrm{d}t = \int_{-\infty}^{\infty} F(f)F^*(f)\mathrm{d}f = \int_{-\infty}^{\infty} |F(f)|^2\,\mathrm{d}f$$

该定理说明了信号 $f(t)$ 的总能量等于其傅里叶变换后频域上的面积积分。$|F(f)|^2$ 一般被称为能量密度、谱密度，或者功率谱密度函数，描述了在微分频带 $f \sim f + \mathrm{d}f$ 上所包含的信号能量。

14.1.2　信号特征参数

在频谱分析之前，有必要先了解以下几个常用的信号特征参数。

1. 均值

信号的均值 $E[x(t)]$，反映了信号变化的中心趋势，也称为直流分量，表达式为

$$\mu_x = E[x(t)] = \lim_{T\to\infty}\frac{1}{T}\int_0^T x(t)\mathrm{d}t \quad （连续量）$$

2. 均方值

信号的均方值 $E[x^2(t)]$，表达了信号的强度，其正平方根值，又称为有效值（Root Mean Square，RMS），也是信号平均能量的一种表达，即

$$\psi_x^2 = E[x^2(t)] = \lim_{T\to\infty}\frac{1}{T}\int_0^T x^2(t)\mathrm{d}t$$

3. 方差

信号的方差反映了信号绕均值的波动程度。信号 $x(t)$ 的方差定义为

$$\sigma_x^2 = E[x(t) - E[x(t)]]^2 = \lim_{T\to\infty}\frac{1}{T}\int_0^T (x(t) - \mu_x)^2\mathrm{d}t$$

14.1.3　幅值频谱

"幅值频谱"表示幅值随频率变化的情形。在 MATLAB 中，abs 命令用于求解信号波形的幅值频谱，该命令的调用格式见表 14.1。

表 14.1　abs 命令的调用格式

命 令 格 式	说　　明
Y = abs(X)	求解信号 x(n) 的幅值频谱

1. 奈奎斯特频率

为防止信号混叠需要定义最小采样频率，称为奈奎斯特频率，奈奎斯特频率是离散信号系统采

样频率的一半，即 $f = f_s / 2$。整个频谱图是以奈奎斯特频率为对称轴的。由于 FFT 变换数据的对称性，因此用 FFT 对信号做频谱分析，只需考察 0 到奈奎斯特频率范围内的幅频特性。

进行 FFT 分析时，幅值大小与 FFT 选择的点数有关。如果要得到真实的振幅值大小，由于幅度是对称的，所以要将得到的变换后的采样时间、采样点数取一半，如下：

```
f = fs*(0:N/2)/N;
```

扫一扫，看视频

实例——演示采样点数对时钟信号的傅里叶变换的影响

源文件：yuanwenjian\ch14\fftyx.m

MATLAB 程序如下：

```
>> close all
>> clear
>> load clocksig      %加载时钟信号文件clocksig.mat，包含变量clock1、clock2、Fs、time1、time2
>> x1 = clock1';
>> x2 = clock2';             %定义信号
>> t1 = time1;
>> t2 = time2;               %采样时间序列
>> subplot(2,1,1)
>> plot(t1,x1,'*')           %绘制原始随时间变化的时钟信号1
>> hold on
>> plot(t2,x2,'r')           %绘制原始随时间变化的时钟信号2
>> xlabel('时间/s');
>> legend('t1=500','t2=1000');  %图例
>> title('原始信号')
>> grid on;                  %显示网格线
>> subplot(2,1,2)
>> y1=fft(x1,500);      %FFT 点数为500，对信号x1进行傅里叶变换，经 FFT 将时域变换到频域
>> y2=fft(x2,1000);     %FFT 点数为1000，对信号x2进行傅里叶变换，经 FFT 将时域变换到频域
>> plot(t1,y1)               %绘制傅里叶变换后的信号y1
>> hold on
>> plot(t2,y2)               %绘制傅里叶变换后的信号y2
>> xlabel('时间/s');
>> title('傅里叶变换')
>> legend('N1=500','N2=1000');
>> grid on;
```

运行结果如图 14.1 所示。

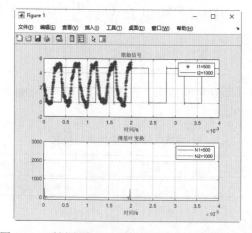

图 14.1 采样点数对时钟信号的傅里叶变换的影响

2. 单边谱与双边谱

单边谱与双边谱间的相互转换是信号处理中的一个基本运算。

FFT 变换后得到的是一个双边谱，幅度 P2_y_fft 是真实值 y_fft 的 $1/N$，N 是进行 FFT 的信号采样数。

```
P2_y_fft =abs(y_fft/N);
```

双边谱幅频呈偶对称，大小是单边谱 P1_y_fft 的一半，且关于纵轴对称，因此零频率就没有除以 2；直流分量值不变。双边谱相频呈奇对称，且大小等于单边谱。

```
P1_y_fft = P2_y_fft(1:N/2+1);
P1_y_fft(2:end-1) = 2*P1_y_fft(2:end-1)
```

实例——创建三角波的单边谱与双边谱

源文件：yuanwenjian\ch14\dspp.m

MATLAB 程序如下：

扫一扫，看视频

```
>> close all
>> clear
>> f0 = 100;                       %初始时刻的瞬时频率（最小频率）
>> fs = 5000;                      %定义采样频率为 5000Hz
>> n=1:1:1000;                     %定义采样点序列
>> N = length(n);                  %获取信号采样点数
>> t =n/fs;                        %定义采样时间序列
>> x = 2*sawtooth(4*pi*f0*t);      %在时间序列 t 上产生三角波信号，频率为 100Hz，幅值为 2
>> subplot(3,1,1)
>> plot(n,x)
>> title('原始信号')
>> y =fft(x);                      %转换到频域
>> y2=abs(y/N);                    %信号双边谱的幅度
>> subplot(3,1,2)
>> plot(n,y2)                      %信号双边频谱
>> xlabel('f(Hz)')
>> ylabel('|P2(f)|')              %标注坐标轴
>> title('FFT 信号双边频谱')
>> y1=y2(1:N/2+1);
>> y1(2:end-1)=2*y1(2:end-1);      %计算信号单边谱的幅度
>> f = fs*(0:N/2)/N;               %计算信号频谱幅度所对应的频率
>> subplot(3,1,3)
>> plot(f,y1)                      %信号单边频谱
>> xlabel('f(Hz)')
>> ylabel('|P1(f)|')
>> title('FFT 信号单边频谱')
```

运行结果如图 14.2 所示。

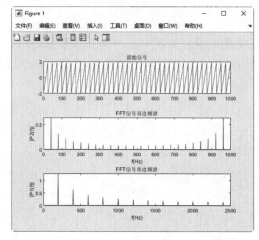

图 14.2 三角波的单边谱与双边谱

14.1.4 相位频谱

扫一扫，看视频

相位频谱表示相位随频率变化的情形。

实例——绘制噪声信号的相位频谱

源文件：yuanwenjian\ch14\xhxwp.m

MATLAB 程序如下：

```
>> close all
>> clear
>> fs=1000;                    %定义采样频率为 1000Hz
>> N=2000;                     %定义采样点数
>> n=0:N-1;                    %定义采样点数序列
>> load noisyecg              %加载噪声信号
>> y=noisyECG_withTrend';      %定义信号 y
>> subplot(221)
>> plot(y);                    %绘制噪声信号
>> Y=fft(y,N);                 %计算 FFT 信号，转换为频域
>> A=abs(Y);                   %求 FFT 信号的幅值
>> f=n*fs/N;                   %计算信号频率
>> subplot(222)
>> plot(f(1:N/2),A(1:N/2));    %绘制奈奎斯特频率幅值谱
>> xlabel('频率/hz'),ylabel('幅值'),title('幅值谱');
>> grid on;
>> subplot(223)
>> ph=2*angle(Y(1:N/2));       %计算信号的相位
>> plot(f(1:N/2),ph(1:N/2));   %绘制奈奎斯特频率相位谱
>> xlabel('频率/hz'),ylabel('相位'),title('相位谱');
>> grid on;
>> subplot(224)
>> ph1=ph*180/pi;              %将信号相位由弧度转化成角度
>> plot(f(1:N/2),ph1(1:N/2));  %绘制频率相位谱
>> xlabel('频率/hz'),ylabel('相位'),title('相位谱');
>> grid on;
```

运行结果如图 14.3 所示。

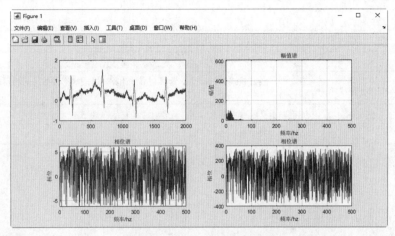

图 14.3　噪声信号的相位频谱

14.1.5　信号频谱

频谱是频谱谱密度的简称，是频率的分布曲线。复杂振荡可分解为振幅不同和频率不同的谐振荡，这些谐振荡的幅值按频率排列的图形就是频谱。频谱广泛应用于声学、光学和无线电技术等方面。复杂的机械振动分解成的频谱称为机械振动谱；声振动分解成的频谱称为声谱；光振动分解成的频谱称为光谱；电磁振动分解成的频谱称为电磁波谱。一般常把光谱包括在电磁波谱的范围之内。

功率谱是在有限信号的情况下，单位频带范围内信号功率的变换状况，功率随频率变化，即信号功率在频域的分布状况。它含有频谱的一些幅度信息，不过舍弃了相位信息。

持久谱是工频空间中的直方图。随着信号的发展，特定频率在信号中持续的时间越长，其时间百分比就越高，因此显示器中的颜色越亮或越"热"。持续谱可用于识别隐藏在其他信号中的信号。

在 MATLAB 中，pspectrum 命令用来分析信号的频域和时频域，生成光谱、功率谱和持久谱，其调用格式见表 14.2。

表 14.2　pspectrum 命令的调用格式

命 令 格 式	说　明
p = pspectrum(x)	创建信号 x 的频谱。 如果 x 是一个向量或一个带有数据向量的时间表，那么它就被看作是一个单一的通道； 如果 x 是一个矩阵，一个带有矩阵变量的时间表，或者一个带有多个向量变量的时间表，每个信道独立计算频谱，并将其存储在 p 中
p = pspectrum(x,fs)	创建采样率为 fs 的信号 x 的频谱
p = pspectrum(x,t)	创建采样时间为 t 的信号 x 的频谱
p = pspectrum(…,type)	在以上任一种语法格式的基础上，使用参数 type 指定频谱分析的类型，如'power（计算输入的功率谱）'、'spectrogram（计算输入的谱图）'或'persistence（计算输入的持久功率谱）'
p = pspectrum(…,Name,Value)	在以上任一种语法格式的基础上，使用一个或多个名称-值对参数指定其他选项。选项包括频率分辨率、带宽和相邻段之间的重叠百分比。 'FrequencyLimits' 设置频带范围；'FrequencyResolution' 设置频率分辨率带宽；'Leakage' 设置谱泄漏值；'MinThreshold' 设置非 0 值的下界；'NumPowerBins'设置持久谱功率箱数；'OverlapPercent'设置谱图或持久谱相邻段之间的重叠率，取值为区间[0,100]中的实数标量；'Reassign'设置重新分配选项（pspectrum 通过执行时间和频率重新分配来提高光谱估计的定位。重新分配技术产生的周期图和光谱图更容易阅读和解释）；'TimeResolution'设置谱图或持久谱的时间分辨率；'TwoSided'设置双面谱估计

续表

命 令 格 式	说　　明
[p,f] = pspectrum(…)	在以上任一种语法格式的基础上，还返回谱估计值对应的频率 f
[p,f,t] = pspectrum(…,'spectrogram')	在上一种语法格式的基础上，返回与用于计算短时间功率谱估计的加窗段的中心对应的时间瞬时向量 t
[p,f,pwr] = pspectrum(…,'persistence')	返回与持久性谱中包含的估计值相对应的幂值向量 pwr
pspectrum(…)	在当前图形窗口中绘制谱图

实例——光谱泄漏对正弦信号频谱的影响

源文件：yuanwenjian\ch14\gpxlpp.m

MATLAB 程序如下：

```
>> close all
>> clear
>> fs = 100;                    %定义采样频率为100Hz
>> t = 0:1/fs:2-1/fs;           %采样时间序列
>> x=sin(2*pi*20*t);           %正弦信号
>> subplot(311)
>> pspectrum(x,t,'Leakage',1)  %绘制信号频谱图。将泄漏因子设置为最大值1，相当于用矩形窗为信
                                 号为窗，以提高频率分辨率
>> subplot(312)
>> pspectrum(x,t,'Leakage',0)  %将泄漏因子设置为最小值0，以牺牲光谱分辨率为代价，将泄漏降低
                                 到最小
>> subplot(313)
>> pspectrum(x,t,'Leakage',0.5) %将泄漏因子设置为默认值0.5
```

运行结果如图 14.4 所示。

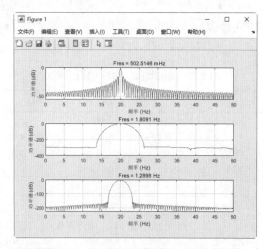

图 14.4　光谱泄漏对正弦信号频谱的影响

实例——创建颤音信号功率谱

源文件：yuanwenjian\ch14\cyxhglp.m

MATLAB 程序如下：

```
>> close all
>> clear
```

```
>> load whaleTrill          %加载数据文件 whaleTrill.m，包含信号 whaleTrill 和采样频率 Fs
>> t = 0:1/Fs:1.5;          %定义采样时间序列
>> subplot(221)
>> plot(t, whaleTrill)      %原始信号时域图
>> title('原始信号')
>> subplot(222)
>> pspectrum(whaleTrill,Fs,'Leakage',1,'FrequencyLimits',[650, 1500])
%在 650～1500Hz 频段内计算功率谱
>> subplot(223)
>> pspectrum(whaleTrill,Fs,'spectrogram','Leakage',1,'OverlapPercent',0, ...
    'FrequencyLimits',[650, 1500]);      %计算 650～1500Hz 波段上的谱图，只显示主要的频率分
                                          量，音调持续时间及其时间位置为 0%重叠
>> subplot(224)
>> pspectrum(whaleTrill,Fs,'spectrogram','OverlapPercent',0, ...
    'Leakage',1,'MinThreshold',-60)      %'MinThreshold'设置为-60，以从谱图中消除背景噪音
```

运行结果如图 14.5 所示。

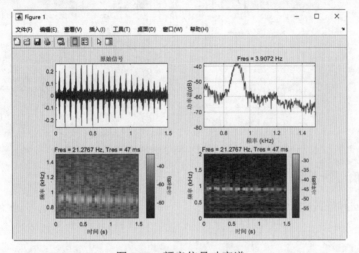

图 14.5　颤音信号功率谱

实例——创建啁啾波频谱

源文件：yuanwenjian\ch14\chirpbpp.m

MATLAB 程序如下：

扫一扫，看视频

```
>> close all
>> clear
>> fs=1e3;
>> t = -2:1/fs:2;                        %采样时间序列，余弦扫频信号持续时间为 4s
>> x = chirp(t,100,1,200,'quadratic');   %啁啾信号的初始频率为 100Hz，在 t=1s 增加到 200Hz
>> subplot(221)
>> pspectrum(x,t,'spectrogram','TimeResolution',0.1, ...
    'OverlapPercent',99,'Leakage',0.85)  %计算并绘制啁啾的谱图。将信号分割成分段，时间分辨率
                                          为 0.1s，相邻段之间重叠为 99%，频谱泄漏因子为 0.85
>> subplot(222)
>> pspectrum(x,fs,'spectrogram', ...
    'FrequencyLimits',[100 300],'TimeResolution',1)  %计算信号的谱图，频带设置在
                                                      [100 300]内，谱图的时间分辨率为 1
```

```
>> subplot(223)
>> pspectrum(x,fs,'FrequencyLimits',[100 300],'Leakage',1)    %计算信号的功率谱，频带设置在
                                                                  [100 300]内，频谱泄漏量为1
>> subplot(224)
>> pspectrum(x,fs,'persistence', ...
   'FrequencyLimits',[100 300],'TimeResolution',1)    %计算信号的持续谱，频带设置在
                                                         [100 300]内，谱图的时间分辨率为1
```

运行结果如图 14.6 所示。

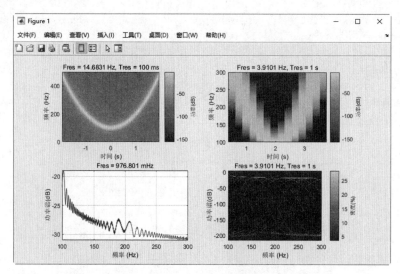

图 14.6 啁啾波频谱

实例——创建信号的谱图

源文件：yuanwenjian\ch14\xhpt. m

MATLAB 程序如下：

```
>> close all
>> clear
>> fs = 1000;                    %定义采样频率为1000Hz
>> t=0:1/fs:1;                   %采样周期为0.001s，即采样频率为1000Hz
>> x = rectpuls(2*pi*t);        %创建非周期方波信号
>> x = awgn(x,1,'measured');    %在信号x中添加高斯白噪声
>> subplot(2,1,1)
>> [sp,fp,tp] = pspectrum(x,fs,'spectrogram','FrequencyResolution',10);
%指定频率分辨率为10Hz，计算谱图
>> mesh(tp,fp,sp)               %绘制频谱的三维网格图
>> xlabel('Time (s)')
>> ylabel('Frequency (Hz)')
>> subplot(2,1,2)
>> waterfall(fp,tp,sp');        %瀑布图
>> xlabel('Frequency (Hz)')
>> ylabel('Time (seconds)')
>> view([30 45])                %调整方位角和仰角
```

运行结果如图 14.7 所示。

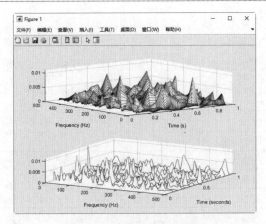

图 14.7　创建信号的谱图

14.2　短时傅里叶变换

短时傅里叶变换（Short-Time Fourier Transform，STFT）常用于缓慢时变信号的频谱分析，可以观察随时间变化的频谱信号。它弥补了频谱分析中不能观察时间的缺点，也弥补了时域分析不能获取频率的缺点。

经 STFT 处理后的信号具有时域和频域的局部化特性，可以借助其分析信号的时频特性。设计思路如下：

（1）窗函数选择汉明窗，最大 DFT 点数不大于 256。

（2）用户输入（传值）：signal、window、overlap、N、fs 等。根据窗的长度截取响应长度的信号序列，然后将二者对应的点逐点相乘，得到的数即为加窗截取后的值。之所以需要乘以窗函数，是因为如果直接截取信号，会使截取的信号出现突变（波形上表现为直角），经过变换后会出现无限谐波，影响截取后 FFT 的效果。

（3）根据窗的大小将 signal 拆分，并与窗函数相乘。

（4）对每个 signal 片段进行 N 点 FFT，并求出能量谱密度。

（5）调用绘图方法，把能量谱密度（功率谱密度）用不同的颜色表示出来绘图。

14.2.1　信号的 STFT 和 ISTFT

短时傅里叶变换（STFT）、短时傅里叶逆变换（ISTFT）是与傅里叶变换相关的一种数学变换，用以确定时变信号其局部区域正弦波的频率与相位。利用短时傅里叶变换分析非平稳信号的频率内容随时间的变化规律。

STFT 基本原理可以理解为对一段长信号，截取每一段时间的短信号进行 FFT，将得到的频谱图时间沿时间轴排列，即可得到时频图。

STFT 是一种基于窗函数的变换，一般来说，短窗能够提供较好的时域解析度，长窗能够提供较好的频域解析度。短时傅里叶变换就是将原来的傅里叶变换在时域截短为多段分别进行傅里叶变换，每一段记为时刻 t_i，对应 FFT 求出频域特性，就可以粗略估计出时刻 t_i 的频域特性（也就是同时知道了时域和频域的对应关系）。用于信号截短的工具称为窗函数（宽度相当于时间长度），窗越小，时域特性越明显，但是此时由于点数过少，导致 FFT 降低了精确度，导致频域特性不明显。

简而言之，短时傅里叶变换为一系列加窗数据帧的快速傅里叶变换，窗口随时间"滑动"（slide）或"跳跃"（hop）。

在 MATLAB 中，stft 命令用来对信号进行短时傅里叶变换，其调用格式见表 14.3。

表 14.3　stft 命令的调用格式

命 令 格 式	说　　明
s = stft(x)	计算信号 x 的短时傅里叶变换
s = stft(x,fs)	计算采样频率为 fs 的信号 x 的短时傅里叶变换
s = stft(x,ts)	计算采样时间为 ts 的信号 x 的短时傅里叶变换
s = stft(…,Name,Value)	在以上任一种语法格式的基础上，使用一个或多个名称-值对参数指定 FFT 窗口、长度等参数
[s,f] = stft(…)	在以上任一种语法格式的基础上，还返回短时傅里叶变换后的频率 f，用于对 STFT 进行评估
[s,f,t] = stft(…)	在上一种语法格式的基础上，还返回计算信号 x 的短时傅里叶变换的时间 t
stft(…)	在没有输出参数的情况下，在当前的图形窗口中绘制 STFT

扫一扫，看视频

实例——创建信号 STFT

源文件：yuanwenjian\ch14\xhstft.m

MATLAB 程序如下：

```
>> close all
>> clear
>> fs = 1000;              %定义采样频率为1000Hz
>> t = -4:1/fs:4;          %定义信号采样时间序列
>> f0 = 100;               %初始时刻的瞬时频率（最小频率）为100Hz
>> f1 = 200;               %t1 时刻的瞬时频率
>> x = chirp(t,f0,1,f1,'quadratic',[],'convex');
%定义凸二次余弦扫频信号 x，[]表示忽略初始相位
>> stft(x,fs,'Window',kaiser(256,5),'OverlapLength',220,'FFTLength',512);   %使用长度为
256 的凯撒窗计算并绘制信号 x 的 STFT，形状参数 β=5。指定重叠长度为 220 个样本，DFT 长度为 512 个点
>> view(-45,65)            %更改视图的方位角和仰角
>> colormap jet           %将颜色图设置为jet
```

运行结果如图 14.8 所示。

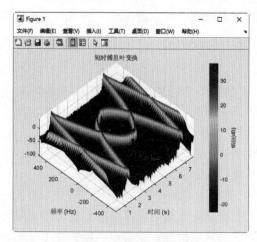

图 14.8　创建信号 STFT

在 MATLAB 中，istft 命令用来对信号进行短时傅里叶逆变换，其调用格式见表 14.4。

表 14.4　istft 命令的调用格式

命 令 格 式	说　明
s = istft(x)	计算信号 x 的短时傅里叶逆变换
s = istft(x,fs)	计算采样频率为 fs 的信号 x 的短时傅里叶逆变换
s = istft(x,ts)	计算采样时间为 ts 的信号 x 的短时傅里叶逆变换
s = istft(…,Name,Value)	在以上任一种语法格式的基础上，使用一个或多个名称-值对参数指定 FFT 窗口、长度等参数
[s,t] = istft(…)	在以上任一种语法格式的基础上，还返回短时傅里叶变换后的信号时间 t，用于对 ISTFT 进行评估

实例——创建信号 STFT 和 ISTFT 变换

源文件：yuanwenjian\ch14\stft_istft.m

MATLAB 程序如下：

扫一扫，看视频

```
>> close all
>> clear
>> fs = 1000;                        %定义采样频率为 1000Hz
>> t = 0:1/fs:1-1/fs;                %定义信号采样时间序列
>> x = sin(2*pi*25*t)+ randn(1,1000); %添加噪声的正弦信号
>> win = hamming(100,'periodic');    %设计一个长度为 100 的周期性汉明窗
>> noverlap = 80;                    %样本重叠数为 80
>> subplot(3,1,1)
>> plot(t,x)                         %原始信号时域图
>> xlabel('时间 t');ylabel('原始信号 x(t)');
>> title('原始信号');
>> subplot(3,1,2)
>> [y,f,t] = stft(x,fs,'Window', win,'OverlapLength',noverlap);
%使用重叠样本数 80 计算信号的短时傅里叶变换
>> plot(f,y)                         %STFT 变换后的信号
>> xlabel('频率 f');ylabel('变换信号 y(t)');
>> title('STFT 变换');
>> subplot(3,1,3)
>> [iy,t] = istft(y,fs,'Window', win,'OverlapLength',noverlap);
>> plot(t,iy)
>> xlabel('时间 t');ylabel('变换信号 iy(t)');
>> title('ISTFT 变换');
```

运行结果如图 14.9 所示。

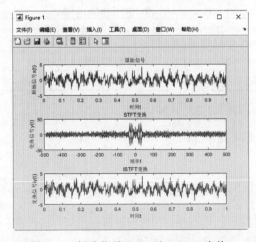

图 14.9　创建信号 STFT 和 ISTFT 变换

14.2.2 短时傅里叶变换谱图

1. 频谱图

在 MATLAB 中，spectrogram 命令用来进行短时傅里叶变换，得到信号的频谱图，其调用格式见表 14.5。

表 14.5 spectrogram 命令的调用格式

命 令 格 式	说 明
s = spectrogram(x)	返回输入信号的短时傅里叶变换频谱图 s，它的每一列包含一个短期局部时间的频率成分估计，时间沿列增加，频率沿行增加。其中，x 为输入信号的向量。默认情况下，即没有后续输入参数时，x 将被分成 8 段分别做变换处理，如果 x 不能被平分成 8 段，则会做截断处理
s = spectrogram(x,window)	使用窗函数 window 将信号 x 分割成段并执行窗口化
s = spectrogram (x,window,noverlap)	在上一种语法格式的基础上，使用参数 noverlap 指定相邻段之间的重叠样本数，默认产生 50%的重叠
s = spectrogram (x,window,noverlap,nfft)	在上一种语法格式的基础上，使用参数 nfft 指定进行 FFT 变换的长度，默认为 256 和大于每段长度的最小 2 次幂之间的最大值
[s,w,t] = spectrogram(...)	在以上任一种语法格式的基础上，返回短时傅里叶变换矩阵 s、即时时间 t 和归一化频率 w
[s,f,t] = spectrogram(...,fs)	输入参数 fs 为采样频率，输出参数 f 为周期性频率，必须为至少有两个元素的向量，否则将被解释为 nfft
[s,w,t] = spectrogram (x,window,noverlap,w)	根据指定的归一化频率 w 返回谱图
[s,f,t] = spectrogram (x,window,noverlap,f,fs)	根据指定的周期性频率 f 返回谱图
[...,ps] = spectrogram(...)	在以上任一种语法格式的基础上，还返回估计功率谱密度（PSD）或功率谱 ps
[...] = spectrogram (...,'reassigned')	在以上任一种语法格式的基础上，将每个 PSD 或功率谱重新分配到其能量中心的位置，提高频率分辨率
[...,ps,fc,tc] = spectrogram(...)	ps 为功率谱密度或功率谱，fc 为能量中心频率，tc 为能量中心时间
[...] = spectrogram (...,freqrange)	freqrange 为 PSD 估计的频率范围，指定为'onesided'（返回真实输入信号的单边谱图）、'twosided'（返回真实或复杂信号的双面谱图）或'centered'（返回真实或复杂信号的中心双面谱图）。对于实数信号，默认值为'onesided'；对于复数信号，默认值为'twosided'，并指定'onesided'导一个错误
[...] = spectrogram (...,Name,Value)	使用一个或多个名称-值对参数指定计算谱图的参数。'MinThreshold' 设置门限，提高频率分辨率，可选值为 Inf（默认）实标量；'OutputTimeDimension'表示输出时间维度，可选值为 acrosscolumns（默认）或 downrows
[...] = spectrogram (...,spectrumtype)	spectrumtype 表示功率谱标度，指定为'psd'（返回功率谱密度）或'power'（根据窗口的等效噪声带宽对 PSD 的每个估计进行缩放）
spectrogram(...)	在没有输出参数的情况下，在当前图形窗口中绘制谱图
spectrogram(...,freqloc)	freqloc 表示频率显示轴，指定为'xaxis'（频率在 *x* 轴，时间在 *y* 轴）或'yaxis'（频率在 *y* 轴，时间在 *x* 轴）

实例——绘制信号的短时傅里叶变换频谱图

源文件：yuanwenjian\ch14\stftpt.m

MATLAB 程序如下：

```
>> close all
>> clear
>> t = -2:1/1e3:2;                          %信号持续时间为 4s
>> y = chirp(t,100,1,200,'quadratic');
%创建从 100Hz 开始，在 100Hz 处跨越 200Hz 的二次扫频啁啾信号
```

```
>> spectrogram(y)                      %计算并绘制信号 y 的短时傅里叶变换谱图
```

运行结果如图 14.10 所示。

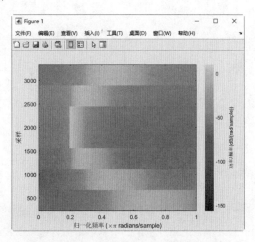

图 14.10 信号的短时傅里叶变换频谱图

实例——不同类型和长度的窗函数短时傅里叶变换谱图

源文件：yuanwenjian\ch14\stftbhpt.m

MATLAB 程序如下：

扫一扫，看视频

```
>> close all
>> clear
>> fs = 3000;                   %定义采样频率为 3000Hz
>> t = 0:1/fs: 1-1/fs;          %定义信号采样时间序列，采样时间为 1s
>> x= chirp(t,300,t(end),1300,'quadratic')+randn(size(t))/100;
%叠加噪声的二次扫频啁啾信号
>> window1= taylorwin(256);
>> window2= taylorwin(512);
>> window3= taylorwin(1024);
>> window4= taylorwin(2048);        %4 种不同长度的泰勒窗
>> window11= rectwin(256);
>> window21= rectwin(512);
>> window31= rectwin(1024);
>> window41= rectwin(2048);         %4 种不同长度的矩形窗
>> tiledlayout(5,2)                 %5 行 2 列的分块图布局
>> nexttile;
>> spectrogram(x,32);               %将信号分成 32 个样本段,计算并绘制信号的短时傅里叶变换谱图
>> nexttile;
>> spectrogram(x,window1,'yaxis');
%利用长度为 256 的泰勒窗计算并绘制信号的短时傅里叶变换谱图，频率显示在 y 轴
>> nexttile;
>> spectrogram(x,window1);          %利用长度为 256 的泰勒窗计算并绘制信号的短时傅里叶变换谱图
>> nexttile;
>> spectrogram(x,window2);
%利用长度为 512 的泰勒窗计算并绘制信号的短时傅里叶变换谱图，对比窗长度对频谱的影响
>> nexttile;
>> spectrogram(x,window3);          %利用长度为 1024 的泰勒窗计算并绘制信号的短时傅里叶变换谱图
>> nexttile;
```

```
>> spectrogram(x,window4);          %利用长度为 2048 的泰勒窗计算并绘制信号的短时傅里叶变换谱图
>> nexttile;
>> spectrogram(x,window11);         %利用长度为 256 的矩形窗计算并绘制信号的短时傅里叶变换谱图
>> nexttile;
>> spectrogram(x,window21);         %利用长度为 512 的矩形窗计算并绘制信号的短时傅里叶变换谱图
>> nexttile;
>> spectrogram(x,window31);         %利用长度为 1024 的矩形窗计算并绘制信号的短时傅里叶变换谱图
>> nexttile;
>> spectrogram(x,window41);         %利用长度为 2048 的矩形窗计算并绘制信号的短时傅里叶变换谱图
```

运行结果如图 14.11 所示。

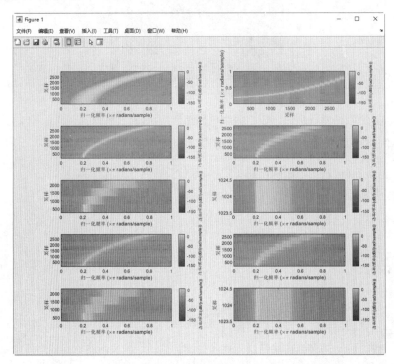

图 14.11   不同类型和长度的窗函数短时傅里叶变换谱图

对于短时傅里叶变换，最重要的是窗口长度的选取。当频域刻度和平移步长足够密时，增加的只是生成图像的大小，但是物理层面的分辨率却没有改变。改变物理层面分辨率的就是窗口长度。

窗口长度大（如 2048），频率能够清晰地显示出来，但是时间上有些模糊；窗口长度小（如 256），时间上的分界线能够清晰显示，但是频率的值却不能清晰读出。

扫一扫，看视频

实例——对比重叠样本数对短时傅里叶变换谱图的影响

源文件：yuanwenjian\ch14\cdybpt.m

MATLAB 程序如下：

```
>> close all
>> clear
>> fs = 1000;              %定义采样频率为 1000Hz
>> t = 0:1/fs: 1-1/fs;     %定义信号采样时间序列，采样时间为 1s
>> x= exp(2j*pi*100*cos(2*pi*2*t))+randn(size(t))/100;     %叠加噪声的指数波
>> noverlap1=10;
```

```
>> noverlap2=20;                      %定义信号重叠样本数
>> tiledlayout(3,1)
>> nexttile;
>> spectrogram(x,32,noverlap1,64,'centered','yaxis');   %将信号分成 32 个样本段，重叠样
本数为 10，绘制信号的短时傅里叶变换中心双面谱图，频率显示在 y 轴。重叠样本数必须小于样本段数 32
>> nexttile;
>> spectrogram(x,32,noverlap2,64,'centered','yaxis');   %将信号分成 32 个样本段，重叠样
本数为 20，计算并绘制信号的短时傅里叶变换中心双面谱图，对比重叠样本数对频谱的影响
>> nexttile;
>> spectrogram(x,32,noverlap1,64,'centered','reassigned','yaxis');
%计算并绘制信号的短时傅里叶变换中心双面谱图，将能量集中
```

运行结果如图 14.12 所示。

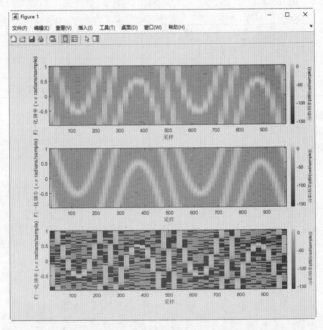

图 14.12　对比重叠样本数对短时傅里叶变换谱图的影响

2．交叉谱图

在 MATLAB 中，xspectrogram 命令用来对信号进行短时傅里叶变换，得到信号的交叉谱图，其调用格式见表 14.6。

表 14.6　xspectrogram 命令的调用格式

命令格式	说　明
s = xspectrogram(x,y)	绘制信号 x、y 的交叉谱图
s = xspectrogram(x,y,window)	使用窗函数 window 将信号 x、y 分割成段并执行窗口化
s = xspectrogram (x,y,window,noverlap)	在上一种语法格式的基础上，使用参数 noverlap 指定相邻段的重叠样本数，默认值是在各段之间产生 50%的重叠
s = xspectrogram (x,y,window,noverlap,nfft)	在上一种语法格式的基础上，使用参数 nfft 指定做 FFT 变换的信号长度，默认为 256 和大于每段长度的最小 2 次幂之间的最大值
[s,w,t] = xspectrogram(…)	在以上任一种语法格式的基础上，还返回即时时间 t 和归一化频率 w
[s,f,t] = xspectrogram(…,fs)	输入参数 fs 为采样频率，输出参数 f 为周期性频率，必须为至少有两个元素的向量，否则将被解释为 nfft

续表

命 令 格 式	说　明
[s,w,t] = xspectrogram (x,y,window,noverlap,w)	根据指定的归一化频率 w 返回交叉谱图
[s,f,t] = xspectrogram (x,y,window,noverlap,f,fs)	根据指定的周期性频率 f 返回交叉谱图
[...,c] = xspectrogram(...)	在以上任一种语法格式的基础上，还返回时变复交叉谱 c
[...] = xspectrogram (...,freqrange)	freqrange 为 PSD 估计的频率范围，指定为'onesided'（返回真实输入信号的单边谱图）、'twosided'（返回真实或复杂信号的双面谱图）或'centered'（返回真实或复杂信号的中心双面谱图）。对于实数信号，默认值为'onesided'；对于复数信号，默认值为'twosided'，并指定'onesided'导致一个错误
[...] = xspectrogram (...,Name,Value)	使用一个或多个名称-值对参数指定计算谱图的参数。 'MinThreshold' 设置门限，可选值为 Inf（默认值，无限大）或者实数标量； 'OutputTimeDimension'表示输出时间维度，可选值为 acrosscolumns（默认值，跨列）、downrows（跨行）
[...] = xspectrogram (...,spectrumtype)	spectrumtype 表示功率谱标度，指定为'psd'（返回功率谱密度）或'power'（根据窗口的等效噪声带宽对 PSD 的每个估计进行缩放）
xspectrogram(...)	在没有输出参数的情况下，在当前图形窗口中绘制谱图
xspectrogram(...,freqloc)	freqloc 表示频率显示轴，指定为'xaxis'（频率在 x 轴，时间在 y 轴）或'yaxis'（频率在 y 轴，时间在 x 轴）

扫一扫，看视频

实例——创建对数啁啾信号的交叉谱图

源文件： yuanwenjian\ch14\jcpt.m

MATLAB 程序如下：

```
>> close all
>> clear
>> fs=1000;
>> t = -2:1/fs:2;                          %余弦扫频信号采样时间序列，持续时间为 4s
>> f0 = 100;                               %初始时刻的瞬时频率（最小频率）为 100Hz
>> f1 = 200;                               %t1 时刻的瞬时频率
>> x = chirp(t,f0,1,f1,'logarithmic');     %创建对数啁啾信号
>> y = vco(x,[0.1 0.8]*fs,fs);             %对信号进行调频
>> tiledlayout(2,2)
>> nexttile;
>> pspectrum(x,t,'spectrogram','TimeResolution',0.1, ...
    'OverlapPercent',99,'Leakage',0.85)    %计算并绘制啁啾的频谱图。将信号分割成分段，时间分辨率
                                             为 0.1s。指定相邻段之间 99%的重叠和 0.85 的频谱泄漏因子
>> ax = gca;                               %获取当前坐标区
>> ax.YScale = 'log';                      %对频率轴使用对数标度
>> title('频谱图')
>> nexttile;
>> stft(x,fs);                             %计算并绘制信号的 STFT
>> nexttile;
>> spectrogram(x,100,80,1024,fs,'yaxis')   %计算并绘制啁啾的短时傅里叶变换谱图，将信号分成 100
                                             个样本段，指定相邻段之间重叠 80 个样本，DFT 长度为
                                             1024 个样本，频率显示在 y 轴
>> title('短时傅里叶变换谱图')
>> nexttile;
>> xspectrogram(x,y,100 ,80,1024,fs,'yaxis') %计算并绘制信号 x、y 的交叉谱图，将信号分成 100 个
                                             样本段，指定相邻段之间重叠 80 个样本，DFT 长度为
                                             1024 个样本
>> title('短时傅里叶变换交叉功率谱图')
```

运行结果如图 14.13 所示。

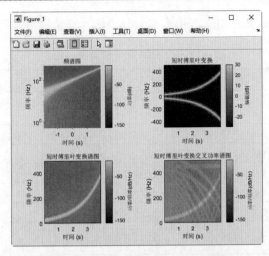

图 14.13 对数啁啾信号的交叉谱图

14.3 伪 谱 估 计

利用多信号分类（Multiple Signal Classification，MUSIC）算法和其他基于子空间的算法可获得伪谱估计。本节简要介绍在 MATLAB 中使用 MUSIC 算法和特征向量法估计伪谱的方法。

14.3.1 MUSIC 算法估计伪谱

多信号分类（MUSIC）算法是一种高分辨率的子空间方法，主要应用于离散谱的估计，该算法利用信号子空间和噪声子空间的正交性构造空间谱函数，通过谱峰搜索估计信号频率。其频谱峰值反映了这些主要信号成分所在的频率位置，但是其并不能反映各信号成分之间的幅度比值（相对强度），也反映不出信噪比水平。

MUSIC 算法估计伪谱如下：

$$P_{\text{MUSIC}}(f) = \frac{1}{e^H(f)\left(\sum\limits_{k=p+1}^{N} v_k v_k^H\right)e(f)} = \frac{1}{\sum\limits_{k=p+1}^{N}\left|v_k^H e(f)\right|^2}$$

式中：N 为特征向量的维数；v_k 为 k 相关矩阵的第四特征向量；整数 p 为信号子空间的维数。

Root-Music 算法是在 MUSIC 算法的基础上提出的，直接构造函数，并将噪声子空间的向量写成矩阵 G，最终将信号频率估计问题转化成了一元高次方程的求根问题。

在 MATLAB 中，rootmusic 命令利用 Root-Music 算法计算估计的离散频谱和相应的信号功率估计，其调用格式见表 14.7。

表 14.7 rootmusic 命令的调用格式

命 令 格 式	说 明
w = rootmusic(x,p)	估计输入信号 x 中的频率 w，p 为子空间维数
[w,pow] = rootmusic(x,p)	估计输入信号 x 中的频率 w 和信号功率 pow，p 为子空间维数
[w,pow] = rootmusic(…,'corr')	'corr' 表示信号 x 为相关矩阵而不是信号数据阵，x 必须是一个方阵，它的所有特征值都必须是非负的
[f,pow] = rootmusic(…,fs)	返回在指定的采样频率 fs 上计算输入信号 x 中的频率 f（单位为 Hz）和信号功率 pow

在 MATLAB 中，pmusic 命令用来利用多信号分类法计算伪谱，其调用格式见表 14.8。

表 14.8　pmusic 命令的调用格式

命 令 格 式	说　　明
[S,wo] = pmusic(x,p)	利用多信号分类（MUSIC）算法估计方求计算的伪谱 S 和估计伪谱输出的归一化频率 wo，p 为子空间维数
[S,wo] = pmusic(x,p,wi)	返回在指定的归一化频率 wi 下计算的伪谱 S 和估计伪谱的归一化频率 wo
[S,wo] = pmusic(…,nfft)	指定 FFT 的整数长度 nfft 估计伪谱
[S,wo] = pmusic(…,'corr')	'corr'表示信号 x 为相关矩阵而不是信号数据矩阵，x 必须是一个方阵，它的所有特征值都必须是非负的
[S,fo] = pmusic(x,p,nfft,fs)	返回在指定的采样频率 fs 上计算的伪谱 S 和输出频率 fo
[S,fo] = pmusic(x,p,fi,fs)	返回在指定的频率点 fi 计算的伪谱 S 和输出频率 fo
[S,fo] = pmusic (x,p,nfft,fs,nwin,noverlap)	nwin 指定矩形窗长，noverlap 表示信号重叠样本数
[...] = pmusic(…,freqrange)	freqrange 表示伪谱估计的频率范围，指定为'half'（返回实际输入信号的一半频谱）、whole（返回真实或复杂输入的全谱）或'centered'（返回真实或复杂输入的中心全谱）
[...,v,e] = pmusic(…)	返回噪声特征向量 v 和估计特征值 e
pmusic(…)	在当前图形窗口中绘制伪谱

实例——MUSIC 算法估计伪谱

源文件：yuanwenjian\ch14\musicwp.m

MATLAB 程序如下：

```
>> close all
>> clear
>> f=50;                  %定义信号频率为 50Hz
>> T = 2*(1/f);           %定义采样时间，其中，信号周期为 2 个
>> fs = 1000;             %定义采样频率为 1000Hz
>> t = 0:1/fs: T-1/fs;    %定义信号采样时间序列
>> x= cos(2*pi*t*10)+cos(2*pi*t*50)+randn(size(t));% 创建受噪声污染的余弦波信号
>> subplot(2,1,1)
>> plot(t,x);            %信号时域图
>> title('叠加高斯噪声的余弦信号');
>> subplot(2,1,2)
>> pmusic(x,4,512);%用多信号分类算法计算并绘制信号的伪谱。指定信号子空间维数为 4，DFT 长度为 512
```

运行结果如图 14.14 所示。

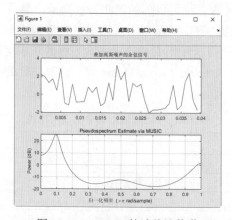

图 14.14　MUSIC 算法估计伪谱

14.3.2 特征向量法估计伪谱

特征向量法是利用施密特特征空间分析法导出的 MUSIC 算法的加权版本，从信号或相关矩阵中估计伪谱。该算法对信号的相关矩阵进行特征空间分析，估计信号的频率含量。

特征向量法给出的伪谱估计如下：

$$P(f) = \frac{1}{\sum\limits_{k=p+1}^{N} \left| v_k^H e(f) \right|^2 / \lambda_k}$$

式中：N 为特征向量的维数；v_k 为 k 输入信号相关矩阵的第四特征向量；整数 p 为信号子空间的维数；λ_k 为相关矩阵；内积 $v_k^H e(f)$ 相当于傅里叶变换。

在 MATLAB 中，rooteig 命令基于特征向量法计算估计的离散频谱和相应的信号功率，其调用格式见表 14.9。

表 14.9 rooteig 命令的调用格式

命 令 格 式	说　明
[w,pow] = rooteig(x,p)	估计输入信号 x 中的频率 w 和信号功率 pow，p 为子空间维数
[w,pow] = rooteig(…,'corr')	'corr'表示信号 x 为相关矩阵而不是信号数据矩阵，x 必须是一个方阵，它的所有特征值都必须是非负的
[f,pow] = rooteig(…,fs)	返回在指定的采样频率 fs 上计算输入信号 x 中的频率 f（单位为 Hz）和信号功率 pow

在 MATLAB 中，peig 命令用来计算基于特征向量法的伪谱，其调用格式见表 14.10。

表 14.10 peig 命令的调用格式

命 令 格 式	说　明
[S,wo] = peig(x,p)	利用特征向量谱估计方法求计算的伪谱 S 和估计伪谱输出的归一化频率 wo，p 为子空间维数
[S,wo] = peig(x,p,wi)	返回在指定的归一化频率 wi 下计算的伪谱 S 和估计伪谱的归一化频率 wo
[S,wo] = peig(…,nfft)	指定 FFT 的整数长度 nfft 估计伪谱
[S,wo] = peig(…,'corr')	'corr'表示信号 x 为相关矩阵而不是信号数据矩阵，x 必须是一个方阵，它的所有特征值都必须是非负的
[S,fo] = peig(x,p,nfft,fs)	返回在指定的采样频率 fs 上计算的伪谱 S 和输出频率 fo
[S,fo] = peig(x,p,fi,fs)	返回在指定的频率点 fi 计算的伪谱 S 和输出频率 fo
[S,fo] = peig (x,p,nfft,fs,nwin,noverlap)	nwin 指定矩形窗长，noverlap 表示信号重叠样本数
[…] = peig(…,freqrange)	freqrange 表示伪谱估计的频率范围，指定为'half'（返回实际输入信号的一半频谱），whole（返回真实或复杂输入的全谱）或'centered'（返回真实或复杂输入的中心全谱）
[…,v,e] = peig(…)	返回噪声特征向量 v 和估计特征值 e
peig(…)	在当前图形窗口中绘制伪谱

实例——验证空间数对伪谱的影响

源文件：yuanwenjian\ch14\kjswp.m

MATLAB 程序如下：

```
>> close all
>> clear
>> fs = 100;                    %定义采样频率为100Hz
```

扫一扫，看视频

```
>> t =-1:1/fs:1-1/fs;                    %定义信号采样时间序列
>> x=sin(2*pi*25*t)+ sin(2*pi*50*t);     %正弦信号
>> x=awgn(x,10,'measured','linear');     %创建添加高斯白噪声的正弦波，高斯白噪声信号功率值为10
>> subplot(3,1,1)
>> plot(t,x);                            %信号 x 的时域图
>> title('高斯白噪声的正弦信号');
>> subplot(3,1,2)
>> peig(x,2,512,fs,'half');              %用特征向量法计算信号在 0 和奈奎斯特频率之间的伪谱。指定信号子
                                         空间维数为 2，DFT 长度为 512
>> subplot(3,1,3)
>> peig(x,4,512,fs,'half')               %使用维数为 4 的信号子空间计算信号的伪谱
```

运行结果如图 14.15 所示。

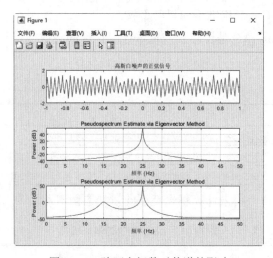

图 14.15　验证空间数对伪谱的影响

实例——创建添加高斯噪声的正弦波的伪谱

源文件：yuanwenjian\ch14\zsxhwp.m

MATLAB 程序如下：

```
>> close all
>> clear
>> fs = 100;                              %定义采样频率为100Hz
>> t =-1:1/fs:1-1/fs;                     %定义信号采样时间序列
>> x=sin(2*pi*50*t)+ 0.5*randn(size(t));  %创建叠加高斯噪声的正弦波
>> subplot(3,2,1)
>> plot(t,x);                             %信号时域图
>> title('叠加高斯噪声的正弦信号');
>> subplot(3,2,2)
>> peig(x,2,512,fs);       %用特征向量法计算信号在 0 和奈奎斯特频率之间的伪谱，指定信号子空间维数为
                           2，DFT 长度为 512
>> subplot(3,2,3)
>> peig(x,2,128,fs)        %使用 DFT 长度为 128 的信号子空间计算伪谱
>> subplot(3,2,4)
>> peig(x,2,[],fs,'half'); %用特征向量法计算信号在 0 和奈奎斯特频率之间的一半伪谱，指定信
                           号子空间维数为 2，[]表示 DFT 长度为 512
>> subplot(3,2,5)
```

```
>> peig(x,2,[],fs,'whole')      %用特征向量法计算信号在 0 和奈奎斯特频率之间的全部伪谱
>> subplot(3,2,6)
>> peig(x,2,[],fs,'centered')   %用特征向量法计算信号在 0 和奈奎斯特频率之间的中心全谱
```

运行结果如图 14.16 所示。

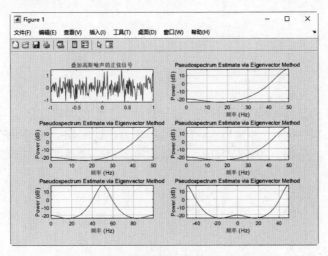

图 14.16 添加高斯噪声的正弦波的伪谱

第 15 章　功率谱分析

内容指南

频谱反映的是信号的幅度和相位随频率的分布情况，在频域中描述了信号的特征。同时，也可以用能量谱和功率谱来描述信号，它们反映了信号的能量或功率密度随频率的变化情况，用于研究信号的能量（或功率）的分布，决定信号所占有频率等问题有着重要的作用。

内容要点

➢ 功率谱
➢ 经典功率谱估计方法
➢ 现代功率谱估计方法
➢ 谱单位转换

15.1　功　率　谱

信号的传播都是看不见的，但是它以波的形式存在着，这类信号会产生功率，单位频带的信号功率称为功率谱，它可以显示一定区域中信号功率随频率变化的分布情况。

对确定性的信号，特别是非周期的确定性信号，常用能量谱来描述。对随机信号，无法用确定的时间函数来表示，也就无法用频谱表示，往往用功率谱来描述它的频率特性。

15.1.1　功率谱定义

功率谱是功率谱密度函数的简称，它定义为单位频带内的信号功率，表示信号功率随频率的变化情况，即信号功率在频域的分布状况。功率谱常用于功率信号的表述与分析，其曲线一般以频率为横坐标，以功率为纵坐标。对于周期性连续信号 $x(t)$，$x(t)$ 的频谱可以表示为离散的非周期序列 x_n，它的幅度频谱的平方 $|x_n|^2$ 所排成的序列，称为该信号的功率谱。

功率信号 $f(t)$ 在时间段 $t \in [-T/2,\ T/2]$ 上的平均功率可以表示为

$$P = \int_{-T/2}^{T/2} f(t)^2 \mathrm{d}t$$

如果 $f(t)$ 在时间段 $t \in [-T/2,\ T/2]$ 上可以用 $f_T(t)$ 表示，且 $f_T(t)$ 的傅里叶变换为 $F_T(\omega) = F[f_T(t)]$，其中 $F[]$ 表示傅里叶变换。

当 T 增加时，$F_T(\omega)$ 以及 $|F_T(\omega)|^2$ 的能量增加。当 $T \to +\infty$ 时，$f_T(t) \to f(t)$，此时 $\dfrac{|F_T(\omega)|^2}{2\pi T}$ 可能

趋近于一极限，如果该极限存在，其平均功率也可以在频域表示，即

$$P = \lim_{T \to +\infty} \frac{1}{T} \int_{-T/2}^{T/2} f^2(t)\mathrm{d}t = \frac{1}{2\pi} \int_{-\infty}^{+\infty} \lim_{T \to +\infty} \frac{|F_T(\omega)|^2}{2\pi T} \mathrm{d}\omega$$

定义 $\dfrac{|F_T(\omega)|^2}{2\pi T}$ 为 $f(t)$ 的功率密度函数，或者简称为功率谱，其表达式为

$$P(\omega) = \lim_{T \to +\infty} \frac{|F_T(\omega)|^2}{2\pi T}$$

功率谱密度从物理意义上来讲，就是单位频率内的信号能量（相当于功，单位是焦耳），在时域中，功率=功/时间；在频域，功率=功/频率。功率谱密度曲线下面的面积就是信号的总能量，而信号的总能量是对所有幅值求平方和。

功率谱是单位频率的信号功率，记为 $P(\omega)$，在频带 $\mathrm{d}f$ 内信号的功率为 $P(\omega)\mathrm{d}f$，因而信号在整个频率范围的总功率为

$$P = \int_{-\infty}^{\infty} P(\omega)\mathrm{d}f = \frac{1}{2\pi} \int_{-\infty}^{\infty} P(\omega)\mathrm{d}\omega$$

因此

$$P(\omega) = \lim_{T \to \infty} \frac{|F_T(\mathrm{j}\omega)|^2}{T}$$

功率有限信号的功率谱函数与自相关函数是一对傅里叶变换，称为维纳-辛钦（Wiener-Khintchine）定理，即

$$R(\tau) \longleftrightarrow P(\omega)$$

由此，功率谱为

$$P(\omega) = \int_{-\infty}^{\infty} R(\tau)\mathrm{e}^{-\mathrm{j}\omega\tau}\mathrm{d}\tau$$

$$= \frac{E^2\pi}{2}\left[\delta(\omega - \omega_1) + \delta(\omega + \omega_1)\right]$$

根据帕塞瓦尔（Parseval）定理，功率谱的计算还可以是时域信号傅里叶变换模平方除以时间长度，即

$$\hat{S}_x^{(\mathrm{Per})}(\omega) = \frac{1}{N}\left|X(\mathrm{e}^{\mathrm{j}\omega})\right|^2 = \frac{1}{N}\left|\sum_{n=0}^{N-1} x(n)\mathrm{e}^{-\mathrm{j}\omega n}\right|^2$$

信号傅里叶变换模平方被定义为能量谱，能量谱密度在时间上平均就得到了功率谱。

15.1.2 能量谱

对于任意的时间信号 $x(t)$，这个信号可以是任意随时间变化的物理量，在对信号进行能量分析时，不加区分地将其视为施加的阻值是单位电阻，即 $R=1\Omega$ 的电阻上的电流。基于此，这个单位电阻的能量属性，就视为这个信号的能量属性。

因此，信号的总能量 W 为

$$W = \lim_{T \to \infty} \int_{-T}^{T} I^2 R \mathrm{d}t = \lim_{T \to \infty} \int_{-T}^{T} x^2(t) \, \mathrm{d}t$$

能量信号又称能量有限信号，是指在所有时间上总能量不为 0 且有限的信号。能量信号频谱通常既含有幅度也含有相位信息；幅度谱的平方又叫能量谱（密度），它描述了信号能量的频域分布。

如果信号是能量信号，通过傅里叶变换，就很容易分离不同频域分量所对应的能量，频率 ω 对应的能量为 $\mathrm{d}W = |X(\omega)|^2 \mathrm{d}(\omega / 2\pi)$，对 ω 积分就能得到信号的总能量；由此，$|X(\omega)|^2$ 就定义为能量谱密度，也常简称为能量谱，意为能量在某个频率上的分布密集度。量纲是 $[U]^2 \cdot \mathrm{sec} / \mathrm{Hz}$ 或 $[U]^2 \cdot \mathrm{sec} / (\mathrm{rad} / \mathrm{sec})$，$[U]$ 是 $x(t)$ 的量纲。

对于能量信号，常用能量谱来描述。能量谱是信号幅度谱的模的平方，对能量谱在频域上积分就可以得到信号的能量。

将能量谱记为 $E(\omega)$，在频带 $\mathrm{d}f$ 内信号的能量为 $E(\omega)\mathrm{d}f$，因而信号在整个频率范围的总能量为

$$E = \int_{-\infty}^{\infty} E(\omega) \mathrm{d}f = \frac{1}{2\pi} \int_{-\infty}^{\infty} E(\omega) \mathrm{d}\omega$$

由帕塞瓦尔（Parseval）定理可得：

$$E(\omega) = |F(\mathrm{j}\omega)|^2$$

$$R(\tau) \longleftrightarrow E(\omega)$$

能量谱函数与自相关函数是一对傅里叶变换对。

能量谱与功率谱分别是针对能量有限的信号和功率有限的信号。在进行信号的谱分析时，一定要分析信号是一个能量信号还是一个功率信号，应用不同的谱进行分析会使问题的解决思路更加明确。

15.1.3 功率谱密度

功率谱密度（Power Spectral Density，PSD）定义了信号或者时间序列的功率如何随频率分布。这里功率可能是实际物理上的功率，或者为便于表示抽象的信号，被定义为信号数值的平方，可表示为 $P = S(t)^2$。由于平均值不为 0 的信号不是平方可积的，所以在这种情况下就没有傅里叶变换。幸运的是，维纳-辛钦（Wiener-Khinchin）定理提供了一个简单的替换方法，如果信号可以看作是平稳随机过程，那么功率谱密度就是信号自相关函数的傅里叶变换。

在 MATLAB 中，cpsd 命令用于计算信号的交叉功率谱密度，其调用格式见表 15.1。

表 15.1 cpsd 命令的调用格式

命 令 格 式	说 明
pxy = cpsd(x,y)	采用 Welch 平均进行谱估计，估计两个离散时间信号的交叉功率谱密度
pxy = cpsd(x,y,window)	使用 window 将信号分割，默认为汉明窗，显示频谱图
pxy = cpsd(x,y,window,noverlap)	根据重叠样本数 noverlap、分割图窗数 window，估计两个离散时间信号的交叉功率谱密度
pxy = cpsd(x,y,window,noverlap,nfft)	根据重叠样本数 noverlap、DFT 点数 nfft、分割图窗 window，估计两个离散时间信号的交叉功率谱密度
pxy = cpsd(…,'mimo')	计算多输入/多输出阵列的交叉功率谱密度估计

续表

命 令 格 式	说 明
[pxy,w] = cpsd(…)	返回功率谱的归一化频率 w
[pxy,f] = cpsd(…,fs)	返回采样频率为 fs 的信号功率谱的信号频率 f
[pxy,w] = cpsd(x,y,window,noverlap,w)	在指定的归一化频率 w 下返回交叉功率谱密度估计归一化频率 w
[pxy,f] = cpsd(x,y,window,noverlap,f,fs)	在指定的频率 f 下返回交叉功率谱密度估计频率 f
[…] = cpsd(x,y,…,freqrange)	在指定的频率 freqrange 范围内的交叉功率谱密度估计值。freqrange 选项是'onesided'、'twosided' 和'centered'
cpsd(…)	在没有输出参数的情况下，绘制当前图形窗口中的交叉功率谱

实例——创建信号交叉功率谱

源文件：yuanwenjian\ch15\xhjcglp.m

MATLAB 程序如下：

```
>> close all
>> clear
>> fs = 1000;                              %定义采样频率为1000Hz
>> t = 0:1/fs: 1-1/fs;                     %定义信号采样时间序列，采样时间为1s
>> x = awgn(sin(t),1,'measured');         %创建添加高斯白噪声的正弦信号
>> subplot(3,1,1)
>> plot(t,x)                               %信号时域图
>> xlabel('时间序列t');ylabel('原始信号x(t)');        %标注坐标轴
>> title('原始信号');
>> subplot(3,1,2)
>> pspectrum(x,t,'Leakage',1)             %绘制信号泄漏因子增为最大值的功率谱
>> title('信号功率谱');
>> subplot(3,1,3)
>> r = wgn(1000,1,0);                      %创建高斯白噪声信号 r
>> cpsd(x,r,triang(500),128,2048,fs);
%绘制信号三角窗分割的交叉功率谱，重叠样本数为128、DFT 点数2048、采样频率为 fs
>> title('信号CPSD');
```

运行结果如图 15.1 所示。

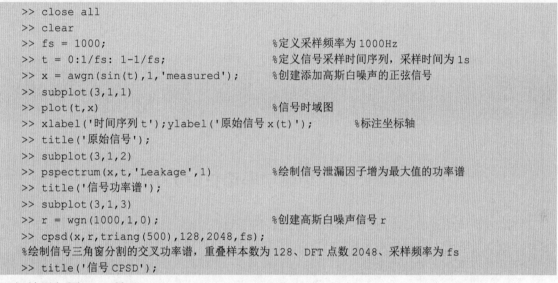

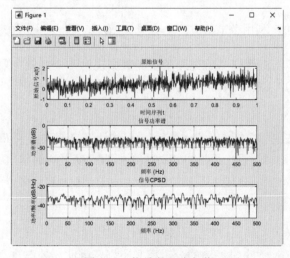

图 15.1 信号交叉功率谱

15.1.4 功率谱估计

信号的功率谱密度当且仅当信号是广义的平稳过程的时候才存在。如果信号不是平稳过程,那么自相关函数一定是两个变量的函数,这样就不存在功率谱密度,因此,需要使用类似的技术估计时变谱密度。

功率谱估计一般分成以下两大类。

➤ 经典谱估计,也称为非参数谱估计。

➤ 现代谱估计,也称为参数谱估计。

设 $\{x(n)\}_0^{N-1}$ 为实平稳随机过程 $\{x(n)\}$ 的某次实现中的一段有限长数据记录,用时间平均代替集平均,根据维纳-辛钦定理,平稳随机过程的功率谱等于自相关序列的傅里叶变换:

$$S_x(\mathrm{e}^{\mathrm{j}\omega}) = \sum_{l=-\infty}^{\infty} r_x(l)\mathrm{e}^{-\mathrm{j}\omega l}$$

已知

$$X(\mathrm{e}^{\mathrm{j}\omega}) = \sum_{n=-\infty}^{\infty} x(n)\mathrm{e}^{-\mathrm{j}\omega n}$$

得

$$S_x(\mathrm{e}^{\mathrm{j}\omega}) = \frac{1}{N}\left|X(\mathrm{e}^{\mathrm{j}\omega})\right|^2$$

15.2 经典功率谱估计方法

经典功率谱估计的基本思想是以傅里叶变换为基础,附以平均、加窗、平滑等预处理或后处理,简单易行、计算效率高,适用于长数据。

经典功率谱估计方法包括以下三种。

1. 直接法

直接法又称周期图法,利用公式 $\hat{S}_X(\mathrm{e}^{\mathrm{i}\omega}) = \frac{1}{N}\left|\sum_{n=0}^{N-1} x(n)\mathrm{e}^{-\mathrm{j}\omega n}\right|^2 = \frac{1}{N}\left|X(\mathrm{e}^{-\mathrm{j}\omega})\right|^2$, $\hat{S}_X(k) = \frac{1}{N}\left|X(k)\right|^2$,计算功率谱密度。它是把随机序列 $x(n)$ 的 N 个观测数据视为一个能量有限的序列,直接计算 $x(n)$ 的离散傅里叶变换,得 $X(k)$,然后再取其幅值的平方,并除以 N,作为序列 $x(n)$ 真实功率谱的估计。

2. 间接法

间接法又称自相关法或相关图法,先由序列 $x(n)$ 估计出自相关函数 $R(n)$,然后对 $R(n)$ 进行傅里叶变换,便得到 $x(n)$ 的功率谱估计。根据自相关函数和谱密度之间的傅里叶变换关系 $R(m) \leftrightarrow \hat{S}_X(k)$ 来计算功率谱估计。

3. 改进的直接法

改进的直接法也称为改进的周期图法。对于直接法的功率谱估计,当数据长度 N 太大时,谱曲线起伏加剧;当数据长度 N 太小时,谱的分辨率又不好,因此需要改进。

改进的周期图法可以先作加窗平滑处，对序列 $x(n)$ 或估计的自相关函数进行加窗（如汉宁窗、汉明窗）截断，前者称为数据窗，后者称为滞后窗。

15.2.1 周期图法

周期图是广义平稳随机过程功率谱密度（PSD）的一种非参数估计，是自相关序列有偏估计的傅里叶变换。为了一个信号 x_n 取样于 f_s 每单位时间的样本，周期图被定义为

$$\hat{P}(f) = \frac{\Delta t}{N} \left| \sum_{n=0}^{N-1} x_n e^{-j2\pi f \Delta tn} \right|^2 \quad -1/2\Delta t < f \leqslant 1/2\Delta t$$

式中：Δt 为抽样间隔。对于一个片面的周期图，除了 0 和奈奎斯特频率以外，所有频率的值 $1/2\Delta t$ 乘以 2 使总功率得到守恒。

在 MATLAB 中，periodogram 命令用于计算信号的周期谱密度估计，其调用格式见表 15.2。

表 15.2 periodogram 命令的调用格式

命 令 格 式	说 明
pxx = periodogram(x)	采用 Welch 平均，修正的周期图法进行谱估计，估计离散时间信号的周期谱密度（PSD）估计
pxx = periodogram(x,window)	使用 window 返回修改后的周期图 PSD 估计值
pxx = periodogram(x,window,nfft)	根据 DFT 点数 nfft 估计离散傅里叶变换（DFT）
[pxx,w] = periodogram(…)	返回功率谱的归一化频率 w
[pxx,f] = periodogram(…,fs)	返回采样率为 fs 的信号功率谱的信号频率 f
[pxx,w] = periodogram(x,window,w)	返回在向量中指定的归一化频率下的双边周期图估计值
[pxx,f] = periodogram(x,window,f,fs)	返回向量中指定频率的双面周期图估计值
[…] = periodogram(x,window,…,freqrange)	指定的频率范围 freqrange 内返回周期图，freqrange 选项是'onesided'、'twosided'和'centered'
[…,pxxc] = periodogram(…,'ConfidenceLevel',probability)	通过置信区间 probability 来返回 PSD 估计 pxxc
[rpxx,f] = periodogram(…,'reassigned')	将每个 PSD 估计值重新分配到离其能量中心最近的频率。rpxx 为每个元素重新分配的估计数之和
[rpxx,f,pxx,fc] = periodogram(…,'reassigned')	返回未重新分配的 PSD 估计数 pxx 和能量中心频率 fc，新分配技术锐化了光谱估计的定位
[…] = periodogram(…,spectrumtype)	返回 PSD 估计值，spectrumtype 表示功率谱标度，指定为'psd'（获得每个频率下的功率估计值）或'power'（根据窗口的等效噪声带宽对 PSD 的每个估计值进行缩放）
periodogram(…)	在没有输出参数的情况下，绘制当前图形窗口中的周期谱密度估计

实例——创建信号周期谱密度估计

源文件：yuanwenjian\ch15\zqpmd.m

MATLAB 程序如下：

扫一扫，看视频

```
>> close all
>> clear
>> fs = 1000;                    %定义采样频率为1000Hz
>> N = 1024;                     %定义信号采样点数
>> n = 0:N-1;                    %定义信号采样点序列
>> t = n/fs;                     %定义信号采样时间序列
>> x = chirp(t-1,0,1/2,20,'quadratic',100,'convex').*exp(-1.7*(t-2).^2);
```

```
%创建二次啁啾信号
>> subplot(3,1,1)
>> pspectrum(x,t)                          %绘制信号功率谱
>> subplot(3,1,2)
>> periodogram(x)                          %绘制信号周期谱密度估计
>> subplot(3,1,3)
>> periodogram(x, hamming(length(x)),length(x),fs,'power')
%绘制信号周期谱密度估计，根据汉明窗的等效噪声带宽对 PSD 的每个估计值进行缩放
```

运行结果如图 15.2 所示。

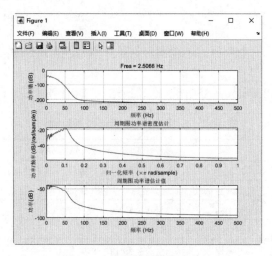

图 15.2　信号周期谱密度估计

15.2.2　朗伯-斯卡格尔周期图法

朗伯-斯卡格尔（Lomb-Shagle）周期图定义为

$$P_{\text{LS}}(f) = \frac{1}{2\sigma^2}\left\{ \frac{\left\{\sum_{k=1}^{N}(x_k-\overline{x})\cos[2\pi f(t_k-\tau)]\right\}^2}{\sum_{k=1}^{N}\cos^2[2\pi f(t_k-\tau)]} + \frac{\left\{\sum_{k=1}^{N}(x_k-\overline{x})\sin[2\pi f(t_k-\tau)]\right\}^2}{\sum_{k=1}^{N}\sin^2(2\pi f(t_k-\tau))} \right\}$$

式中：数据的均值 $\overline{x} = \frac{1}{N}\sum_{k=1}^{N}x_k$；数据方差 $\sigma^2 = \frac{1}{N-1}\sum_{k=1}^{N}(x_k-\overline{x})^2$；时间偏移

$$\tan[2(2\pi f)\tau] = \frac{\sum_{k=1}^{N}\sin[2(2\pi f)t_k]}{\sum_{k=1}^{N}\cos[2(2\pi f)t_k]}。$$

可以在其他随机、不均匀采样的数据中查找和测试微弱的周期信号。

如果输入信号含有高斯白噪声，朗伯-斯卡格尔周期图服从单位均值的指数概率分布。

在 MATLAB 中，plomb 命令用于计算信号的朗伯-斯卡格尔周期谱密度估计，其调用格式见表 15.3。

表 15.3　plomb 命令的调用格式

命 令 格 式	说　　明
[pxx,f] = plomb(x,t)	利用采样时间为 t 的信号 x 计算朗伯-斯卡格尔功率谱密度（PSD）估计值 pxx 及信号频率 f
[pxx,f] = plomb(x,fs)	利用采样率为 fs 的信号 x 计算朗伯-斯卡格尔功率谱密度（PSD）估计值 pxx 及信号频率 f
[pxx,f] = plomb(…,fmax)	根据最大频率 fmax 估计朗伯-斯卡格尔功率谱密度（PSD）
[pxx,f] = plomb(…,fmax,ofac)	指定整数过采样因子 ofac
[pxx,fvec] = plomb(…,fvec)	根据指定的频率 fvec 返估计朗伯-斯卡格尔功率谱密度（PSD）
[…] = plomb(…,spectrumtype)	spectrumtype 指定周期图的规范化。 'psd'：保留未指定的内容，计算 pxx 作为功率谱密度。 'power'：得到输入信号的功率谱。 'normalized'：计算标准的伦勃-斯卡格尔周期图 x
[…,pth] = plomb(…,'Pd',pdvec)	返回功率级阈值 pth，pdvec 表示检测概率，必须大于 0，小于 1
[pxx,w] = plomb(x)	返回 x 的 PSD 的估计值 pxx 和均匀间隔的归一化频率评估值 w
plomb(…)	在没有输出参数的情况下，绘制当前图形窗口中的朗伯-斯卡格尔周期图

实例——信号的朗伯-斯卡格尔周期谱密度估计

源文件： *yuanwenjian\ch15\lszqpmd.m*

MATLAB 程序如下：

```
>> close all
>> clear
>> fs = 1000;                    %定义采样频率为1000Hz
>> t = 0:1/fs:2-1/fs;            %定义信号采样时间序列
>> load noisyecg                 %加载噪声信号 noisyECG_withTrend
>> x=noisyECG_withTrend';        %定义信号 x
>> subplot(2,2,1)
>> pspectrum(x,t)                %绘制信号 x 的功率谱
>> subplot(2,2,2)
>> periodogram(x)               %绘制信号周期谱密度估计
>> subplot(2,2,3)
>> plomb(x)                     %使用默认设置估计和绘制信号的功率谱密度(PSD)
>> subplot(2,2,4)
>> plomb(x,t,10,10)             %指定最大频率为10，过采样因子为10，绘制信号的功率谱密度(PSD)
```

运行结果如图 15.3 所示。

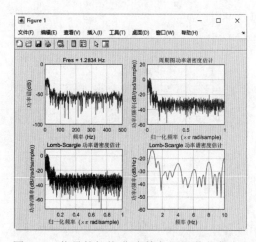

图 15.3　信号的朗伯-斯卡格尔周期谱密度估计

15.2.3　自相关法

自相关法先由采样序列 $x(n)$ 估计其自相关函数 $R(n)$，然后对 $R(n)$ 进行傅里叶变换，取模后便得到 $x(n)$ 的功率谱估计。

扫一扫，看视频

实例——自相关法功率谱估计

源文件：yuanwenjian\ch15\zxgfglp.m

MATLAB 程序如下：

```
>> close all
>> clear
>> load('earthquake.mat')          %加载文件 earthquake.mat，包含以下变量：drift 表示地
震时建筑物楼层的位移，以厘米（cm）为单位进行测量；t 表示时间，以秒（s）为单位进行测量；Fs 表示采样频
率，等于 1kHz
>> nfft=1024;                      %FFT 点数
>> cx=xcorr(drift','unbiased');    %计算信号序列的无偏自相关函数估计，返回自相关序列
>> CXk=fft(cx,nfft);              %对信号自相关序列进行 FFT
>> Pxx=abs(CXk);                  %信号 FFT 变换后取幅值
>> N1=0:round(nfft/2-1);          %将 FFT 变换后的信号采样点取半
>> f=N1*Fs/nfft;                  %计算 FFT 变换后的信号频率
>> Pxx=10*log10(Pxx(N1+1));       %计算功率谱估计，信号幅值单位转换成 db，对所有幅值求平方和
>> plot(f,drift(1:512));          %绘制信号
>> hold on
>> plot(f,Pxx);
>> ylabel('Magnitude(dB)');  xlabel('Frequency(kHz)');
>> title('Correlogram(No window)');
```

运行结果如图 15.4 所示。

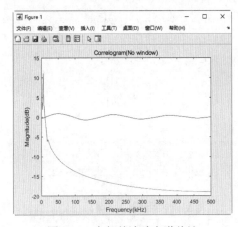

图 15.4　自相关法功率谱估计

15.2.4　多窗口法

如果 h_n 是窗口函数，修改后的周期图定义如下：

$$\hat{P}(f) = \frac{\Delta t}{N} \left| \sum_{n=0}^{N-1} h_n x_n e^{-j2\pi f \Delta tn} \right|^2 \quad -1/2\Delta t < f \leq 1/2\Delta t$$

式中：Δt 为抽样间隔。

如果频率为弧度/样本，则修改后的周期图定义如下：

$$\hat{P}(\omega) = \frac{1}{2\pi N}\left|\sum_{n=0}^{N-1} h_n x_n e^{-j\omega n}\right|^2 \quad -\pi < \omega \leq \pi$$

周期图并不是对广义平稳过程的真实功率谱密度的一致估计。为了得到 PSD 的一致估计，多窗口法（multitaper method，MTM 法）利用一系列相互正交窗获得各自独立的近似功率谱估计，然后综合这些估计得到一个序列的功率谱估计。

普通的功率谱估计只利用单一窗口，因此在序列始端和末端均会丢失相关信息，而且无法找回。相对于普通的周期图法，多窗口法功率谱估计因增加窗口而具有更大的自由度，有助于缓解周期图中的泄漏，并在估计精度和估计波动方面均有较好的效果。

在 MATLAB 中，pmtm 命令用于计算多窗口功率谱密度估计，其调用格式见表 15.4。

表 15.4 pmtm 命令的调用格式

命 令 格 式	说 明
pxx = pmtm(x)	通过信号 x 计算汤姆森（Thomson）的窗口功率谱密度（PSD）估计 pxx
pxx = pmtm(x,nw)	使用时间半带宽积 nw 计算多窗口 PSD 估计。时间半带宽乘积控制多窗口估计的频率分辨率
pxx = pmtm(x,nw,nfft)	使用 DFT 的点数 nfft 计算多窗口 PSD 估计
[pxx,w] = pmtm(…)	返回归一化频率向量 w
[pxx,f] = pmtm(…,fs)	利用采样为 fs 的信号计算汤姆森的多窗口功率谱密度（PSD）估计 pxx 和频率 f
[pxx,w] = pmtm(x,nw,w)	返回指定的归一化频率 w 下的双边多窗口 psd 估计值
[pxx,f] = pmtm(x,nw,f,fs)	返回指定频率 f 的双边多窗口 PSD 估计值
[…] = pmtm(…,method)	使用 method 方法组合各个窗口 PSD 估计值，包括'adapt'（汤姆森的自适应频率相关权重）（默认）、'eigen'（用相应的 SlepianTaper 的特征值（频率浓度）加权每个锥形 PSD 估计值）或'unity'（平均加权每个圆锥 PSD 估计值）
[…] = pmtm(x,e,v)	e 表示 DPSS 序列，v 表示 DPSS 序列的特征值
[…] = pmtm(x,dpss_params)	使用单元格数组 dpss_params，将输入参数传递给 dpss 除了序列中的元素数
[…] = pmtm(…,'DropLastTaper',dropflag)	指定是否 pmtm 在计算多窗口 PSD 估计时，去掉最后一个窗口
[…] = pmtm(…,freqrange)	在指定的频率 freqrange 范围内的多窗口 PSD 估计值
[…,pxxc] = pmtm(…,'ConfidenceLevel',probability)	指定置信区间为 probability 的 PSD 估计值
pmtm(…)	绘制当前图形窗口中的多窗口 PSD 估计值

实例——创建时钟信号的多窗口 PSD 估计

源文件：yuanwenjian\ch15\dckpsd.m

MATLAB 程序如下：

```
>> close all
>> clear
>> load clocksig    %加载时钟信号文件 clocksig.mat，包含变量 clock1、clock2、Fs、time1、time2
>> pmtm(clock2)     %计算汤姆森自适应频率相关权重的多窗口功率谱密度（PSD）估计
```

运行结果如图 15.5 所示。

扫一扫，看视频

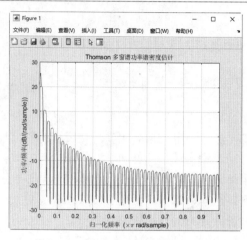

图 15.5　时钟信号的多窗口 PSD 估计

15.2.5　Welch 法

Welch 功率谱密度用改进的平均周期图法来求取随机信号的功率谱密度估计，从而降低周期图的可变性。

在 MATLAB 中，pwelch 命令用来计算信号 Welch 功率谱密度估计，其调用格式见表 15.5。

表 15.5　pwelch 命令的调用格式

命 令 格 式	说　　明
pxx = pwelch(x)	返回功率谱密度（PSD）估计 pxx
pxx = pwelch(x,window)	使用 window 窗口计算功率谱密度（PSD）估计 pxx
pxx = pwelch(x,window,noverlap)	使用重叠样本为 noverlap 的信号 x 计算功率谱密度（PSD）估计 pxx
pxx = pwelch(x,window,noverlap,nfft)	使用 DFT 点数为 nfft 的信号 x 计算功率谱密度（PSD）估计 pxx
[pxx,w] = pwelch(…)	返回归一化频率 w
[pxx,f] = pwelch(…,fs)	使用采样率为 fs 的信号 x 计算功率谱密度（PSD）估计值 pxx 和频谱频率 f
[pxx,w] = pwelch(x,window,noverlap,w)	在指定的归一化频率 w 下计算双边 Welch PSD 估计值
[pxx,f] = pwelch(x,window,noverlap,f,fs)	在指定频率 f 下计算双边 Welch PSD 估计值
[…] = pwelch(x,window,…,freqrange)	在指定的频率范围 freqrange 内计算 Welch PSD 估计值
[…] = pwelch(x,window,…,trace)	trace 表示跟踪模式，指定为'mean'（返回每个输入信道的 Welch 谱估计值）（默认）、'maxhold'（返回每个输入信道的最大保持频谱）、'minhold'（返回每个输入信道的最小保持频谱）
[…,pxxc] = pwelch(…,'ConfidenceLevel',probability)	根据指定×100%置信区间为 probability 的信号计算 PSD 估计值
[…] = pwelch(…,spectrumtype)	返回 PSD 估计值，如果 spectrumtype 指定为'psd'并返回功率谱，如果 spectrumtype 指定为'power'，根据窗口的等效噪声带宽对 PSD 的每个估计进行缩放
pwelch(…)	绘制当前图形窗口中的 Welch PSD 估计谱

实例——Welch 法计算信号 PSD 估计值

源文件：yuanwenjian\ch15\welchpsd.m

MATLAB 程序如下：

```
>> close all
>> clear
```

```
>> load gong                               %获取音频信号 y，采样频率为 Fs
>> t = -4:1/Fs:4;                          %定义信号采样时间序列
>> nfft=1024;                              %DFT 点数
>> window= tukeywin(length(y));            %锥形余弦窗
>> window0= rectwin(length(y));            %矩形窗
>> window1=hamming(length(y));             %汉明窗
>> window2=blackman(length(y));            %布莱克曼窗
>> noverlap=20;                            %重叠样本数
>> subplot(221),periodogram(y, window,length(y),Fs,'power')    %绘制信号周期谱密度估计，根
据锥形余弦窗的等效噪声带宽对 PSD 的每个估计值进行缩放
>> subplot(222),pwelch(y,window0,noverlap,nfft,Fs);    %使用矩形窗计算功率谱密度(PSD)
估计，重叠样本数为 20，DFT 点数为 1024
>> subplot(223),pwelch(y,window1,noverlap,nfft,Fs);    %使用汉明窗计算功率谱密度(PSD)
估计，重叠样本数为 20，DFT 点数为 1024
>> subplot(224),pwelch(y,window2,noverlap,nfft,Fs);    %使用布莱克曼窗计算功率谱密度
(PSD)估计，重叠样本数为 20，DFT 点数为 1024
```

运行结果如图 15.6 所示。

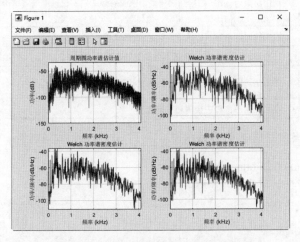

图 15.6　Welch 法计算信号 PSD 估计值

15.3　现代功率谱估计方法

现代功率谱估计主要是针对经典谱估计（周期图法和自相关法）的分辨率和方差性能不好的问题提出的，以随机过程或信号的参数模型为基础，通过观测数据估计参数模型，再按照求参数模型输出功率的方法估计随机过程、信号或系统的频率成分，应用最广的是 AR（自回归）参数模型。

本节主要介绍使用基于自回归模型的参数化方法估计频谱，包括伯格法、尤尔-沃克法、协方差和修正协方差方法，计算自回归功率谱密度（AR-PSD）。

15.3.1　伯格法

针对经典谱估计的分辨率的问题，在 1967 年由伯格（Burg）提出最大熵谱估计算法，也称为伯格（Burg）算法。该算法采用的数据加窗方法是协方差法，不是直接估计 AR 模型的参数，而是先估计反射系数，再利用莱文森（Levinson）关系式求得 AR 模型的参数，不对已知数据段之外的数据

做人为假设。由于伯格算法是建立在数据基础之上的，避免了先计算自相关函数，从而提高计算速度，是较为通用的方法。

在 MATLAB 中，pburg 命令使用伯格法计算离散信号的功率谱密度估计，该命令的调用格式见表 15.6。

表 15.6 pburg 命令的调用格式

命令格式	说　明
pxx = pburg(x,order)	使用伯格法计算离散信号 x 的功率谱密度（PSD）估计值 pxx。如果 x 为实信号，则返回结果为"单边"功率谱；如果 x 为复信号，则返回结果为"双边"功率谱。输入参数"order"为 AR 模型的阶数
pxx = pburg(x,order,nfft)	使用 DFT 的点数 nfft（默认值为 256）计算功率谱密度（PSD）估计值 pxx
[pxx,w] = pburg(...)	在上述任一语法格式的基础上，还输出与估计 PSD 的位置一一对应的归一化角频率 w，单位为 rad/sample。 如果 x 为实信号，则 w 的范围为 [0, pi]； 如果 x 为复信号，则 w 的范围为 [0, 2*pi]
[pxx,f] = pburg(...,fs)	参数 fs 为采样频率，为空矩阵 "[]" 时，使用默认值 1 Hz。输出参数 f 是与估计 PSD 的位置一一对应的线性频率，如果 x 为实信号，则 f 的范围为 [0, fs/2]；如果 x 为复信号，则 f 的范围为 [0, fs]
[pxx,w] = pburg(x,order,w)	利用阶数为 order 的自回归模型，返回信号 x 归一化频率 w（至少有两个元素的行或列向量）下的双边 AR PSD 估计值 pxx 和归一化频率 w（实值列向量）
[pxx,f] = pburg(x,order,f,fs)	根据指定频率的双边 AR 计算 PSD 估计值
[...] = pburg(x,order,...,freqrange)	在指定的频率 freqrange 范围内计算 PSD 估计值
[...,pxxc] = pburg(..., 'ConfidenceLevel',probability)	根据置信区间为 probability 的信号计算 PSD 估计值
pburg(...)	在当前图形窗口中绘制功率谱密度

扫一扫，看视频

实例——使用伯格法绘制信号功率谱密度

源文件：yuanwenjian\ch15\burgglp.m

MATLAB 程序如下：

```
>> close all
>> clear
>> fs = 1000;                    %定义采样频率为 1000Hz
>> t = 0:1/fs:1-1/fs;            %波形持续时间为 1s
>> x = square(2*pi*t);          %创建周期方波信号 x
>> x = awgn(x,1,'measured');    %在方波信号中添加信噪比为 1 的高斯白噪声信号
>> order1 = 5;                   %自回归模型阶数为 5
>> order2 = 10;                  %自回归模型阶数为 10
>> tiledlayout(2,2)             %2 行 2 列分块图布局
>> nexttile;
>> pburg(x,order1,[],'ConfidenceLevel',0.85);
%用五阶自回归模型基于伯格法对信号 x 进行功率谱估计，置信区间为 0.85
>> nexttile;
>> pburg(x,order1,[],'ConfidenceLevel',0.25);  %绘制功率谱密度单边谱，置信区间为 0.25
>> nexttile;
>> pburg(x,order2,[],'twosided')   %用十阶自回归模型对信号进行功率谱密度估计，绘制双边谱
>> nexttile;
>> pburg(x,order2,[],'centered')   %绘制功率谱密度中心双边谱
```

运行结果如图 15.7 所示。

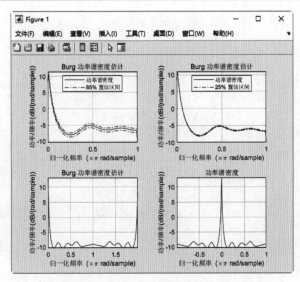

图 15.7 伯格法绘制信号功率谱密度

15.3.2 尤尔-沃克法

1927 年，尤尔（Yule）提出用线性回归方程模拟一个时间序列，沃克（Walker）利用尤尔的分析方法研究了衰减正弦时间序列，得出了尤尔-沃克（Yule-Walker）方程，奠定了自回归模型的基础。

尤尔-沃克法的准则是前向预测误差功率相对 AR 参数最小，该算法需要用到自相关函数序列，是所有 AR 参数求解方法中最简单的一种。对于长数据记录，由于可以得到较好的自相关估值，因此能够得到良好的谱估计。

在 MATLAB 中，pyulear 命令使用尤尔-沃克法计算离散信号的功率谱密度估计，该命令的调用格式见表 15.7。

表 15.7 pyulear 命令的调用格式

命 令 格 式	说 明
pxx = pyulear(x,order)	使用尤尔-沃克法计算离散信号 x 的功率谱密度（PSD）估计值 pxx。order 为 AR 模型的阶数。如果 x 为实信号，则返回结果为"单边"功率谱；如果 x 为复信号，则返回结果为"双边"功率谱
pxx = pyulear(x,order,nfft)	使用 DFT 的点数 nfft 计算功率谱密度（PSD）估计值 pxx
[pxx,w] = pyulear(…)	使用 Yule-Walker 法计算离散信号 x 的功率谱密度（PSD）估计值 pxx 和归一化频率 w
[pxx,f] = pyulear(…,fs)	利用采样率为 fs 的信号计算功率谱密度（PSD）估计 pxx 和频率 f
[pxx,w] = pyulear(x,order,w)	利用自回归模型阶数为 order 的信号计算功率谱密度（PSD）估计 pxx 和归一化频率 w
[pxx,f] = pyulear(x,order,f,fs)	根据指定频率的双边 AR 计算 PSD 估计值
[…] = pyulear(x,order,…,freqrange)	在指定的频率 freqrange 范围内计算 PSD 估计值
[…,pxxc] = pyulear(…, 'ConfidenceLevel',probability)	根据置信区间为 probability 的信号计算 PSD 估计值，pxxc 为置信界限
pyulear(…)	绘制当前图形窗口中的功率谱密度

实例——使用尤尔-沃克法绘制信号功率谱密度

源文件：yuanwenjian\ch15\ywglpmd.m

MATLAB 程序如下：

扫一扫，看视频

```
>> close all
>> clear
>> load relatedsig                %加载相关信号
>> fs = FsSig;                    %定义采样频率
>> t = 0:1/fs:1-1/fs;             %信号采样时间序列，波形持续时间为1s
>> order1 = 12;                   %自回归模型阶数为12
>> order2 = 10;                   %自回归模型阶数为10
>> tiledlayout(3,1)               %3行1列分块图布局
>> nexttile;
>> pyulear (sig2,order1,[],'ConfidenceLevel',0.85);
%绘制信号sig2的功率谱密度单面谱，置信区间为85%
>> nexttile;
>> pyulear (sig2,order1,[],'ConfidenceLevel',0.55);    %绘制功率谱密度单面谱，置信区间为55%
>> nexttile;
>> pyulear(sig2,order2,[],'twosided')                  %绘制PSD双面谱
```

运行结果如图15.8所示。

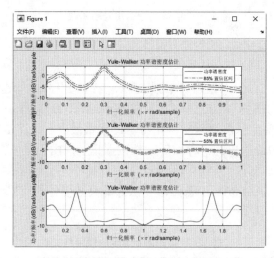

图15.8　尤尔-沃克法绘制信号功率谱密度

15.3.3　协方差法

协方差法用时间平均最小平方准则代替集合平均的最小平方准则，去掉了观测数据区间之外的数据为0的假设，在均方误差意义下使得数据的前向预测误差最小。由此估计的自相关矩阵是半正定的，且不具有特普利茨（Toeplitz）性，得到的AR模型可能不稳定。

在MATLAB中，pcov命令使用协方差法计算自回归功率谱密度估计，该命令的调用格式见表15.8。

表15.8　pcov命令的调用格式

命令格式	说　明
pxx = pcov(x,order)	使用协方差法计算离散信号x的功率谱密度（PSD）估计值pxx
pxx = pcov(x,order,nfft)	使用DFT的点数nfft计算功率谱密度（PSD）估计值pxx
[pxx,w] = pcov(…)	使用协方差法计算离散信号x的功率谱密度（PSD）估计值pxx和归一化频率w
[pxx,f] = pcov(…,fs)	利用采样频率为fs的信号计算功率谱密度（PSD）估计pxx和频率f
[pxx,w] = pcov(x,order,w)	利用自回归模型阶数为order的信号计算功率谱密度（PSD）估计pxx和归一化频率w

续表

命 令 格 式	说　明
[pxx,f] = pcov(x,order,f,fs)	根据指定频率的双边 AR 计算 PSD 估计值
[…] = pcov(x,order,…,freqrange)	在指定的频率 freqrange 范围内计算 PSD 估计值
[…,pxxc] = pcov(…,'ConfidenceLevel',probability)	根据置信区间为 probability 的信号计算 PSD 估计值
pcov(…)	绘制当前图形窗口中的功率谱密度

实例——协方差法绘制信号的功率谱密度

源文件：yuanwenjian\ch15\glpmd.m

MATLAB 程序如下：

```
>> close all
>> clear
>> load noisyecg              %加载噪声信号 noisyECG_withTrend
>> x=noisyECG_withTrend';     %定义信号 x
>> fs = 1000;                 %定义采样频率为 1000Hz
>> t = 0:1/fs:2-1/fs;         %采样时间序列
>> subplot(211),periodogram(x,bohmanwin(2000),length(x),fs,'power')   %绘制信号周期
谱密度估计，根据波曼窗的等效噪声带宽对 PSD 的每个估计值进行缩放
>> subplot(212),
>> order = 12;                %自回归模型阶数为 12
>> pcov(x,order,[],fs)        %使用协方差法计算信号 x 的功率谱密度估计值，DFT 点数为默认值 256
```

运行结果如图 15.9 所示。

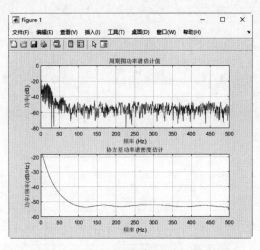

图 15.9　协方差法绘制信号的功率谱密度

15.3.4　修正协方差法

修正协方差法以前向预测误差功率和后向预测误差功率估计的平均值最小为准则估计 AR 模型参数，从而估计功率谱。与经典谱估计方法相比，修正协方差法具有更高的频率分辨率，但随着信噪比的降低，分辨率也随之降低，甚至还会低于经典谱估计方法。

在 MATLAB 中，pmcov 命令用于基于修正协方差方法计算信号的功率谱密度估计，该命令的调用格式见表 15.9。

表 15.9 pmcov 命令的调用格式

命令格式	说　明
pxx = pmcov(x,order)	使用修正的协方差法计算离散信号 x 的功率谱密度（PSD）估计值 pxx
pxx = pmcov(x,order,nfft)	使用 DFT 的点数 nfft 计算功率谱密度（PSD）估计值 pxx
[pxx,w] = pmcov(...)	使用修正的协方差法计算离散信号 x 的功率谱密度（PSD）估计值 pxx 和归一化频率 w
[pxx,f] = pmcov(...,fs)	利用采样频率为 fs 的信号计算功率谱密度（PSD）估计 pxx 和频率 f
[pxx,w] = pmcov(x,order,w)	利用自回归模型阶数为 order 的信号计算功率谱密度（PSD）估计 pxx 和归一化频率 w
[pxx,f] = pmcov(x,order,f,fs)	根据指定频率的双边 AR 计算 PSD 估计值
[...] = pmcov(x,order,...,freqrange)	在指定的频率 freqrange 范围内计算 PSD 估计值
[...,pxxc] = pmcov(...,'ConfidenceLevel',probability)	根据置信区间为 probability 的信号计算 PSD 估计值
pmcov(...)	绘制当前图形窗口中的功率谱密度

实例——修正协方差法绘制信号功率谱密度

源文件：yuanwenjian\ch15\xzxfcglp.m

MATLAB 程序如下：

```
>> close all
>> clear
>> load drums              %加载音频信号为 audio，采样频率为 fs
>> order = 12;             %自回归模型阶数为 12
>> tiledlayout(3,1)        %3 行 1 列的分块图布局
>> nexttile;
>> pmcov(audio,order,[],fs, 'ConfidenceLevel',0.85);
%绘制信号 audio 的功率谱密度单面谱，置信区间为 0.85
>> nexttile;
>> pmcov(audio,order,[],fs,'twosided')             %绘制 PSD 双面谱
>> nexttile;
>> pmcov(audio,order,[],fs, 'centered')            %绘制 PSD 中心双面谱
```

运行结果如图 15.10 所示。

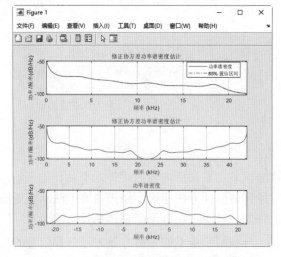

图 15.10　修正协方差法绘制信号功率谱密度

15.4 谱单位转换

频谱图或功率谱图一般为"频率-幅值"图，纵坐标表示幅值，幅值和分贝（dB）之间的关系是 ydb=20log10(y)。

在 MATLAB 中，db 命令用于将信号频谱图或功率谱图的幅度单位转换为分贝，其调用格式见表 15.10。

表 15.10 db 命令的调用格式

命 令 格 式	说 明
dboutput = db(x)	将信号 x(n)的幅度谱单位转换为分贝
dboutput = db(x,SignalType)	将信号类型 SignalType 为'voltage'或'power'的信号 x(n)的幅度谱单位转换为分贝
dboutput = db(x,R)	R 电阻用于电压测量
dboutput = db(x,'voltage',R)	等于 db(x,R)

此外，MATLAB 提供了其他多种将信号频谱图的幅度单位转换为分贝运算与逆运算的命令，见表 15.11。

表 15.11 幅度单位转换为分贝

命 令	意 义	命令调用格式及说明
mag2db	信号幅度谱单位转换	ydb = mag2db(y)：以分贝表示信号 y 中指定的信号测量值。幅值与分贝之间的关系为 ydb=20log10(y)
db2pow		y = db2mag(ydb)：返回与 ydb 中指定的分贝值相对应的信号值 y
pow2db	信号功率谱图幅度单位转换	ydb = pow2db(y)：以分贝表示信号 y 中指定的功率测量值。功率与分贝之间的关系为 ydb=10 log10(y)
db2pow		y = db2pow(ydb)：返回与 ydb 中指定的分贝值对应的功率测量值 y

实例——信号幅度单位转换

源文件： yuanwenjian\ch15\fddwzh.m

MATLAB 程序如下：

扫一扫，看视频

```
>> close all
>> clear
>> fs = 1000;                    %定义采样频率为1000Hz
>> t = 0:1/fs: 1-1/fs;           %定义信号采样时间序列，采样时间为1s
>> x1 = 2*sawtooth(4*pi*t);      %在时间序列 t 上产生三角波信号，幅值为2
>> x2 = db(x1);                  %将信号 x 幅度的单位转换为分贝
>> subplot(2,1,1)
>> plot(t,x1)                    %绘制三角波信号的时域图
>> title('三角波幅值信号'),xlabel('时间/s'),ylabel('幅值')
>> subplot(2,1,2)
>> plot(t,x2)                    %绘制转换单位后的三角波信号
>> title('三角波分贝信号'),xlabel('时间/s'),ylabel('幅值/分贝')
```

运行结果如图 15.11 所示。

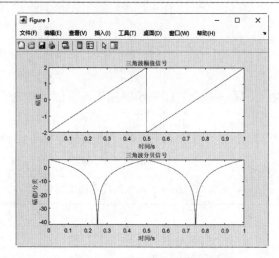

图 15.11　信号幅度单位转换

第 16 章　信号处理的 GUI 工具与设计

内容指南

图形用户界面（Graph User Interface，GUI）是指采用图形方式显示的应用程序的操作界面，是应用程序与其使用者之间的对话接口。与早期计算机使用的命令行界面相比，图形用户界面对用户来说更为简便易用，不需要记忆、掌握大量的操作命令，通过窗口、菜单、按钮等 GUI 组件就能以很直观的方式进行操作。

MATLAB 提供了图形用户界面设计功能，用户可以根据需要设计人机交互界面，以显示各种计算信息、图形等。

本章将介绍 MATLAB 提供的几种信号处理的 GUI 工具，以及利用 App 设计工具设计图形用户界面，并为图形用户界面中的 UI 组件编写行为控制代码进行信号处理的操作方法。

知识重点

- GUI 概述
- 信号处理的 GUI 工具
- 设计图形用户界面
- 组件编程

16.1　GUI 概述

GUI 是由窗口、菜单、图标、光标、按键、对话框和文本等各种 GUI 对象组成的应用程序操作界面，是用户与计算机进行信息交流的一种很直观的方式，计算机在屏幕上显示图形和文本，用户通过输入设备与计算机进行通信。

下面简要介绍常见的几种 GUI 对象及功能。

1. 组件

组件是显示数据或接收数据输入的相对独立的用户界面元素，常用组件介绍如下。

（1）按钮（button）：GUI 中最常用的组件对象，一个按钮代表一种操作，所以有时也称为命令按钮。

（2）开关按钮（toggle button）：有两个状态，即按下状态和弹起状态，每单击一次其状态将改变一次。

（3）单选按钮（radio button）：一种选择性的互斥按钮，在一组单选按钮中，通常只能有一个被选中，如果选中了其中一个，则同组按钮中原来被选中的就不再处于被选中状态，这就像收音机一次只能选中一个电台一样，故称为单选按钮。

（4）复选框（check box）：作用与单选按钮相似，但与单选按钮不同的是，在一组复选框中，可以有多个复选框处于选中状态，这也是"复选框"名字的由来。

（5）列表框（list box）：用于列出可供选择的多个选项，当选项很多而列表框无法全部列出时，列表框右侧将显示滚动条。

（6）弹出框（pop-up menu）：也称下拉列表框，与列表框类似，但只显示当前选项，单击其右端的下拉箭头即弹出一个列表框，显示全部选项。

（7）编辑框（edit box）：可供用户输入数据。在编辑框内可提供默认的输入值，随后用户可以进行修改。

（8）滑块（slider）：可以用拖动的方式输入指定范围内的一个数量值。

（9）静态文本（static text）：在对话框中显示的说明性文字，一般用来给用户做必要的提示。由于用户不能在程序执行过程中改变文字说明，所以将其称为静态文本。

2．菜单

在 GUI 中，菜单是一个很重要的程序元素。菜单可以把对程序的各种操作命令非常规范有效地呈现给用户，用户单击菜单项可执行相应的功能。菜单对象是图形窗口的子对象，所以菜单设计总在一个图形窗口中进行。

3．快捷菜单

快捷菜单是指用鼠标右击某个 GUI 对象时，在屏幕上弹出的菜单。这种菜单出现的位置是不固定的，而且总是与某个图形对象相关联。

4．工具栏

通常情况下，工具栏包含的按钮与菜单中的菜单项相对应，以便对应用程序的常用功能和命令进行快速访问。

5．面板

面板对象用于对图形窗口中的控件和坐标轴进行分组，便于用户对一组相关的控件和坐标轴进行布局、管理。面板中可以包含各种控件，如按钮、坐标系及其他面板等。面板中的控件与面板之间的位置为相对位置，当移动面板时，这些控件在面板中的位置不改变。

6．按钮组

按钮组是一种容器，用于对图形窗口中的单选按钮和开关按钮集合进行逻辑分组。按钮组中的所有控件，其控制代码必须写在按钮组的 SelectionChangeFcn 回调函数中，而不是控件的回调函数中。按钮组会忽略其中控件的原有属性。

16.2　信号处理的 GUI 工具

MATLAB 本身提供了很多应用于多个领域的图形用户界面，这些图形用户界面提供了不同用途的设计分析工具，体现了新的设计分析理念，常用于某种技术、方法的演示。

本节介绍信号处理中常用的两种 GUI 工具：滤波器设计工具和信号分析器。

16.2.1 滤波器设计工具

滤波器设计工具是 MATLAB 信号处理工具箱（Signal Processing Toolbox）中一个功能强大的图形用户界面，用于设计和分析滤波器。

利用滤波器设计工具，用户可通过设置滤波器性能参数、从 MATLAB 工作区导入滤波器或通过添加、移动或删除极点和零点来快速设计数字 FIR 或 IIR 滤波器。滤波器设计工具还提供了用于分析滤波器的工具，例如幅值和相位响应图以及零极点图。

在命令行窗口执行命令 filterDesigner，弹出如图 16.1 所示的图形用户界面，显示默认滤波器的相关信息。

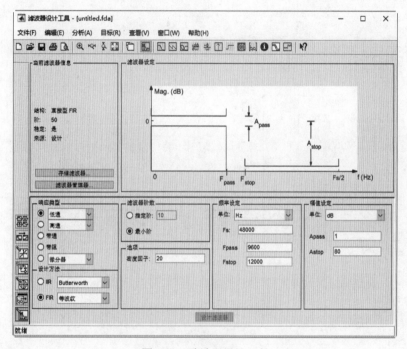

图 16.1 滤波器设计工具

> ➤ "当前滤波器信息"区域：显示当前滤波器的属性，例如滤波器结构、阶、滤波器是否稳定以及来源。单击"存储滤波器"按钮，可以指定要存储在滤波器管理器中的滤波器名称；单击"滤波器管理器"按钮，可以访问滤波器管理器以处理多个滤波器。
> ➤ "滤波器设定"区域：显示各种滤波器响应，如幅值响应、群延迟和滤波器系数。

滤波器设计工具的下半部分是滤波器的设计面板，用于对滤波器参数进行设定，例如响应类型、设计方法、滤波器阶数、选项频率设定和幅值设定等。

实例——带通滤波器设计

源文件：yuanwenjian\ch16\带通 FIR 最小二乘.fda
本实例设计一个带通滤波器。

操作步骤：

（1）在 MATLAB 命令行窗口中执行以下命令，打开滤波器设计工具。

扫一扫，看视频

```
>> filterDesigner
```

（2）在"响应类型"选项组中勾选"带通"单选按钮，"设计方法"选项组中勾选 FIR 单选按钮，然后在下拉列表框中选择"最小二乘"，使用最小二乘算法计算 FIR 滤波器系数。

（3）在"滤波器阶数"选项组中设置"指定阶"为 50。

（4）在"频率设定"选项组中设置单位为 Hz，采样率 Fs 为 48000Hz，通带频率 Fpass1 指定通带的下边缘，Fpass2 指定通带的上边缘；阻带频率 Fstop1 指定第一个阻带的上边缘，Fstop2 指定第二个阻带的下边缘。

（5）在"幅值设定"选项组中为每个频带设置一个正权重。Wstop1 和 Wstop2 分别为第一个和第二个阻带的幅值权重值，Wpass 为通带的幅值权重值。

各参数设置如图 16.2 所示。

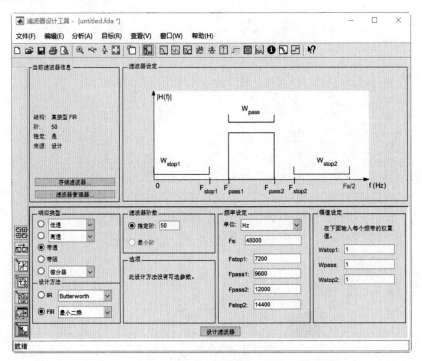

图 16.2　滤波器设定

（6）参数设置完成后，GUI 底部的"设计滤波器"按钮变为可用状态，单击该按钮，即可开始计算滤波器系数，并设计滤波器。设计完成，在"滤波器设定"区域默认显示滤波器的幅值响应，如图 16.3 所示。

滤波器设计完成后，在滤波器设计工具的工具栏可根据需要分析滤波器，查看滤波器的其他响应特征，例如相位响应、幅值响应和相位响应、群延迟响应、相位延迟响应、冲激响应、阶跃响应，以及滤波器阶数、零极点图、滤波器信息、舍入噪声功率谱。

（7）在滤波器设计工具的工具栏单击"相位响应"按钮，即可显示当前滤波器的相位响应图，如图 16.4 所示。

（8）单击"存储滤波器"按钮，在如图 16.5 所示的对话框中输入滤波器名称。单击"确定"按钮，即可将当前滤波器存储在滤波器管理器中，以便将其级联使用、导出到 FVTool，或以后在当前或其他滤波器设计工具会话中重新调用。

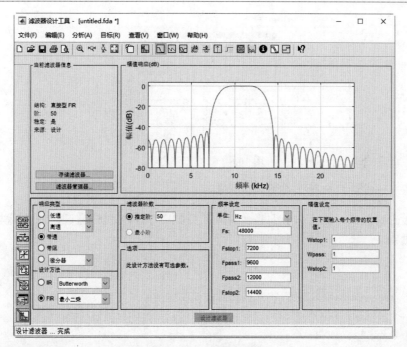

图 16.3 滤波器幅值响应

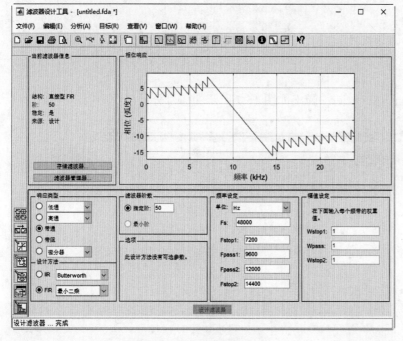

图 16.4 滤波器相位响应

图 16.5 存储滤波器

此时打开滤波器管理器，在滤波器列表中可以看到存储的滤波器，如图 16.6 所示。在这里可以对选中的滤波器进行重命名或删除。单击 FVTool 按钮，可打开滤波器可视化工具查看滤波器响应。

（9）单击滤波器设计工具工具栏上的"保存会话"按钮 ⊟，打开"保存滤波器设计会话"对话框，保存类型为"*.fda"，然后输入会话名称并单击"保存"按钮。

图 16.6　滤波器管理器

动手练一练——设计 FIR 等波纹低通滤波器

设计一个低通滤波器，使所有小于等于奈奎斯特频率 30% 的频率通过，并衰减大于等于奈奎斯特频率 80% 的频率。

📋 **思路点拨：**

> 源文件：yuanwenjian\ch16\FIR 等波纹低通滤波器.fda
> （1）打开滤波器设计工具。
> （2）设置响应类型为"低通"，设计方法为 FIR 等波纹。
> （3）指定滤波器阶数（30）和密度因子（20）。
> （4）频率单位选择"归一化"，Wpass 为 0.3，Wstop 为 0.8。
> （5）单击"设计滤波器"按钮设计滤波器。

16.2.2　信号分析器

在命令行窗口执行命令 signalAnalyzer，弹出如图 16.7 所示的信号分析器图形用户界面。

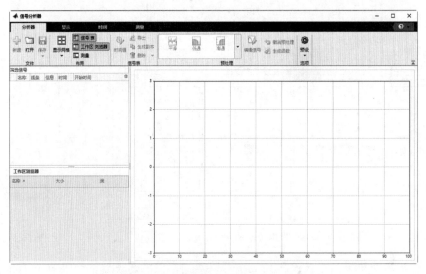

图 16.7　信号分析器图形用户界面

信号分析器是一款交互式工具，用于在时域、频域和时频域中可视化、预处理、测量、分析和比较信号。使用该工具，用户可以轻松访问 MATLAB 工作区中的所有信号，对信号进行平滑处理、滤波、重采样、去除趋势、去噪、复制、提取和重命名。还可以添加和应用自定义的预处理函数，同时可视化和比较信号的多种波形、频谱、持久性、频谱图和尺度图表示。此外，通过信号分析器可在同一视图中同时处理不同持续时间的多个信号。

使用信号分析器检查和比较信号的典型工作流如下。

1．选择要分析的信号

在信号分析器中，可以选择 MATLAB 工作区中当前可用的任何信号。信号分析器接受具有固有时间信息的数值数组和信号，例如 timetable 数组、timeseries 对象和 labeledSignalSet 对象。

2．预处理信号

在实际应用中，传感器获取的信号往往比较微弱，并伴随着各种噪声；不同类型的传感器，其输出信号的形式也不尽相同。为了抑制信号中的噪声，提高检测信号的信噪比，便于信息提取，在分析信号前必须对传感器检测到的信号进行预处理。

可以说，信号预处理的功能在一定程度上是影响后续信号分析的重要因素。振动信号本身的特性导致对信号进行预处理具有一些特定要求：

（1）在涉及相位计算或显示时尽量不采用抗混滤波。

（2）在计算频谱时采用低通抗混滤波。

（3）在处理瞬态过程中 1×矢量、2×矢量的快速处理时采用矢量滤波。这也是保障瞬态过程符合采样定理的基本条件。

图 16.8　预处理选项

对信号进行预处理的常用方法有使用低通、高通、带通或带阻滤波器；去除趋势并计算信号包络；使用移动平均值、回归、（S-G）滤波器或其他方法对信号进行平滑处理；使用小波对信号进行去噪；更改信号的采样率或将非均匀采样的信号插值到均匀网格上；使用自定义函数预处理信号。

在"分析器"选项卡的"预处理"功能组的预处理选项列表框中可以选择预处理方式，如图 16.8 所示。

3．分析信号

根据需要对信号进行分析，例如使用采样率、数值向量、duration 数组或 MATLAB 表达式向信号添加时间信息；绘制、测量和比较数据；计算频谱、绘制频谱图或尺度图；寻找时域、频域和时频域中的特性和模式；计算持久频谱以分析偶发信号，并使用重排来锐化频谱图估计；从信号中提取感兴趣的区域，等等。

4．共享分析

信号分析完成后，可以将分析结果导出共享。例如，将显示内容作为图像从信号分析器复制到剪贴板，应用于其他用途；将信号导出到 MATLAB 工作区或将其保存到 MAT 文件；生成 MATLAB 脚本，以自动计算功率谱、频谱图或持久频谱估计，并自动提取感兴趣的区域。此外，用户还可以保存信号分析器会话，以便以后或在其他计算机上继续分析。

实例——颤音信号分析

源文件：yuanwenjian\ch16\cyxhfx.m

操作步骤：

（1）在命令行窗口中执行以下命令，加载信号：

扫一扫，看视频

```
>> close all
>> clear
>> load whaleTrill              %加载数据文件 whaleTrill.m，包含信号 whaleTrill 和采样率 Fs
>> whale = timetable(seconds((0:length(whaleTrill)-1)'/Fs),whaleTrill);
%将信号转换为 MATLAB 时间表
```

（2）在 MATLAB 命令行窗口中执行 signalAnalyzer 命令，打开信号分析器，工作区浏览器中可以看到在 MATLAB 工作区中创建的信号 whaleTrill 和时间表 whale，如图 16.9 所示。

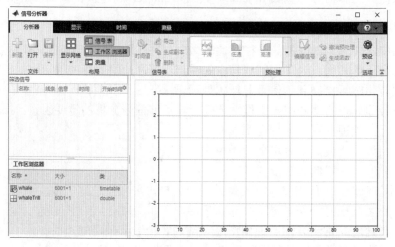

图 16.9　信号分析器

（3）在工作区浏览器中将时间表 whale 拖放到信号显示区，信号将在显示区绘制，并显示在"筛选信号"窗格的信号表中，如图 16.10 所示。

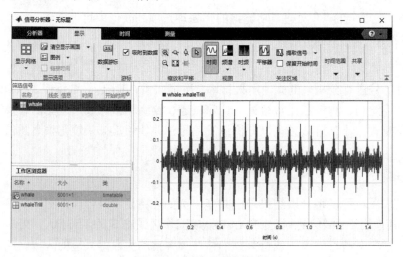

图 16.10　选择并绘制信号

（4）切换到"显示"选项卡，在"视图"功能组单击"频谱"按钮，打开频谱视图，如图 16.11 所示。

（5）在"显示"选项卡中单击"平移器"按钮激活平移器。使用平移器创建一个宽度约为 1s 的缩放窗口，频谱显示在 900Hz 附近有明显的峰值，如图 16.12 所示。

选择要分析的信号后，接下来对信号进行预处理。由于预处理操作将覆盖信号表中选择的信号，因此先生成原信号的一个副本。

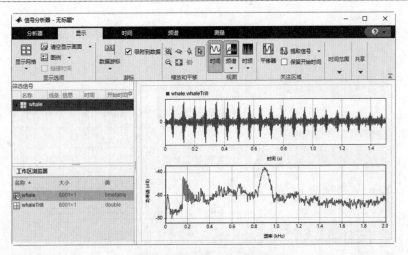

图 16.11 显示频谱视图

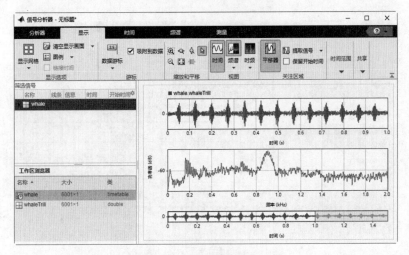

图 16.12 创建缩放窗口

（6）切换到信号分析器的"分析器"选项卡，在"信号表"功能组单击"生成副本"按钮，创建信号 whale 的副本。然后清除原始信号名称旁边的复选框，从显示画面中删除原始信号。

（7）选中生成的信号副本，在"分析器"选项卡的"预处理"列表框中单击"低通"，设置"通带频率"为 900Hz，"陡度"和"阻带衰减"保留默认值，如图 16.13 所示。

（8）在"低通"选项卡的"应用"功能组单击"低通"按钮，对选中的信号应用低通滤波。此时会弹出一个"预处理"对话框，提示用户预处理操作将覆盖信号表中选择的信号，单击"确定"按钮关闭对话框。在显示区可看到滤波后的信号，如图 16.14 所示。

低通滤波器允许低于截止频率的信号通过，而高于截止频率的信号不能通过，使得信号中的低频部分能被分离出来。

此时，在所选信号的"信息"栏显示一个图标，单击该图标弹出一个对话框，可以查看应用于当前信号的预处理操作列表。

（9）切换到"显示"选项卡，单击"清空显示画面"按钮，清空信号显示画面。然后在"筛选信号"列表中右击原始信号，从弹出的快捷菜单中选择"生成一个副本"命令，生成原始信号的一个副本。

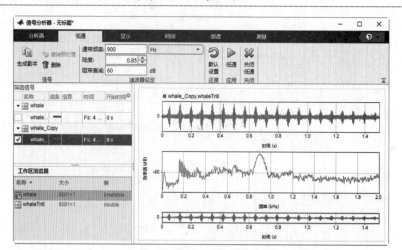

图 16.13　设置滤波器参数

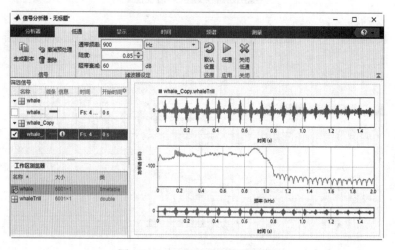

图 16.14　对信号应用低通滤波

（10）取消勾选第一个副本名称左侧的复选框，勾选第二个副本名称左侧的复选框，选择要分析的信号，如图 16.15 所示。

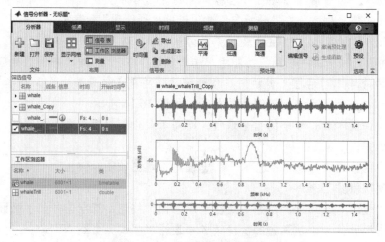

图 16.15　选择要分析的信号

（11）在"分析器"选项卡的"预处理"列表框中单击"高通"，设置"通带频率"为 900Hz，"陡度"和"阻带衰减"保留默认值。然后在"高通"选项卡的"应用"功能组中单击"高通"按钮，对选中的信号应用高通滤波。关闭弹出的"预处理"对话框，在显示区可看到滤波后的信号，如图 16.16 所示。

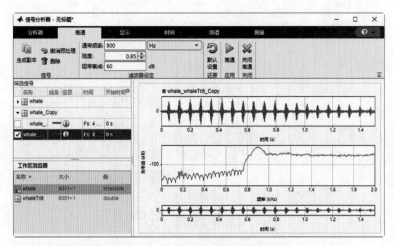

图 16.16　高通滤波器预处理效果

高通滤波器是一个使高频率比较容易通过而阻止低频率通过的系统。它去掉了信号中不必要的低频成分或者说去掉了低频干扰，增强中频和高频成分。

（12）隐藏平移器，勾选生成的第一个副本，在同一个视图中对比查看低通滤波和高通滤波后的信号功率谱，如图 16.17 所示。

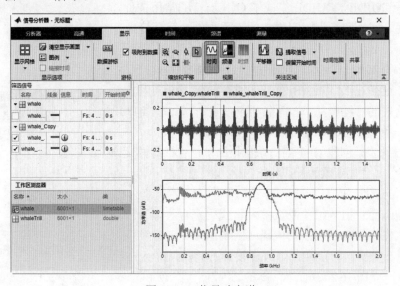

图 16.17　信号功率谱

（13）在显示区域单击要保存的视图，切换到"显示"选项卡，在"共享"功能组单击"复制显示画面"，即可将所选显示画面保存到剪贴板，以粘贴到其他文件中。如果单击"生成脚本"按钮，在弹出的下拉菜单中选择"频谱脚本"命令，即可打开 MATLAB 脚本编辑器，自动生成频谱脚本，如图 16.18 所示。

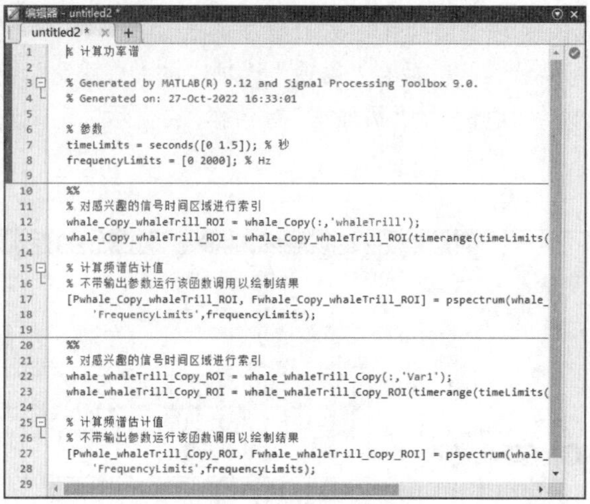

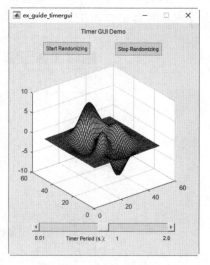

图 16.18　频谱脚本

16.3　设计图形用户界面

除了内置的图形用户界面，MATLAB 还提供了 GUI 开发环境，允许用户根据需要自定义 GUI。

16.3.1　GUI 开发环境

在早期版本中，MATLAB 为 GUI 开发提供了一个方便高效的集成开发环境 GUIDE。GUIDE 集成了 GUI 支持的常用控件，并提供界面外观、属性和行为响应方式的设置方法，可便捷地开发图形用户界面，如图 16.19 所示。

Mathworks 在 R2016a 版本正式推出了 GUIDE 的替代产品：App 设计工具，这是在 MATLAB 图形系统转向使用面向对象系统之后的一个重要的后续产品。它旨在顺应 Web 的潮流，帮助用户利用新的图形系统方便地设计更加美观的 GUI。

使用 App 设计工具创建 GUI 的方法也很简单，包括界面设计和组件编程两部分，主要步骤如下：

（1）启动 App 设计工具。

（2）在设计画布中拖放组件或直接编写代码进行界面设计。

（3）编写组件行为的相应控制代码（回调函数）。

执行以下任一种操作，即可启动 App 设计工具，打开 App 设计工具的起始页，如图 16.20 所示。

➢ 在命令行窗口执行 appdesigner 命令。

➢ 在功能区的"主页"选项卡中选择"新建"→"App"命令。

➢ 在功能区的"App"选项卡中单击"设计 App"按钮 图。

App 设计工具的起始页预置了具有自动调整布局功能的 App 模板，基于模板创建的 App 会根据不同设备屏幕大小自动对内容调整大小和布局。

图 16.19　图形用户界面

图 16.20　App 设计工具的起始页

选择空白 App 或某种具有自动调整布局功能的 App 模板，即可进入 GUI 的编辑界面，自动新建一个名为 app1.mlapp 的新文件，用于保存设计好的图形界面和事件处理程序，如图 16.21 所示。

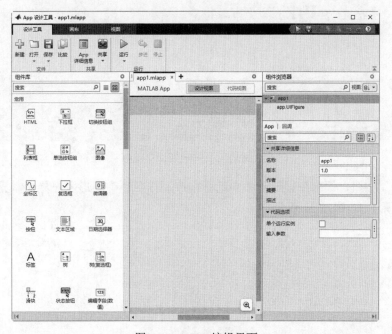

图 16.21　GUI 编辑界面

从图中可以看到，App 设计工具的窗口主要包括标题栏、功能区、组件库、视图窗口（设计画布或代码视图）、组件浏览器等部分，是一个功能丰富的开发环境，包含一整套标准用户界面组件，并完整集成了 MATLAB 编辑器。不仅如此，它还提供了网格布局管理器和自动调整布局选项，使 App 能够检测和响应屏幕大小的变化。用户可以直接从 App 设计工具的工具条打包 App 安装程序文件，也可以创建独立的桌面 App 或 Web App（需要 MATLAB Compiler）。

如果要打开已有的 App 文件，在命令行窗口中执行 appdesigner(filename)命令即可，其中, filename 为要打开的.mlapp 文件名。如果.mlapp 文件不在 MATLAB 搜索路径中，需要指定完整路径。

实例——打开脉冲发生器 App

源文件：yuanwenjian\ch16\openapp.m

本实例打开 MATLAB 预置的一个 App 文件，演示生成脉冲信号。

在 MATLAB 命令窗口中执行如下命令：

```
>> appdesigner(fullfile(matlabroot,"examples\matlab\main\PulseGenerator"))
%通过指定文件的完整路径打开并显示现有的应用程序
```

在 App 设计工具中打开指定的 App 文件，如图 16.22 所示。

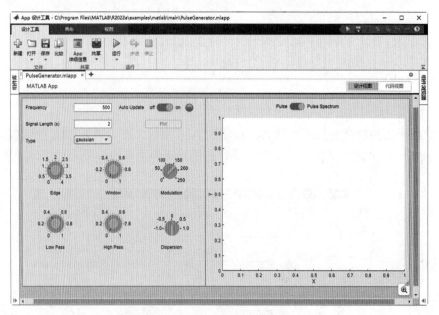

图 16.22　打开现有应用程序

单击"运行"按钮，即可在设计画布中运行程序，打开一个图形用户界面，显示默认参数下生成的脉冲信号波形，如图 16.23 所示。

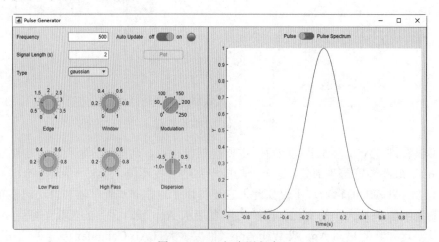

图 16.23　运行应用程序

在 GUI 左侧面板中修改参数，右侧的波形也会随之变化。

16.3.2 放置组件

组件是用于 UI 设计和开发的一种很好的办法。使用较少的可重用的组件，可更好地实现一致性。构建图形用户界面的第一步，就是在"组件库"中选择需要的组件拖动到设计画布上。

App 设计工具在组件库中提供了丰富的 UI 组件，组件库默认位于 App 设计工具的界面左侧。组件库的组件分为 6 大类，包含常用、容器、图窗工具、仪器、AEROSPACE（航空航天）和 SIMULINK REAL-TIME（实时仿真），如图 16.24 所示。

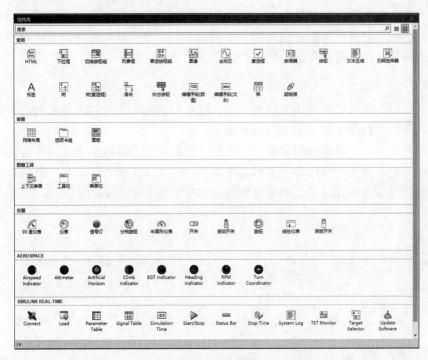

图 16.24　组件库

在"组件库"中单击需要的组件，此时鼠标指针显示为十字准线，在设计画布上单击，即可在指定位置以默认大小放置组件。如果单击组件后，在设计画布上按下左键拖动，可以添加一个指定大小的组件。

📢 **注意：**

> 有些组件只能以其默认大小添加到设计画布中。

如果要快速定位组件，可以在"搜索"栏输入需要查找的组件名称或关键词，即可在组件显示区显示符合条件的搜索结果，如图 16.25 所示。

在设计画布中放置组件后，通常还需要调整组件的大小，对组件进行对齐、分布，根据需要还可以将多个组件进行组合。

1．调整大小

（1）选中单个组件，组件四周显示蓝色编辑框，将鼠标指针放置在编辑框上的控制手柄上，鼠标指针变为双向箭头，如图 16.26 所示。此时按下鼠标左键拖动，即可沿拖动的方向调整组件的大小。

图 16.25　搜索组件

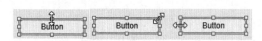

图 16.26　调整组件大小

（2）如果要将多个同类组件调整为等宽或等高，可以框选或按 Shift 键选中多个组件，然后单击功能区"画布"选项卡"排列"选项组中的"相同大小"命令，在如图 16.27 所示的下拉菜单中选择需要的调整命令，即可同时调整选中的多个组件的大小。

2. 对齐组件

在设计画布中对齐组件可以利用智能参考线，也可以利用如图 16.28 所示的对齐命令，这些工具位于功能区"画布"选项卡的"对齐"选项组中。

在画布上拖动组件时，组件周围会显示橙色的智能参考线。通过多个组件中心的橙色虚线表示它们的中心是对齐的，边缘的橙色实线表示边缘是对齐的。如果组件在其父容器中水平居中或垂直居中，组件上也会显示一条穿过中心的垂直虚线或水平虚线，如图 16.29 所示。

图 16.27　调整大小命令

图 16.28　对齐命令

图 16.29　对齐线

3. 均匀分布多个组件

如果要在水平方向或垂直方向等距分布多个组件，可以选中组件后，在"画布"选项卡"间距"选项组中单击"水平应用"按钮　或"垂直应用"按钮　，如图 16.30 所示。除了默认的等距均匀分布外，在下拉列表框中选择 20，如图 16.31 所示，可以指定组件之间的间距为 20。

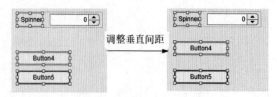

图 16.30　组件垂直方向均匀分布

图 16.31　指定间距为 20

16.3.3　设置组件属性

组件的属性设置通常在组件浏览器中进行。组件浏览器以直观、可视化的方式提供了组件属性的选项。如图 16.32 所示为 UIFigure 组件的属性。用户只需要简单地单击相应的按钮或输入属性值，即可完成属性设置。本小节简单介绍了在 GUI 设计中，编辑组件的标签和名称的方法。

1. 设置组件标签

选中组件后，在组件浏览器中设置组件的 Title 或 Text 属性，即可修改组件的标签。

也可在设计画布中双击组件标签，当标签四周显示蓝色编辑框时，名称变为可编辑状态，如图 16.33 所示，在蓝色编辑框内输入标签内容，按 Enter 键即可。

这里要注意的是，某些组件（如滑块）添加到设计画布上时，系统会自动添加一个标签与之组合在一起，如图 16.34 所示。但默认情况下，这些标签不会出现在组件浏览器中。

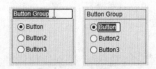

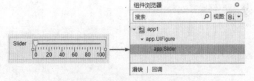

图 16.32　组件浏览器　　　　图 16.33　编辑参数　　　　图 16.34　添加滑块组件

这种情况下，可以在组件浏览器中的任意位置右击，从弹出的快捷菜单中选中"在组件浏览器中包含组件标签"选项，如图 16.35 所示；将组件标签添加到列表中，如图 16.36 所示。

🔊 **提示：**

> 如果不希望组件有标签，可以在将组件拖到设计画布上时按住 Ctrl 键。

如果组件有标签，并且在设计画布或组件浏览器中更改了标签文本，则组件浏览器中组件的名称会自动更改以匹配该文本，如图 16.37 所示。

图 16.35　选中"在组件浏　　　图 16.36　在组件浏览器　　　图 16.37　定义组件名称
览器中包含组件标签"选项　　　中显示组件标签

2. 修改组件名称

执行以下操作之一，可修改选中组件的名称。

（1）在组件目录区域以树形结构显示组件的层次关系，直接双击组件名称"app.组件名"，组件名称变为可编辑状态，即可修改组件名称，如图 16.38 所示。

（2）右击组件目录区域的组件名称"app.组件名"，在弹出的如图 16.39 所示的快捷菜单中选择"重命名"命令，即可编辑组件名称。

图 16.38　组件浏览器

图 16.39　快捷菜单

实例——设计正弦波调频 GUI

源文件：yuanwenjian\ch16\sintp.mlapp

本实例设计一个 GUI，通过输入频率为 10Hz 的正弦波的采样率、采样时间和调频范围，分别显示信号时域图和调频信号的时域图。

操作步骤：

（1）启动 App 设计工具，在设计画布上放置组件。

1）在命令行窗口中输入下面的命令：

```
>> appdesigner
```

打开 App 设计工具起始页，单击"可自动调整布局的两栏式 App"，进入 App 设计工具的图形界面编辑窗口。

2）在"组件库"中选中"编辑字段（数值）"组件，拖放到设计画布的左侧栏，然后按下 Ctrl 键拖动添加的组件，复制一个"编辑字段（数值）"组件，分别用于录入采样率和采样时间。

3）在"组件库"中选中"微调框"组件，拖放到设计画布的左侧栏，然后按下 Ctrl 键拖动添加的组件，复制一个"微调框"组件，分别用于录入调频范围的下界和上界。

4）在"组件库"中选中"按钮"组件，然后在设计画布的左侧栏单击，添加一个按钮组件，用于对信号进行调频，并绘制信号时域图。

5）在"组件库"中选中"坐标区"组件，拖放到设计画布的右侧栏，然后按下 Ctrl 键拖动添加的组件，复制一个"坐标区"组件，分别用于显示原始信号和调频信号的时域图。

此时的设计画布如图 16.40 所示。

（2）设置组件属性。

1）在设计画布中单击第一个"编辑字段（数值）"组件，在"组件浏览器"侧栏中修改组件的如下属性：

➤ 在"标签"文本框中输入"采样率（Hz）"。

➤ 在"Value（值）"文本框中输入初始值"5"。

➤ 修改"Limits（值范围）"为"0，20"。

2）在设计画布中选中第二个"编辑字段（数值）"组件，在"组件浏览器"侧栏中修改组件的如下属性：

➤ 在"标签"文本框中输入"采样时间（s）"。

➤ 在"Value（值）"文本框中输入初始值"5"。

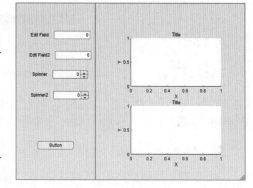

图 16.40　放置组件的效果

➢ 修改"Limits（值范围）"为"1，10"。

3）在设计画布中选中第一个"微调框"组件，在"组件浏览器"侧栏中修改组件的如下属性：

➢ 在"标签"文本框中输入"下界 Fmin"。

➢ 在"Value（值）"文本框中输入初始值"0.1"。

➢ 修改"Limits（值范围）"为"0.1，0.5"。

➢ 修改"Step（步长值）"为"0.05"。

4）在设计画布中选中第二个"微调框"组件，在"组件浏览器"侧栏中修改组件的如下属性：

➢ 在"标签"文本框中输入"上界 Fmax"。

➢ 在"Value（值）"文本框中输入初始值"0.5"。

➢ 修改"Limits（值范围）"为"0.1，0.5"。

➢ 修改"Step（步长值）"为"0.05"。

📢 提示：

> Fmin 和 Fmax 的值最好设置在 0 至采样率的 1/2 范围内。

5）在设计画布中选中"按钮"组件，在"组件浏览器"侧栏中修改组件的如下属性：

在"Text（文本）"文本框中输入"开始调频"。

6）使用鼠标框选设计画布左侧栏中的所有组件，在"组件浏览器"侧栏中修改组件的"FontSize（字体大小）"属性值为"14"。

7）在"组件浏览器"中选中左侧栏 app.LeftPanel，自定义面板的背景色，如图 16.41 所示。

8）框选设计画布左侧栏中除按钮以外的所有组件，在"画布"选项卡中依次单击"左对齐"按钮🔲和"垂直应用"按钮🔲 垂直应用，使组件左对齐，并在垂直方向上等间距分布。

9）调整右侧栏中两个坐标区组件的大小和位置。

至此，图形界面设计完成，效果如图 16.42 所示。

图 16.41　设置左侧栏的背景颜色

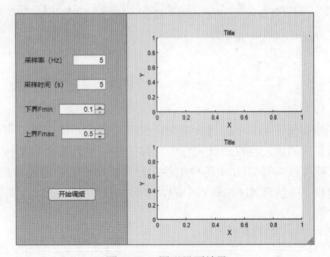

图 16.42　图形界面效果

10）在"设计工具"选项卡中单击"保存"按钮🔲，将当前文件以"sintp.mlapp"为文件名保存在搜索路径下。

动手练一练——设计二阶系统阶跃响应 GUI

本练习在 App 设计工具的设计视图中，设计一个如图 16.43 所示的 GUI，用于了解阻尼比和阻尼自然频率的变化对二阶系统动态性能的影响。

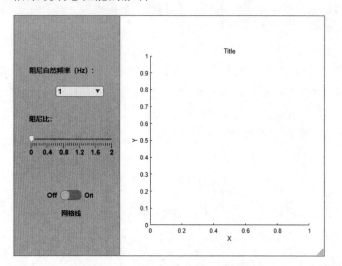

图 16.43　二阶系统阶跃响应曲线界面

思路点拨：

> 源文件：yuanwenjian\ch16\jyxyqx.mlapp
> （1）启动 App 设计工具。
> （2）在设计画布中放置下拉框、滑块、开关与坐标轴组件。
> （3）利用组件浏览器设置各个组件的标签、字体大小和字型；设置下拉框的列表项、滑块的初始值和取值范围。
> （4）设置左侧栏的背景颜色。
> （5）调整各个组件的大小和位置。
> （6）保存 App 文件。

16.4　组件编程

App 设计工具中的设计视图提供了丰富的布局工具，可以很便捷地设计具有专业外观的现代化应用程序界面，且在设计视图中所做的任何更改都会自动反映在代码视图中。设计好图形用户界面后，就可以编写 GUI 中各种组件的行为控制代码，这通常在"代码视图"中完成。"代码视图"不但提供了 MATLAB 编辑器中的大多数编程功能，还可以浏览代码，避免许多烦琐的任务。

16.4.1　认识代码视图

在 App 设计工具的编辑区域单击"代码视图"，即可进入代码视图编辑环境，左侧显示"代码浏览器"侧栏与"App 的布局"侧栏，中间为代码编辑器，右侧显示组件浏览器，如图 16.44 所示。

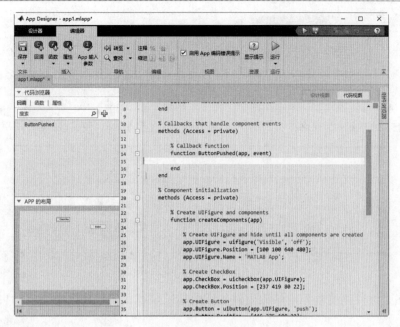

图 16.44　代码视图

1．"代码浏览器"侧栏

"代码浏览器"包括"回调""函数"和"属性"三个选项卡，使用这些选项卡可以添加、删除或重命名 App 中的任何回调、辅助函数或自定义属性。

"回调"表示用户与应用程序中的 UI 组件交互时执行的函数；"函数"表示 MATLAB 中执行操作的辅助函数；"属性"表示存储数据并在回调和函数之间共享数据的变量，使用前缀"app."指定属性名称来访问属性值。

2．"App 的布局"侧栏

显示 App 布局的缩略图，在具有许多组件的复杂大型 App 中可以很方便地查找组件。在缩略图中单击某个组件，即可在组件浏览器中选中对应的组件。

3．代码编辑器

代码编辑器是编辑 App 代码的工具。在编辑器中，背景色为白色的区域是可编辑的，背景色为灰色的代码由 App 设计工具自动生成和管理，是不可编辑的。为组件添加回调、函数或属性时，系统会自动在代码编辑器中添加白色背景区域，便于用户编辑代码。

4．组件浏览器

在设计图形用户界面时，组件浏览器通常用于选择组件、设置组件的属性。在编写组件的行为代码时，利用组件浏览器可以很方便地管理组件属性。

在设计画布上放置一个 UI 组件后，在组件浏览器中可以看到 App 设计工具为该组件指定的默认名称，以前缀"app."开头，如图 16.45 所示。在"代码视图"中使用组件名称引用该组件，如图 16.46 所示。

如果在组件浏览器中更改了组件名称，App 设计工具会自动更新对该组件的所有引用，如图 16.47 所示。

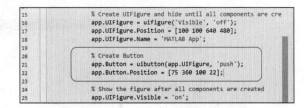

图 16.45　指定组件默认名称　　　　　　　图 16.46　使用组件名称引用组件

图 16.47　更改组件名称

同样地，在"组件浏览器"中修改组件的其他属性，在代码编辑器中会自动更新相应的代码。

16.4.2　管理回调

回调是用户与应用程序中的 UI 组件交互时执行的函数，大多数组件至少可以有一个回调。但是，某些组件（如标签）没有回调，只显示信息。

选中一个组件，在组件浏览器的"回调"选项卡中可以查看该组件受支持的回调属性列表，如图 16.48 所示。

回调属性右侧的文本字段显示对应的回调函数的名称。如果没有添加相应的回调函数，则显示为空。如果有多个 UI 组件需要执行相同的代码，可以从中选择一个现有回调。

1．添加回调

如果要为选中的组添加回调，有以下三种常用的方法。

（1）单击"回调"选项卡中的"添加"按钮 ➕，在如图 16.49 所示的"添加回调函数"对话框中选择组件、回调，并指定函数名称，然后单击"添加回调"按钮，即可在代码编辑器中自动添加相应的代码框架。

图 16.48　回调属性列表　　　　　　　图 16.49　"添加回调函数"对话框

（2）在组件浏览器的"回调"选项卡中，单击回调属性右侧的下拉列表框按钮，然后在弹出的列表中选择"<添加 ValueChangedFcn 回调>"命令，如图 16.50 所示。

（3）在设计画布或"组件浏览器"中右击要添加回调的组件，从弹出的快捷菜单中选择"回调"→"添加 ValueChangedFcn 回调"命令，如图 16.51 所示。

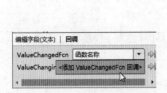

图 16.50　添加回调方法 1　　　　　　　图 16.51　添加回调方法 2

为组件添加回调后，在代码视图中会自动添加相应的函数，如图 16.52 所示。

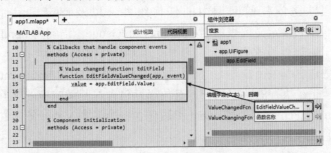

图 16.52　添加回调

右击回调函数，利用弹出的快捷菜单可以重命名选中的回调、在光标处插入指定的回调，或将光标自动定位到代码中该回调的位置。如果更改了某个回调的名称，App 设计工具会自动更新代码中对该回调的所有引用。

2．删除回调

在 App 设计工具中删除回调有以下两种常用的方法。

（1）在代码浏览器的"回调"选项卡中右击回调函数名称，从弹出的快捷菜单中选择"删除"命令，如图 16.53 所示，即可在代码中删除指定的回调。

（2）在组件浏览器的"回调"选项卡中单击回调属性右侧的下拉列表框按钮，从弹出的下拉列表中选择"<没有回调>"选项，如图 16.54 所示，即可删除指定组件的回调，但回调的代码并不会从代码中删除。

图 16.53　删除回调 1　　　　　　　图 16.54　删除回调 2

📢 提示：

> 如果从 App 中删除组件，仅当关联的回调未被编辑且未与其他组件共享时，App 设计工具才会删除关联的回调。

3. 定位回调

在"代码浏览器"的"回调"选项卡中，单击回调列表中的某个回调，编辑器将自动定位到对应的代码位置。

此外，在搜索栏中输入回调的部分名称，单击搜索结果，编辑器将自动滚动到该回调的定义位置。

16.4.3 回调参数

App 设计工具中的所有回调在函数签名中均包括以下两个输入参数。

（1）app。该参数表示 app 对象，使用此对象可访问 App 中的 UI 组件及存储为属性的其他变量。可以使用圆点语法访问任何回调中的任何组件（以及特定于组件的所有属性），如 app.Component.Property。如果定义仪表的名称为 PressureGauge，语句为 app.PressureGauge.Value = 50;则表示将仪表的 Value 属性设置为 50。

（2）event。该参数包含有关用户与 UI 组件交互的特定信息的对象。event 参数提供具有不同属性的对象，具体取决于正在执行的特定回调。对象属性包含与回调响应的交互类型相关的信息。例如，滑块的 ValueChangingFcn 回调中的 event 参数包含一个名为 Value 的属性。该属性在用户移动滑块（释放鼠标之前）时存储滑块值。

扫一扫，看视频

实例——跟踪旋钮的值

源文件：yuanwenjian\ch16\gzxn.mlapp

本实例利用 event 参数跟踪旋钮组件的值，实时绘制正弦信号 $x = \sin(2\pi10t^3)^2$ 在不同插值因子下产生的插值信号。其中，信号采样率为 10Hz。

操作步骤：

（1）启动 App 设计工具，在设计画布上放置组件。

1）在命令行窗口中执行以下命令：

```
>> appdesigner
```

打开 App 设计工具起始页，单击"可自动调整布局的两栏式 App"，进入 App 设计工具的图形界面编辑窗口。

2）在"组件库"中选中"旋钮"组件，拖放到设计画布的左侧栏，用于设置插值因子。

3）拖放两个"坐标区"组件到设计画布的右侧栏，分别用于显示原始信号和插值信号。

（2）设置组件属性。

1）选中"旋钮"组件 app.Knob，在组件浏览器中设置以下属性：

➢ 在"标签"文本框中输入"插值因子"。

➢ 在"Value（值）"文本框中输入初始值"1"。

➢ 修改"Limits（值范围）"为"1，10"。

➢ 设置 MajorTicks（主刻度位置）和 MajorTickLabels（刻度线标签），并清除 MinorTicks（次刻度线位置）属性的值，如图 16.55 所示。

2）在"组件浏览器"中选中左侧栏 app.LeftPanel，自定义面板的背景色。

3）手动调整组件的大小和位置，此时的设计画布如图 16.56 所示。

图 16.55　设置刻度线位置和标签

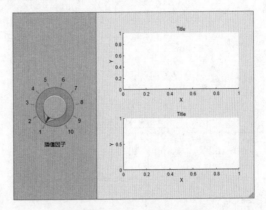

图 16.56　设计画布的效果

4）将 App 文件以 chazhixh.mlapp 为文件名，保存在搜索路径下。

（3）添加函数和回调，控制组件的行为。

1）切换到代码视图，在"代码浏览器"的"函数"选项卡中单击"添加函数"按钮➕，添加一个私有函数。然后在代码编辑器中将函数名称修改为 showsignal，并编写处理程序，代码如下：

```
methods (Access = private)
    function showsignal(app)              %定义函数
        fs=10;                            %采样频率
        t=0:1/fs:2-1/fs;                  %采样时间序列
        x=sin(2*pi*10*t.^3).^2;           %定义信号
        stem(app.UIAxes,t,x);             %绘制原始信号序列
        xlabel(app.UIAxes,'时间');
        title(app.UIAxes,'原始信号');
        yz=app.Knob.Value;                %获取旋钮组件的值
        y=interp(x,yz);                   %创建插值信号
        t2 = 1:length(y);                 %采样点数序列
        stem(app.UIAxes2,t2,y,'filled')   %插值信号序列
        xlabel(app.UIAxes2,'采样点数');
        title(app.UIAxes2,'插值信号');
    end
end
```

接下来添加回调函数，用于初始化 App。

2）在"代码浏览器"中切换到"回调"选项卡，单击➕按钮，弹出"添加回调函数"对话框，为 App 添加 StartupFcn 回调，如图 16.57 所示。单击"添加回调"按钮，自动转至"代码视图"，添加回调函数 startupFcn，代码如下：

```
function startupFcn(app)
    showsignal(app);
end
```

3）在"代码浏览器"中切换到"回调"选项卡，单击➕按钮，为旋钮组件添加 ValueChangedFcn 回调，如图 16.58 所示。当旋钮的值改变时，调用该回调。该回调的代码如下：

```
function KnobValueChanged(app, event)
```

```
        latestvalue = event.Value;          %使用 event 参数跟踪旋钮组件当前的值
        app.Knob.Value = latestvalue;       %更新旋钮的值
        showsignal(app);                    %调用函数绘制信号序列
    end
```

图 16.57　为 App 添加回调

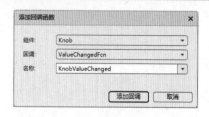

图 16.58　为旋钮组件添加回调

至此，代码编辑完成，接下来就可以运行程序了。

（4）运行程序。

在"编辑器"选项卡单击"运行"按钮，即可显示如图 16.59 所示的图形用户界面，显示默认插值因子 1 下的信号序列图和插值图。

单击旋钮组件的刻度线，修改插值因子的值为 4，可看到右侧栏下方的信号序列随之发生变化，如图 16.60 所示。

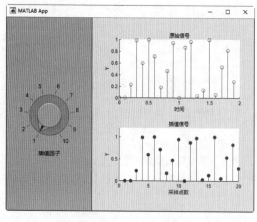

图 16.59　运行界面 1

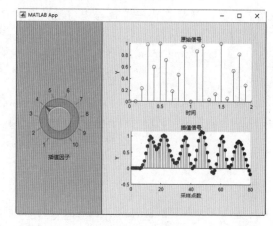

图 16.60　运行界面 2

在图中可以看到，插值信号将序列的原始采样率提高到了更高的速率。

16.4.4　添加函数

这里所说的函数常称为辅助函数，是 MATLAB 在应用程序中定义的函数，以便在代码中的不同位置调用。

在代码视图中添加辅助函数有以下两种常用的方法。

（1）在"代码浏览器"的"函数"选项卡中单击"添加"按钮 ✚，添加私有函数或公共函数，如图 16.61 所示。

其中，私有函数只能在 App 中调用，常用于单窗口应用程序；公共函数可以在 App 的内部和外部调用，常用于多窗口应用程序。

（2）在功能区的"编辑器"选项卡中单击"函数"按钮 ✚，展开如图 16.62 所示的下拉菜单，从中选择需要的函数类型。

图 16.61　选择函数

图 16.62　下拉菜单

添加辅助函数后，代码中会自动添加一个模板函数，如图 16.63 所示。其中，Access 参数指定函数的访问权限，可指定为私有（private）或公共（public）。

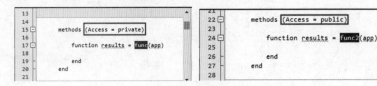

图 16.63　创建模板函数

在"代码浏览器"的"函数"选项卡中双击函数名称，可以修改函数名称。用户可以根据需要修改函数名称和输入、输出参数，在函数体内可编写实现某一操作的代码。

在应用程序中添加函数后，可以像回调一样删除、定位或修改名称，具体操作方法与回调相同，这里不再赘述。

扫一扫，看视频

实例——绘制调频信号时域图

本实例继续正弦波调频 GUI 的实例，为图形用户界面中的组件添加回调和辅助函数。修改信号参数后，单击"开始调频"按钮，分别绘制原始信号和调频信号时域图。

操作步骤：

（1）在 MATLAB 命令行窗口中执行以下命令，打开保存在搜索路径下的 App 文件 sintp.mlapp。

```
>> appdesigner('sintp.mlapp')
```

首先定义一个辅助函数，获取编辑字段和微调框中的值，计算采样时间序列和调频信号，并绘制信号的时域图。

（2）为增强代码的可读性，先将组件名称修改为意义明确的标识符。在"组件浏览器"窗格中，将两个编辑字段的名称分别修改为 app.caiyanglv 和 app.time。

（3）切换到代码视图，在"代码浏览器"的"函数"选项卡中单击 按钮，添加一个私有函数。然后在代码编辑器中将函数名称修改为 showSingle，并编写处理程序，代码如下：

```
methods (Access = private)
    function showSingle(app)
        %获取采样率
        fs = app.caiyanglv.Value;
        %获取采样时间
        sj=app.time.Value;
        %定义采样时间序列
        t=0:1/fs:sj;
        %定义叠加高斯噪声的正弦波
```

```
                x=sin(2*pi*10*t)+randn(size(t))/50;
                %获取调频范围
                fmin=app.FminSpinner.Value;
                fmax=app.FmaxSpinner.Value;
                %信号调频
                y=vco(x,[fmin fmax]*fs,fs);
                %绘制原始信号时域图
                plot(app.UIAxes,t,x);
                xlabel(app.UIAxes,'Time') ,ylabel(app.UIAxes,'Signal') ;
                title(app.UIAxes,'叠加噪声的正弦信号');
                %绘制调频信号时域图
                plot(app.UIAxes_2,t,y);
                xlabel(app.UIAxes_2,'Time') ,ylabel(app.UIAxes_2,'Signal') ;
                title(app.UIAxes_2,'调频信号');
            end
        end
```

接下来添加回调函数，用于初始化 App，以及响应按钮单击事件。

（4）在"代码浏览器"中切换到"回调"选项卡，单击 ⊕▾ 按钮，弹出"添加回调函数"对话框，添加 startupFcn，如图 16.64 所示。单击"添加回调"按钮，自动转至"代码视图"，添加回调函数 startupFcn，代码如下：

图 16.64　"添加回调函数"对话框

```
    function startupFcn(app)
        showSingle(app)
    end
```

至此，代码编辑完成，接下来就可以运行程序了。

（5）在"App 的布局"窗格中右击"开始调频"按钮，在弹出的快捷菜单中选择"回调"→"添加 ButtonPushed 回调"命令，然后在"代码视图"中添加回调函数 ButtonPushed 的函数体，代码如下：

```
    function ButtonPushed (app)
        showSingle(app)
    end
```

至此，代码编辑完成，接下来就可以运行程序了。

16.4.5　管理属性

属性是存储数据并在回调和函数之间共享数据的变量，访问时通常使用"app."前缀。

1．添加属性

在"代码浏览器"的"属性"选项卡单击"添加"按钮 ⊕，选择属性的类型（私有或公共），即可在代码编辑器中自动添加一个 properties 块，用于定义属性。在函数列表中可以看到添加的属性，如图 16.65 所示。

私有属性（Access=private）用于存储仅在 App 中共享的数据，公共属性（Access=public）用于存储在 App 的内部和外部共享的数据。

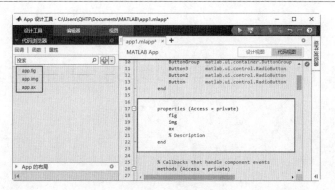

图 16.65　定义属性

2. 设置属性访问权限

属性的权限设置包括两种，默认使用参数 Access 定义的属性具有读和写访问权限；使用参数 SetAccess 定义的属性只有读的访问权限，需要通过其他方法定义属性值。例如：

```
properties(Access = private)
%属性具有读和写访问权限
    Model
    Color
  end
  properties (SetAccess = private)
%属性只有读的访问权限
    SerialNumber
  end
methods
    function obj = NewCar(model,color)
        %定义属性值
        obj.Model = model;              %指定定义属性值
        obj.Color = color;
        %添加构造函数到 NewCar 类设置属性值
        obj.SerialNumber = datenum(datetime('now'));
    end
end
```

修改属性名称、删除属性和定位属性的操作与函数的相应操作类似，在此不再赘述。

第 17 章　信号处理 Simulink 仿真

内容指南

现实生活中数字信号无处不在。由于数字信号具有高保真、低噪声和便于处理的优点，因此得到了广泛的应用。Simulink 是 MATLAB 中的一种可视化仿真工具，是一种基于 MATLAB 的框图设计环境，提供的一个动态系统建模、仿真和综合分析的集成环境，被广泛应用于线性系统、非线性系统、数字控制及数字信号处理的建模和仿真中。Simulink 提供了大量进行信号生成、运算、输出、滤波的模块。本章简要介绍 Simulink 中常用的信号处理模块及其应用。

内容要点

➤ Simulink 简介
➤ 信号源模块
➤ 信号输出模块
➤ 信号运算模块

17.1　Simulink 简介

计算机仿真是在研究系统过程中，根据相似原理以计算机为主要工具，运行真实系统或预研系统的仿真模型，通过对计算机输出信息的分析与研究，实现对实际系统运行状态和演化规律的综合评估与预测。仿真技术的发展源于自动控制系统在设计过程中对系统参数变化或受外界干扰时必须验证系统性能是否能满足设计要求而进行的一项工作。它是分析评估现有系统运行状态或设计优化未来系统性能与功能的一种技术手段，在信号处理、机械系统、工程设计、航空航天、交通运输、计算机集成等领域中有着广泛的应用。

Simulink 是 Mathworks 公司推出的 MATLAB 中的一种可视化仿真工具。它是一个模块图环境，提供图形编辑器，可自定义的模块库以及求解器，支持系统设计、仿真、自动代码生成以及嵌入式系统的连续测试和验证，能够进行多域动态系统建模和仿真。

为了创建大型系统，Simulink 提供了系统分层排列的功能，类似于系统的设计，在 Simulink 中可以将系统分为从高级到低级的几个层次，每层又可以细分为几个部分，每层系统构建完成后，将各层连接起来构成一个完整的系统。模型创建完成之后，可以启动系统的仿真功能分析系统的动态特性。Simulink 内置的分析工具包括各种仿真算法、系统线性化、寻求平衡点等，仿真结果可以以图形的方式显示在示波器窗口，以便于用户观察系统的输出结果。Simulink 也可以将输出结果以变量的形式保存起来，并输入到 MATLAB 工作空间中以完成进一步的分析。

17.1.1　Simulink 的特点

简单来说，Simulink 具有以下主要特点：

（1）交互式、图形化的建模环境和仿真环境。Simulink 提供了丰富的模块库以帮助用户快速地建立动态系统模型。建模时只需使用鼠标拖放不同模块库中的系统模型并将它们连接起来。它外表以方块图形式呈现，且采用分层结构，以设计功能的层次性来分割模型，实现对复杂设计的管理。

（2）专用模块库（blocksets）。MathWorks 公司开发了一系列的专用功能块程序包，通过这些可迅速地对系统实现建模、仿真和分析。此外，Simulink 的开发式结构允许用户扩展仿真环境的功能：采用 MATLAB、FORTRAN 和 C 代码生成自定义的模块库，并拥有自己的图标和界面。

（3）使用定步长或变步长运行仿真，根据仿真模式（normal、accelerator、rapid accelerator）决定以解释性的方式运行或以编译 C 代码的形式运行模型。

（4）利用 MATLAB 的诸多资源与功能，用户可以直接在 Simulink 下完成诸如数据分析、过程自动化、优化参数等工作。工具箱提供的高级设计和分析能力可以融入仿真过程。

（5）以图形化的调试器和剖析器来检查仿真结果，诊断设计的性能和异常行为。

17.1.2　Simulink 系统仿真

Simulink 支持多采样频率系统，即不同的系统能够以不同的采样频率进行组合，可以仿真较大、较复杂的系统。

1. 图形化模型与数学模型之间的关系

现实中每个系统都有输入、输出和状态三个基本要素，它们之间的关系是随时间变化的数学函数关系，即数学模型。图形化模型也体现了输入、输出和状态随时间变化的某种关系，如图 17.1 所示。只要这两种关系在数学上是等价的，就可以用图形化模型代替数学模型。

图 17.1　模块的图形化表示

例如，静态模型信号发生器：

$$x(t) = \sin(\omega t + \varphi)$$

输入和输出都是 $x(t)$。

2. 图形化模型的仿真过程

Simulink 的仿真过程包括如下几个阶段。

（1）模型编译阶段。Simulink 引擎调用模型编译器，将模型翻译成可执行文件。其中编译器主要完成以下任务：

➤ 计算模块参数的表达式，以确定它们的值。
➤ 确定信号属性（如名称、数据类型等）。
➤ 传递信号属性，以确定未定义信号的属性。
➤ 优化模块。
➤ 展开模型的继承关系（如子系统）。
➤ 确定模块运行的优先级。

> ➢ 确定模块的采样时间。

（2）连接阶段。Simulink 引擎按执行次序创建运行列表，初始化每个模块的运行信息。

（3）仿真阶段。Simulink 引擎从仿真的开始到结束，在每一个采样点按运行列表计算各模块的状态和输出。该阶段又分成以下两个子阶段：

> ➢ 初始化阶段：该阶段只运行一次，用于初始化系统的状态和输出。
> ➢ 迭代阶段：该阶段在定义的时间段内按采样点间的步长重复运行，并将每次的运算结果用于更新模型。在仿真结束时获得最终的输入、输出和状态值。

3．动态仿真模型

采用 Simulink 软件对一个实际动态系统进行仿真，关键是建立起能够模拟并代表该系统的 Simulink 模型。

Simulink 意义上的模型根据表现形式的不同有着不同的含义。

> ➢ 在模型窗口中表现为可见的方框图。
> ➢ 在存储形式上则为扩展名为.mdl 的 ASCII 文件。
> ➢ 从其物理意义上讲，Simulink 模型模拟了物理器件构成的实际系统的动态行为。

从系统组成上来看，一个典型的 Simulink 模型一般包括 3 个部分：输入、系统以及输出。系统也就是在 Simulink 中建立并研究的系统方框图；输入一般用信号源（source）表示，具体形式可以为常数、正弦信号、方波以及随机信号等，代表实际对系统的输入信号；输出则一般用信号输出（sink）表示，具体可以是示波器、图形记录仪等。无论是输入、输出还是系统，都可以从 Simulink 模块中直接获得，或由用户根据实际需要采用模块库中的模块组合而成。

对于一个实际的 Simulink 模型而言，这 3 个部分并不都是必须的，有些模型可能不存在输入或输出部分。

17.1.3　建立 Simulink 模型的基本过程

建立一个模型应该遵循一定的顺序，以免遗漏某些步骤。在 Simulink 创建模型的基本过程并不唯一，可根据个人的习惯而定。一般而言，基本操作步骤如下：

（1）根据系统具体情况，建立数学仿真模型。

（2）新建模型文件，打开模型编辑窗口。

在模型文件中，可以用模块表示系统的各个组成部分，例如物理组件、小型系统或函数。输入／输出关系则完整描述了模块特征。Simulink 建立的模型具有仿真结果可视化、层次性、可封装子系统三个特点。

（3）放置需要的模块。

模块是 Simulink 建模的基本元素，存放在模块库中。了解各个模块的作用是熟练掌握 Simulink 的基础。

（4）依照给定的系统要求，设置模块的参数。

（5）根据功能连接模块端口。

（6）设置仿真模型的系统参数。

（7）运行仿真。

（8）查看仿真结果。

（9）保存文件并退出。

实例——模型仿真演示

本实例利用 Simulink 的示例模型展示 Simulink 模型编辑环境，并演示 Simulink 仿真的方法。

操作步骤：

（1）在 MATLAB "主页"选项卡中单击 Simulink 按钮，打开 Simulink 起始页界面。切换到"示例"选项卡，将鼠标指针移到某个示例图标上，显示"打开示例"按钮，如图 17.2 所示。

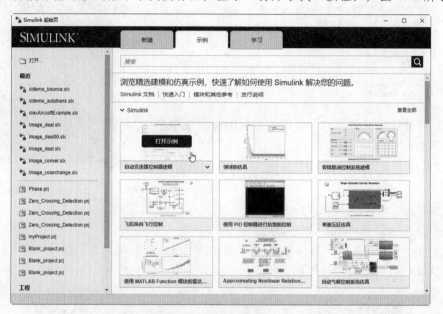

图 17.2 "示例"选项卡

（2）在需要的示例图标"自动变速器控制器建模"上单击，即可在 Simulink 编辑环境中打开对应的模型文件，如图 17.3 所示。

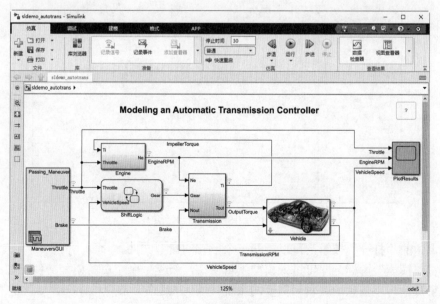

图 17.3 模型文件

Simulink 模型编辑环境的功能区主要包含仿真、调试、建模和格式等选项卡。"仿真"选项卡包含新建、打开和保存、仿真分析等功能按钮；"调试"选项卡包含模型的调试操作命令；"建模"选项卡包括显示信号线、设置模块参数、查找与对比模型等功能按钮；"格式"选项卡包含与当前模型或模型中选中模块相关的格式属性。

（3）在"仿真"选项卡中单击"运行"按钮，编译完成后，双击标签名为 PlotResults 的 Scope（示波器）模块，即可查看仿真结果，如图 17.4 所示。

图 17.4　仿真结果

17.1.4　操作模型文件

要新建、打开模型文件，首先要进入 Simulink 的模型窗口，可以选择以下几种方式。

（1）在"主页"选项卡中选择"新建"→"Simulink 模型"命令。

（2）直接单击 Simulink 按钮。

（3）在命令行执行 simulink 命令。

执行以上任一条命令，即可打开如图 17.5 所示的"Simulink 起始页"窗口。该窗口提供了多种类型的文件模板，可以分别创建仿真工程文件、模型文件、库文件和子系统等。

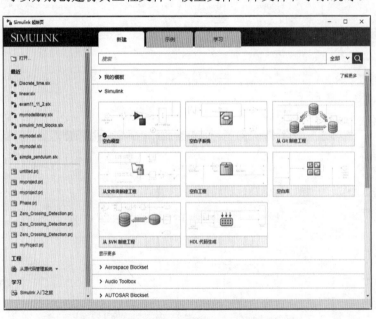

图 17.5　Simulink 起始页

单击左上角的"打开"按钮，可以打开一个已有的模型文件。

单击"空白模型"图标，即可进入模型编辑窗口，新建一个空白的模型文件，如图 17.6 所示。

在这个窗口中可以任意地编辑所需要的系统模型，在后面章节中将详细介绍模型的编辑、处理、仿真的方法。

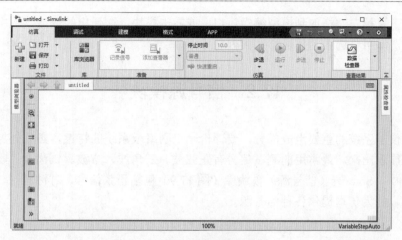

图 17.6　模型编辑窗口

新建或打开模型文件后，在功能区"仿真"选项卡中单击"保存"按钮，可以保存当前编辑的模型文件。模型文件的保存类型有以下两种。

> Simulink 模型（.Slx）：slx 是 mdl 的二进制格式，是与较新的 slx 格式相关联的 Simulink 模型文件（.slx）类型，是 MATLAB R2012a 及以后版本的 Simulink 模型默认保存格式。slx 取代了以前的 mdl 格式，由于采用了 ZIP 压缩，可以实现更小的文件大小，具有更好的内化支持，并能实现增量加载。

> Simulink 模型（*.Mdl）：mdl 是文本文件，可以用 notepad++打开。

17.1.5　模块库

Simulink 提供了丰富、专业的模块库，它们是按功能分组的模块的集合，是系统仿真的基础。

在 Simulink 模型编辑窗口的功能区"仿真"选项卡中单击"库浏览器"按钮，弹出如图 17.7 所示的"Simulink 库浏览器"对话框，显示系统分类的模块库。

在"Simulink 库浏览器"对话框中，将鼠标指针停留在模块图标上时，会出现一个信息提示框，显示模块名、模块参数值等信息，如图 17.8 所示。

图 17.7　"Simulink 库浏览器"对话框

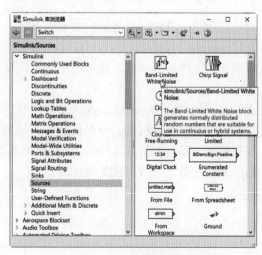

图 17.8　查看模块的信息

在模块上按下鼠标左键拖放到模型编辑窗口，或右击模块，在弹出的快捷菜单中选择"向模型添加模块"命令，即可将选中的模块添加到模型中。

17.2 信号源模块

信号产生是仪器系统的重要组成部分，要评价一个网络或系统的特性，必须外加一定的测试信号，其性能方能显示出来。最常用的测试信号有正弦波、三角波、方波、锯齿波、噪声波等。

在 Simulink 中，Sources（信号源）模块库（图 17.9）包括正弦信号、时钟信号、周期信号等产生信号数据函数，能为仿真提供各种信号源。

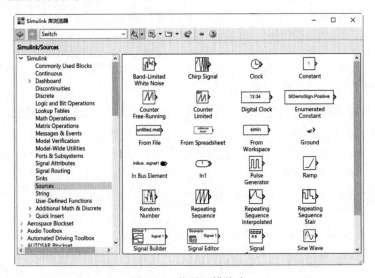

图 17.9 信号源模块库

下面介绍 Sources（信号源）模块库中常用的几个模块的功能和用法。

17.2.1 Signal Generator 模块

对于任何测试来说，信号的生成非常重要。例如，当现实世界中的真实信号很难得到时，可以用仿真信号对其进行模拟，向数/模转换器提供信号。

所谓电子电路中的信号，就是电压或电流随时间变化的函数曲线，如果涉及波形，那就是特指交流电压或电流。

在 Simulink 中，Signal Generator（信号发生器）模块可产生并输出 4 种基本波形的信号：正弦波、方波、锯齿波、随机波。一般情况下，该模块只有一个输出端口，如图 17.10 所示。

双击模块，弹出如图 17.11 所示的"模块参数：Signal Generator"对话框，在该对话框中可以设置信号的相关参数，参数属性见表 17.1。

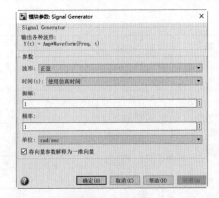

Port_1 - 生成
的输出信号

Signal
Generator

图 17.10　Signal Generator 模块 　　　　　图 17.11　"模块参数：Signal Generator"对话框

表 17.1　Signal Generator 模块参数属性

参　　数	说　　明	参　数　值
波形	要生成的波形	sine（默认值，正弦）、square（方波）、sawtooth（锯齿波）、random（随机波）
时间	时间变量的来源	使用仿真时间（默认）、使用外部信号。如果指定外部源，模块将显示一个输入端口用来连接该外部源
振幅	生成的信号波形的幅值	1（默认）、标量、向量、矩阵
频率	生成的信号的频率	1（默认）、标量、向量、矩阵
单位	信号单位	rad/sec（默认）、Hertz
将向量参数解释为一维向量	将向量视为一维	勾选此复选框时，如果常量值参数的计算结果为包含 N 个元素的行或列向量，则模块输出长度为 N 的向量，否则不输出长度为 N 的向量

17.2.2　Signal Editor 模块

在 Simulink 中，Signal Editor（信号编辑器）模块用于对信号进行显示、创建、编辑和切换，可以根据数据文件与特定方案创建、编辑信号。一般情况下，该模块只有一个输出端口，如图 17.12 所示。

双击模块，弹出如图 17.13 所示的"模块参数：Signal Editor"对话框，在该对话框中设置相关参数，参数属性见表 17.2。

Signal1 - 编辑后的
信号

图 17.12　Signal Editor 模块 　　　　　图 17.13　"模块参数：Signal Editor"对话框

表 17.2　Signal Editor 模块参数属性

参　数	说　明	参　数　值
文件名	信号数据集文件	untitled.mat（默认）、字符向量。如果指定的文件在当前文件夹中不存在，后续的参数将被禁用
激活方案	有效的方案，指定的 MAT 文件必须存在才能启用该参数	Scenario（默认）、字符向量
要创建和编辑方案，请启动信号编辑器用户界面	单击 按钮，启动信号编辑器，如图 17.14 所示	—
活动信号	要配置的信号名称。在配置信号之前，MAT 文件必须存在	Signal 1（默认）、字符向量
输出总线信号	将信号配置为总线	off（默认）、on
采样时间	采样时间间隔，以秒为单位指定	0（默认）、-1、采样时间（s）
插值数据	在不存在对应工作区数据的时间点对数据进行线性插值	off（默认）、on
启用过零检测	检测过零点	off（默认）、on
最终数据值之后的输出	结合数据插值设置数据可用的最后一个时间点后的模块输出	设置为 0（默认）、外插、保持最终值

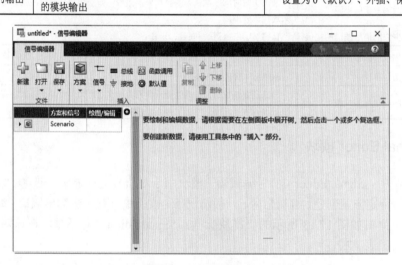

图 17.14　信号编辑器

17.2.3　Sine Wave 模块

正弦波是频率成分最为单一的一种信号，因这种信号的波形是数学上的正弦曲线而得名。在科学研究、工业生产、医学、通信、自控和广播技术等领域里，常常需要某一频率的正弦波作为信号源。例如，在实验室，人们常用正弦作为信号源，测量放大器的放大倍数，观察波形的失真情况；在工业生产和医疗仪器中，利用超声波可以探测金属内的缺陷、人体内器官的病变；在通信和广播中更离不开正弦波。正弦波应用非常广泛，只是应用场合不同，对正弦波的频率、功率等的要求不同而已。

在 Simulink 中，Sine Wave（正弦波）模块用于输出正弦曲线波形。一般情况下，模块有一个输出端口，如图 17.15 所示。

双击模块，弹出如图 17.16 所示的"模块参数：Sine Wave"对话框，在该对话框中设置相关参数，参数属性见表 17.3。

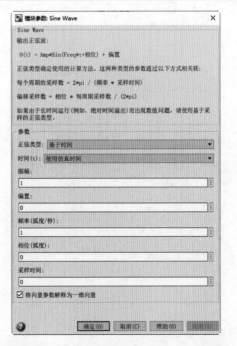

图 17.16　"模块参数：Sine Wave" 对话框

Port_1 - 正弦波输出信号

Sine Wave

图 17.15　Sine Wave 模块

表 17.3　Sine Wave 模块参数属性

参　　数	说　　明	参　数　值
正弦类型	正弦波的类型	基于时间（默认）、基于采样
时间	时间变量的来源	使用仿真时间（默认）、使用外部信号。如果指定外部时间源，模块将为该时间源创建一个输入端口。选择外部时间源时，该模块与 Sine Wave Function 模块相同
振幅	正弦波的幅值	1（默认）、标量、向量
偏置	添加到正弦波的常量	0（默认）、标量、向量
频率/(rad/s)	正弦波的频率	1（默认）、标量、向量
相位/rad	正弦波的相移	0（默认）、标量、向量
采样时间	以秒为单位的采样周期	0（默认）、标量、向量。如果正弦类型是"基于采样"，则采样时间必须大于 0

17.2.4　Pulse Generator 模块

脉冲信号是指瞬间突然变化，作用时间极短的电压或电流，可以是周期性重复的，也可以是非周期性的或单次的。脉冲信号是一种离散信号，形状多种多样，与普通模拟信号（如正弦波）相比，波形之间在 y 轴不连续（波形与波形之间有明显的间隔）。

最常见的脉冲波是矩形波（也就是方波），如图 17.17 所示。脉冲信号可以用来表示信息，也可以用来作为载波，比如脉冲调制中的脉冲编码调制（PCM）、脉冲宽度调制（PWM）等，还可以作为各种数字电路、高性能芯片的时钟信号。

在 Simulink 中，Pulse Generator（脉冲信号发生器）模块按一定间隔生成一系列脉冲。一般情况下，模块有一个输出端口，如图 17.18 所示。

双击模块，弹出如图 17.19 所示的"模块参数：Pulse Generator"对话框，在该对话框中设置相关参数，参数属性见表 17.4。

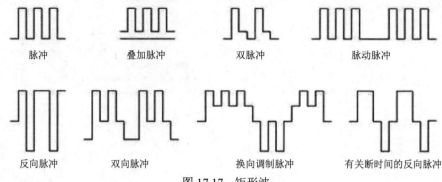

图 17.17　矩形波

Port_1 – 输出信号

Pulse
Generator

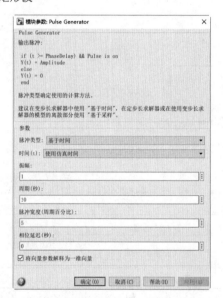

图 17.18　Pulse Generator 模块　　　　图 17.19　"模块参数：Pulse Generator"对话框

表 17.4　Pulse Generator 模块参数属性

参　数	说　明	参　数　值
脉冲类型	基于时间或基于采样生成指定类型的方波	基于时间（默认）、基于采样
时间	输出脉冲时间变量的来源	使用仿真时间（默认）、使用外部信号
振幅	脉冲幅值	1（默认）、标量
周期	脉冲周期	标量，默认值为 10。如果脉冲类型为"基于时间"，则以秒为单位指定脉冲周期。如果脉冲类型为"基于采样"，则以采样时间的数量指定脉冲周期
脉冲宽度（周期百分比）	占空比，脉冲宽度（占整个周期的百分比）	[0,100] 的标量，默认值为 5。如果脉冲类型是"基于时间"，则指定为脉冲周期内有信号时的占比；如果基于采样，则指定为有信号的采样次数
相位延迟	脉冲产生开始前的时间延迟(s)	标量，默认值为 0。如果脉冲类型是"基于时间"，则以秒为单位指定生成脉冲之前的延迟时间；如果基于采样，则指定为生成脉冲之前的采样次数

17.2.5　Chirp Signal 模块

将脉冲传输时中心波长发生偏移的现象称为"啁啾"。啁啾信号是一个典型的非平稳信号，在通信、声呐、雷达等领域具有广泛的应用。

在 Simulink 中，Chirp Signal（啁啾信号）模块用于产生啁啾信号，实际上是频率随时间按线性速率增加的正弦波。一般情况下，模块有一个输出端口，如图 17.20 所示。

双击模块，弹出如图 17.21 所示的"模块参数：Chirp Signal"对话框，在该对话框中设置相关参数，参数属性见表 17.5。

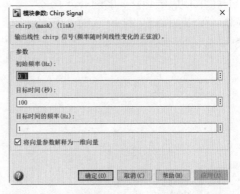

Port_1 - chirp 信号

图 17.20　Chirp Signal 模块　　　　图 17.21　"模块参数：Chirp Signal"对话框

表 17.5　Chirp Signal 模块参数属性

参　数	说　明	参　数　值
初始频率/Hz	信号的初始频率	0.1（默认）、标量、向量、矩阵、N 维数组
目标时间/s	频率达到目标频率的时间（s），在该时间后，频率继续以相同的速率改变	100（默认）、标量、向量、矩阵、N 维数组
目标时间的频率/Hz	信号在目标时间的频率（Hz）	1（默认）、标量、向量、矩阵、N 维数组

动手练一练——追踪线性调频信号运行最大值

设计一个模型，追踪线性调频信号运行最大值。

📝　**思路点拨：**

源文件：yuanwenjian\ch17\ChirpSignal_Max.slx

（1）创建模型文件，放置模块。

（2）设置 Chirp Signal 模块的目标时间为 20s，目标时间的频率为 2Hz；Pulse Generator 模块的周期为 4s；设置 MinMax Running Resettable 模块的函数为"最大值"；设置 Scope 在仿真开始时打开，并显示图例。

（3）连接模块端口，并调整模型布局，如图 17.22 所示。

（4）运行仿真，查看仿真结果。

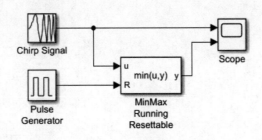

图 17.22　模型图

17.2.6 Step 模块

在 Simulink 中，Step（阶跃信号）模块可在指定时间在两个定义的电平之间进行阶跃。一般情况下，模块有一个输出端口，如图 17.23 所示。

双击模块，弹出如图 17.24 所示的"模块参数：Step"对话框，在该对话框中设置相关参数，参数属性见表 17.6。

图 17.23　Step 模块　　　　　　　　图 17.24　"模块参数：Step"对话框

表 17.6　Step 模块参数属性

参　数	说　明	参　数　值
阶跃时间	信号输出从初始值参数跳到终值参数的时间，以秒为单位	1（默认）、标量
初始值	阶跃之前的输出值	0（默认）、标量
终值	阶跃之后的输出值	1（默认）、标量
采样时间	阶跃的采样率	0（默认）、标量

17.2.7 Random Number 模块

在 Simulink 中，Random Number（随机信号）模块用于生成正态（高斯）分布的不确定信号。一般情况下，模块有一个输出端口，如图 17.25 所示。

双击模块，弹出如图 17.26 所示的"模块参数：Random Number"对话框，在该对话框中设置相关参数，参数属性见表 17.7。

图 17.25　Random Number 模块　　　　图 17.26　"模块参数：Random Number"对话框

表 17.7 Random Number 模块参数属性

参 数	说 明	参 数 值
均值	随机数的均值	0（默认）、标量
方差	随机数的方差	1（默认）、标量
种子	随机数生成函数的起始种子，给定种子的输出可以重复	0（默认）、正整数

17.2.8 Clock 和 Digital Clock 模块

在工程中，采样时间是指离散系统对其输入信号进行采样的速率。Simulink 允许通过设置采样时间以控制模块的执行（计算）速度，对单速率和多速率离散系统以及连续-离散混合系统进行建模。

在 Simulink 中，Clock（时钟）模块用于显示或者提供连续系统仿真时间。一般情况下，该模块有一个输出端口，如图 17.27 所示。该模块在每仿真步输出当时的仿真时间。当该模块被打开时，在窗口中显示时间。在打开该模块的情况下仿真会减慢仿真速度。

双击模块，弹出如图 17.28 所示的"模块参数：Clock"对话框，在该对话框中设置相关参数，参数属性见表 17.8。

图 17.27 Clock 模块

图 17.28 "模块参数：Clock"对话框

表 17.8 Clock 模块参数

参 数	说 明	参 数 值
显示时间	将仿真时间显示在该模块图标上，作为图标的一部分	off（默认）、on
抽取	更新模块图标的时间间隔	10（默认）、正整数

在 Simulink 中，Digital Clock（数字时钟）模块用于输出指定采样时间的仿真时间，在其他时间，输出保持为先前的值。在离散系统中，如果需要当前时间，应采用该模块。一般情况下，模块有一个输出端口，如图 17.29 所示。

双击模块，弹出如图 17.30 所示的"模块参数：Digital Clock"对话框，在该对话框中设置采样时间。

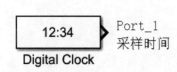

图 17.29 Digital Clock 模块

图 17.30 "模块参数：Digital Clock"对话框

实例——控制信号输出

源文件： yuanwenjian\ch17\signal_output.slx

设计一个模型输出信号波形，利用时钟模块控制前 3s 输出随机噪声，后 7s 输出锯齿波。

操作步骤：

（1）创建模型文件。在 MATLAB "主页" 主窗口单击 "新建" → "Simulink 模型" 命令，打开 Simulink 起始页。单击 "空白模型"，新建一个空白的 Simulink 模型文件。

（2）打开库文件。在 "仿真" 选项卡中单击 "库浏览器" 按钮，打开 Simulink 模块库浏览器。

（3）模型保存。在 "仿真" 选项卡中单击 "保存" 按钮，将生成的模型文件保存为 signal_output.slx。

（4）放置模块。在 Simulink（仿真）→Sources（信号源模块库）中，将 Clock（时钟信号）模块、Signal Generator（信号发生器）模块、Random Number（随机信号）模块拖动到模型中，用于提供和显示仿真时间、生成信号。

选择 Simulink（仿真）→Logic and Bit Operations（逻辑和位运算库）中的 Compare To Constant（与常量比较）模块，将其拖动到模型中，用于控制时间。

在模块库中搜索 Switch（开关）模块和 Scope（示波器）模块，拖动到模型中，分别用于分支判断，输出信号。

选中任意一个模块，在 "格式" 选项卡中单击 "自动名称" 下拉按钮，在弹出的下拉菜单中取消选中 "隐藏自动模块名称" 复选框，显示模型中的所有模块名称。

（5）设置模块参数。双击模块打开对应的模块参数设置对话框，设置模块参数。

➢ Clock 模块：勾选 "显示时间" 复选框。

➢ Compare To Constant 模块："运算符" 设置为 ">"，常量值为 3，如图 17.31 所示。

➢ Signal Generator 模块："波形" 选择 "锯齿"，"频率" 设置为 5Hz。

➢ Scope 模块：在菜单栏选择 "文件" → "仿真开始时打开" 命令。

（6）连接信号线。连接模块端口，并调整模型布局，结果如图 17.32 所示。

图 17.31 设置模块参数

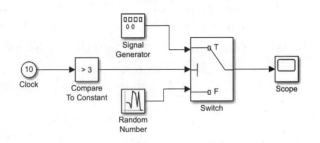

图 17.32 模型图

（7）运行仿真。在功能区单击 "运行" 按钮运行程序，即可自动打开示波器显示运行结果，如图 17.33 所示。

从图中可以看到，当 Switch 模块的输入 2 不满足指定条件（即仿真时间大于 3s）时，输入 3 通过，输出随机噪声；满足指定条件时，输入 1 通过，输出锯齿波。

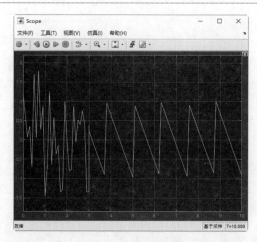

图 17.33　运行结果

17.2.9　Repeating Sequence 模块

在 Simulink 中，Repeating Sequence（周期信号）模块可生成随时间变化的重复信号。波形任意指定，当仿真达到 Timevalues 向量中的最大时间值时，信号开始重复。一般情况下，模块有一个输出端口，如图 17.34 所示。

双击模块，弹出如图 17.35 所示的"模块参数：Repeating Sequence"对话框，在该对话框中设置相关参数，参数属性见表 17.9。

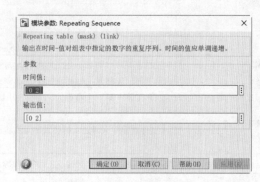

图 17.34　Repeating Sequence 模块　　　　图 17.35　"模块参数：Repeating Sequence"对话框

表 17.9　Repeating Sequence 模块参数属性

参　　数	说　　明	参　数　值
时间值	输出时间的向量，严格单调递增。生成的波形的周期是此参数的最后一个值和第一个值之差	[0, 2]（默认）、向量
输出值	输出值的向量，每个元素对应于"时间值"参数中的时间值，用于指定输出波形	[0, 2]（默认）、向量

17.2.10　From File 模块

在 Simulink 中，From File（从文件读取）模块用于从指定文件读取数据。一般情况下，模块有一个输出端口，如图 17.36 所示。

双击模块，弹出如图 17.37 所示的"模块参数：From File"对话框，在该对话框中设置相关参数，参数属性见表 17.10。

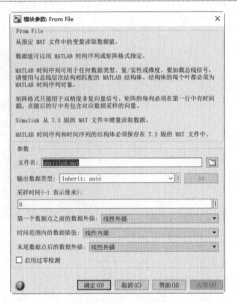

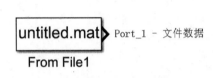

图 17.36　From File 模块　　　　　　　　图 17.37　"模块参数：From File"对话框

表 17.10　From File 模块参数属性

参　数	说　明	参　数　值
文件名	MAT 文件名或 MAT 文件的路径	untitled.mat（默认）、MAT 文件路径或 MAT 文件名
输出数据类型	加载的 MAT 文件中数据的类型。默认情况下，从文件中的数据或定义信号数据类型的下游模块继承输出信号数据类型。如果 MAT 文件中数据的数据类型与继承的数据类型不匹配，则会发生错误	Inherit: auto（默认）、double、single、int8、uint8、int16、uint16、int32、uint32、int64、uint64、boolean、fixdt(1,16,0)、fixdt(1,16,2^0,0)、Enum: <class_name>、Bus: <bus_object>、<data type expression>
采样时间（-1 表示继承）	模块在仿真期间计算新输出值的时间。如果不希望输出具有时间偏移量，可将该参数指定为标量	0、标量、向量
第一个数据点之前的数据外插	在 MAT 文件中第一个数据点之前，模块输出的方法	线性外插（默认）、保持第一个值、接地值
时间范围内的数据插值	MAT 文件数据中采样之间的仿真时间的输出值的插值方法	线性插值（默认）、零阶保持
末尾数据点后的数据外插	在 MAT 文件中最后一个数据点之后的模块输出方法	线性外插（默认）、保留最后一个值、接地值
启用过零检测	定位模块输出中的不连续点（即过零点），并防止在不连续点附近使用过小的时间步。这种情况下可能会减慢仿真速度	off（默认）、on

　　From Workspace（从工作区加载信号数据）模块和 From Spreadsheet（从电子表格读取数据）模块具体使用格式与 From File（读取文件）模块相同，这里不再赘述。

17.2.11　Ground 模块

　　在 Simulink 中，Ground（端口接地）模块用于连接未连接的模块，输出尽可能接近 0 的值。未连接的端口连接接地模块可以防止运行仿真时出现警告。一般情况下，模块有一个输出端口，如图 17.38 所示。

　　双击模块，弹出如图 17.39 所示的"模块参数：Ground"对话框，在该对话框中显示接地模块的输出信息。

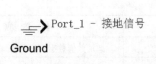

Ground

图 17.38 Ground 模块　　　　　　图 17.39 "模块参数：Ground"对话框

17.3 信号输出模块

在 Simulink 中，Sinks（信号输出）模块库如图 17.40 所示，包括显示器、示波器、工作区、输出端口、文件等接收器，为仿真提供输出设备元件。

图 17.40 Sinks 模块库

17.3.1 Display 模块

在 Simulink 中，Display（显示器）模块用于显示输入数据的值，该模块不但可以指定显示器显示的频率，还可以指定显示的格式。

对于数值输入数据，可以设置输入数据的显示格式；对于字符输入数据，根据特定的符号显示对应的字符内容。

一般情况下，该模块只有一个输入端口，如图 17.41 所示。

双击模块，弹出如图 17.42 所示的"模块参数：Display"对话框，在该对话框中设置相关参数，参数属性见表 17.11。

图 17.41 Display 模块

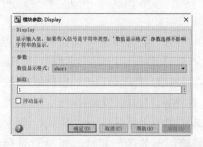

图 17.42 "模块参数：Display"对话框

表 17.11　Display 模块参数属性

参　数	说　明	参　数　值
数值显示格式	数值输入数据的显示格式	指定数值数据的显示格式，见表 17.12
抽取	显示数据的频率。默认抽取因子 1 表示在每个时间步显示数据	1（默认）、整数
浮动显示	使用此模块作为浮动显示，此时模块输入端口消失，模块显示选定信号线上的信号值	off（默认）、on

表 17.12　数值数据的显示格式

参　数	说　明
short	具有固定十进制小数点的 5 位数定标值
long	具有固定十进制小数点的 15 位数定标值
short_e	具有浮动小数点的 5 位数值
long_e	具有浮动小数点的 16 位数值
bank	具有固定美元和美分格式的值（不显示$或逗号）
十六进制（存储整数）	以十六进制格式存储的定点输入整数值
二进制（存储整数）	以二进制格式存储的定点输入整数值
十进制（存储整数）	以十进制格式存储的定点输入整数值
八进制（存储整数）	以八进制格式存储的定点输入整数值

17.3.2　Scope 模块

示波器是一种用来测量交流电或脉冲电流波的形状的仪器，除观测电流的波形外，还可以测定频率、电压强度等。凡可以变为电效应的周期性物理过程都可以用示波器进行观测。

示波器可以分为模拟示波器和数字示波器。模拟示波器的工作方式是直接测量信号电压，并且通过从左到右穿过示波器屏幕的电子束在垂直方向描绘电压。数字示波器的工作方式是通过模拟转换器（Analog to Digital Converter，ADC）把被测电压转换为数字信息。数字示波器捕获波形的一系列样值，并对样值进行存储，判断累计的样值是否能描绘出波形，然后在数字示波器上重构波形。

在 Simulink 中，Scope（示波器）模块是最常用的模块之一，用于显示仿真时产生的时域信号曲线，横坐标表示仿真时间。该模块默认接受一个输入但可以显示多个信号的图形。一般情况下，模块只有一个输入端口，如图 17.43 所示。

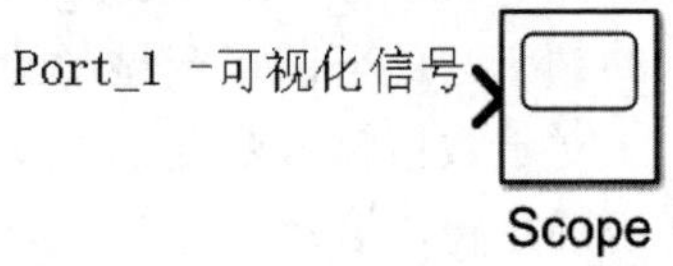

Port_1 -可视化信号

Scope

图 17.43　Scope 模块

默认情况下，在开始仿真时，通过输入端口，系统将数据传递给 Scope（示波器）窗口，但 Simulink 并不自动打开 Scope 窗口。在仿真结束后，双击模块打开 Scope 窗口，如图 17.44 所示，在该窗口中提供了显示数据与图形的菜单栏与工具栏命令。

单击工具栏的"配置属性"按钮🔘，可以打开如图 17.45 所示的"配置属性：Scope"对话框。该对话框包含 4 个选项卡，即"常设""时间""画面"和"记录"，可以设置对应的相关参数。

选择菜单栏中的"工具"→"坐标区缩放"→"坐标区缩放属性"命令，弹出"坐标区缩放属性：Scope"对话框，如图 17.46 所示，在这里可以设置示波器绘图区的坐标属性。

选择菜单栏中的"视图"→"样式"命令，弹出"样式：Scope"对话框，如图 17.47 所示，可以设置示波器绘图区的图形属性，包括背景色、线条颜色、可见度与标记样式等。

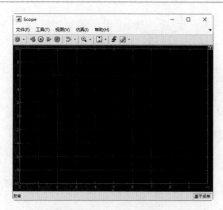

图 17.44　Scope 窗口

图 17.45　"配置属性：Scope"对话框

图 17.46　"坐标区缩放属性：Scope"对话框

图 17.47　"样式：Scope"对话框

Floating Scope（浮动示波器）模块的功能与 Scope 模块相同，显示仿真过程中生成的信号。不同的是，Floating Scope 模块不连接信号线。

扫一扫，看视频

实例——信号饱和失真

源文件：yuanwenjian\ch17\comparators.slx

本实例在示波器中演示信号饱和失真。

所谓饱和失真，是指当信号正半周靠近峰值时，晶体管就会处于饱和状态，此时的输出就不再随输入变化而出现的信号波形畸变。在 Simulink 中，Saturation（饱和）模块可输出在饱和上界值和下界值之间的输入信号值。

操作步骤：

（1）创建模型文件。在 MATLAB "主页"主窗口中单击"新建"→"Simulink 模型"命令，打开 Simulink 起始页。单击"空白模型"，新建一个空白的 Simulink 模型文件。

（2）打开库文件。在"仿真"选项卡中单击"库浏览器"按钮，打开 Simulink 模块库浏览器。

（3）模型保存。在"仿真"选项卡中单击"保存"按钮，将生成的模型文件保存为 Comparators.slx。

（4）放置模块。选择 Simulink（仿真）→Sources（信号源模块库）中的 Sine Wave（正弦信号）模块，将其拖动到模型中，用于定义输入信号。

选择 Simulink（仿真）→Ports & Subsystems（端口和子系统库）中的 Subsystem（子系统）模块，将其拖动到模型中，用于创建子系统图，然后对输入信号进行比较。

在模块库中搜索 Constant（常数）、Scope（示波器），拖动到模型中，分别用于输入常数和显示输出信号。

选中任意一个模块，在"格式"选项卡中单击"自动名称"下拉按钮，在弹出的下拉菜单中取消选中"隐藏自动模块名称"复选框，显示模型中的所有模块名称，如图 17.48 所示。

（5）设置模块参数。双击模块打开对应的模块参数设置对话框，设置模块参数。

➢ Sine Wave 模块："振幅"为 2，"相位"为 pi/2，即输入余弦波，如图 17.49 所示。

➢ Constant 模块："常量值"为 0。

➢ Scope 模块：选择"文件"→"输入端口个数"→2 命令，设置输入端口为 2。选择"文件"→"仿真开始时打开"命令，运行仿真后自动打开示波器窗口显示仿真结果。

（6）连接信号线。连接模块端口，然后在"格式"选项卡中单击"自动排列"按钮，对连线结果进行自动布局，最终结果如图 17.50 所示。

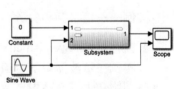

图 17.48　放置模块　　　　图 17.49　设置正弦波的振幅和相位　　　　图 17.50　模块连接结果

至此，层次电路的顶层模型图绘制完成，接下来绘制子系统。

（7）绘制子系统。双击 Subsystem 模块，进入 Subsystem 模型文件编辑环境，如图 17.51 所示。

选择 Simulink（仿真）→Commonly Used Blocks（常用模块库）中的 Saturation（饱和）和 Add（加法运算），将其拖动到模型中，用于定义饱和输出信号。

双击 Saturation（饱和）模块，在打开的模块参数对话框中，设置饱和"上限"和"下限"分别为 2 和 0，如图 17.52 所示。

（8）连接信号线。连接模块端口，然后手动调整连线布局，最终结果如图 17.53 所示。

（9）运行仿真。单击"转至父级"按钮，返回顶层模型图，如图 1.1 所示。在功能区单击"运行"按钮，打开示波器显示仿真结果。为便于区分原始信号和饱和失真信号，在菜单栏选择"视图"→"图例"命令，显示图例，如图 17.54 所示。

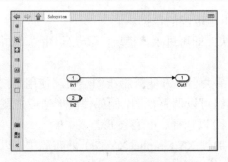

图 17.51　进入子系统模型图

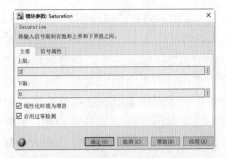

图 17.52　"模块参数：Saturation"对话框

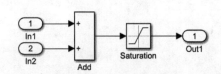

图 17.53　模块连接结果

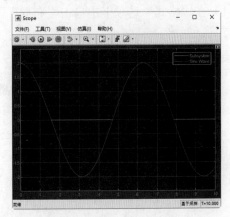

图 17.54　运行结果

选择"视图"→"布局"命令，在弹出的视图面板中选择 2 行 1 列的视图，如图 17.55 所示，结果如图 17.56 所示。

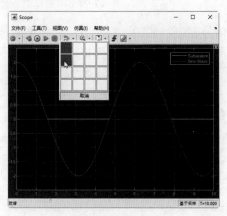

图 17.55　视图布局

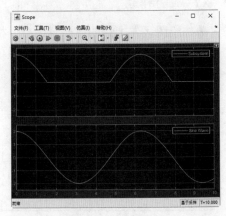

图 17.56　视图显示

（10）结果分析。从结果图中可以看出：当产生的信号为 0～2 时，系统直接输出信号；否则输出信号值为 0。

17.3.3　XY Graph 模块

在 Simulink 中，XY Graph（XY 图）模块在 MATLAB 窗口中显示信号的 X-Y 曲线图。一般情况下，模块有两个输入端口，如图 17.57 所示。模块绘制第一个输入的数据（x 轴方向）对第二个输入的数据（y 轴方向）的曲线图。该模块不显示超过指定范围的数据。

在仿真运行完成后，双击 XY Graph（XY 图）模块，即可进入该模块，显示绘图区，如图 17.58 所示。如果指定了输入信号，则显示绘图结果。

利用绘图区右上角的工具条，可以调整和平移视图大小，方便查看绘图结果。使用 🔍 工具组，可以同步缩放或沿指定坐标轴缩放视图；使用 ⛶ 工具组可以调整视图，例如使图形适应视图大小、基于时间适应视图、基于 Y 适应视图；利用 ▲ 工具，可以选择、平移图形。

绘制 X-Y 曲线图后，还可以将输入信号的子图添加到 XY Graph（XY 图）的布局中，以查看输入信号随时间的变化，具体操作步骤如下。

（1）在"格式"选项卡中单击"布局"下拉按钮，从如图 17.59 所示的下拉菜单中选择子图的布局方式。

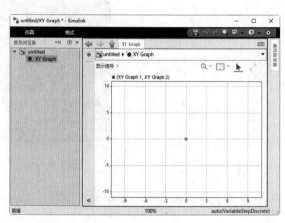

图 17.57　XY Graph 图模块　　　　　　图 17.58　绘图区　　　　　　图 17.59　"布局"下拉菜单

（2）单击绘图区左上角的"显示信号"按钮，展开信号列表，如图 17.60 所示。如果要修改信号线的显示颜色和样式，可以在"线条"栏单击打开如图 17.61 所示的设置面板，从中选择需要的颜色、线宽和样式。

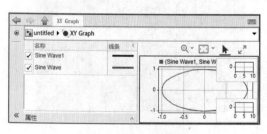

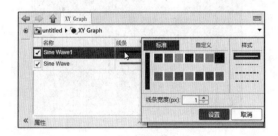

图 17.60　显示信号列表　　　　　　　　　图 17.61　设置线条样式

（3）单击一个子图，然后在显示列表中勾选要在该子图中显示的信号左侧的复选框。同样的方法，在其他子图中显示其他信号。

扫一扫，看视频

实例——显示信号波形

源文件：yuanwenjian\ch17\function_lines.slx

设计一个模型，绘制信号 $y = \sin^3(t*360)$ 的波形，并在子图中显示输入信号的波形。

操作步骤：

（1）创建模型文件。在 MATLAB "主页" 窗口中单击 "新建"→"Simulink 模型" 命令，打开 Simulink 起始页。单击 "空白模型"，新建一个空白的 Simulink 模型文件。

（2）打开库文件。在 "仿真" 选项卡中单击 "库浏览器" 按钮，打开 Simulink 模块库浏览器。

（3）模型保存。在 "仿真" 选项卡中单击 "保存" 按钮，将生成的模型文件保存为 function_lines.slx。

（4）放置模块。选择 Simulink（仿真）→Sources（信号源模块库）中的 Ramp（斜坡信号）模块，将其拖动到模型中，用于定义 t。

选择 Simulink（仿真）→Commonly Used Blocks（通用模块库）中的 Gain（增益）模块和 Constant（常量）模块，将其拖动到模型中。将 Math Operations（数学运算库）中的 Math Function（数学函数）模块和 Trigonometric Function（三角函数）模块拖放到模型中，用于定义信号。

在模块库中搜索 XY Graph（XY 图）模块，拖动到模型中，用于显示信号。

选中任意一个模块，在 "格式" 选项卡中单击 "自动名称" 下拉按钮，在弹出的下拉菜单中取消选中 "隐藏自动模块名称" 复选框，显示模型中的所有模块名称。

（5）设置模块参数。双击模块打开对应的模块参数设置对话框，设置模块参数。

➤ Gain 模块："增益" 设置为 360。

➤ Constant 模块："常量值" 设置为 3。

➤ Trigonometric Function 模块："函数" 选择 sin。

➤ Math Function 模块："函数" 选择 pow。

（6）连接信号线。连接模块端口，并调整模型布局。

在信号线下双击，添加信号标签 t 和 y，如图 17.62 所示。

（7）运行仿真。在功能区单击 "运行" 按钮运行程序，然后双击 XY Graph 模块，显示运行结果，如图 17.63 所示。

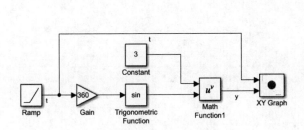

图 17.62　模型图

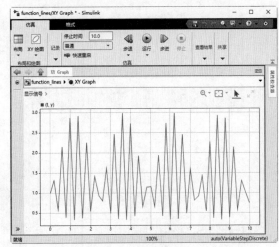

图 17.63　运行结果

在 "格式" 选项卡中单击 "布局" 下拉按钮，在弹出的下拉菜单中选择子图的布局方式为 "底部"，如图 17.64 所示。此时，绘图区底部会显示两个空白的子图坐标区。

选中左侧的子图，单击绘图区左上角的 "显示信号" 按钮，展开信号列表，然后勾选信号 t 左侧的复选框，即可在选定的子图中显示选中信号的波形。同样的方法，在右侧子图中显示信号 y 的波形，如图 17.65 所示。

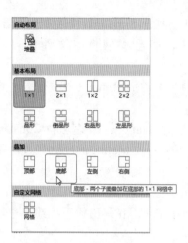

图 17.64　选择布局方式

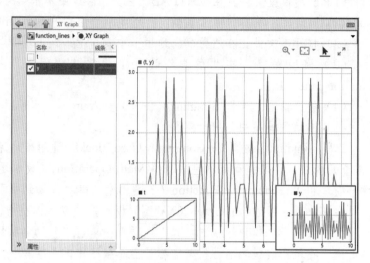

图 17.65　显示信号波形

17.3.4　To File 模块

在 Simulink 中，To File（写入文件）模块用于将输出写入 MAT 数据文件中的矩阵，它将每一时间步写成一列，第一行是仿真时间，该列中剩余的行是输入的数据，输入向量中每一元素占一个数据点。一般情况下，模块有一个输出端口，如图 17.66 所示。模块的图标显示指定的输出文件的名字，如果指定文件已经存在，则在仿真时将覆盖它。

双击模块，弹出如图 17.67 所示的"模块参数：To File"对话框，在该对话框中设置相关参数，参数属性见表 17.13。

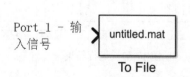

图 17.66　To File 模块

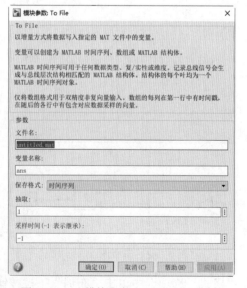

图 17.67　"模块参数：To File"对话框

表 17.13 To File 模块参数属性

参 数	说 明
文件名	存储输出的 MAT 文件的路径名或文件名。如果指定的文件名没有路径信息，Simulink 会将文件存储在 MATLAB 工作路径下。如果文件存在，则覆盖它
变量名称	文件中包含的矩阵的名称，默认值为 ans
保存格式	指定 To File 模块写入数据使用的数据格式，默认为时间序列，将数据写入 MATLAB Timeseries 对象中
抽取	数据写入时间的抽样因子。每 n 个采样写入一组数据，其中 n 为降采样因子
采样时间（-1 表示继承）	采集数据点的采样周期和偏移量，默认继承驱动模块的采样时间。使用时间步间隔不是常量的变步长求解器时，此参数很有用

◀》 提示：

"From File"（从文件读取数据）模块能够直接使用"To File"（写入文件）模块的数据，但"From File"模块得到的矩阵是"To File"模块写入的矩阵的转置。该模块能够边仿真边写数据，在仿真结束时数据写入完成。

17.3.5 To Workspace 模块

在 Simulink 中，To Workspace（写入工作区）模块用于将输出数据写入 MATLAB 工作空间中由参数变量名指定的矩阵或结构中，通过参数保存格式确定数据输出格式。一般情况下，模块有一个输出端口，如图 17.68 所示。

双击模块，弹出如图 17.69 所示的"模块参数：To Workspace"对话框，在该对话框中设置相关参数，该模块参数属性见表 17.14。

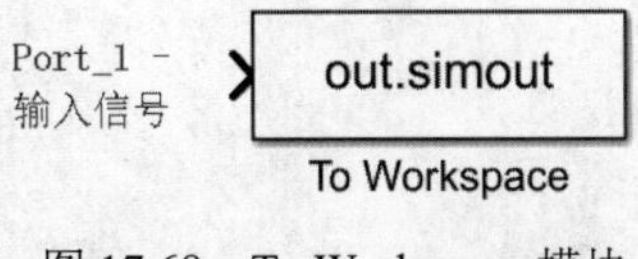

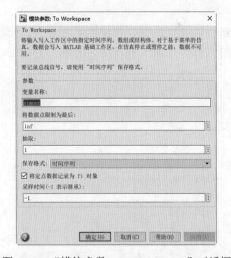

Port_1 – 输入信号 ▶ out.simout
To Workspace

图 17.68 To Workspace 模块

图 17.69 "模块参数：To Workspace"对话框

表 17.14 To Workspace 模块参数属性

参 数	说 明
变量名称	用于保存数据的变量的名称，默认值为 simout
将数据点限制为最后	要保存的输入采样的最大数量。如果仿真生成的数据点大于指定的最大值，则只保存最近生成的采样。默认值 inf 表示写入所有数据
将定点数据记录为 fi 对象	将定点数据作为 fi 对象或进行记录。如果取消选中该选项，则将定点数据作为双精度值记录到工作区

实例——查看文件数据

源文件：yuanwenjian\ch17\File_To_Workspace.slx、capalui.mat

本实例介绍通过 From File 模块从 MAT 文件读取数据，在示波器中显示，并将数据通过 To Workspace 模块输出到 MATLAB 工作区，显示输出数据。

操作步骤：

（1）创建模型文件。在 MATLAB"主页"窗口的选项卡中单击 Simulink 按钮，打开 Simulink 起始页界面。单击"空白模型"按钮，进入 Simulink 编辑窗口，创建一个 Simulink 空白模型文件。

（2）打开库文件。在"仿真"选项卡中单击"库浏览器"按钮，打开 Simulink 库浏览器。

（3）放置模块。选择 Simulink（仿真）→Sources（信号源模块库）中的 From File（从文件读取数据）模块，将其拖动到模型中，用于定义输入数据。

选择 Simulink（仿真）→Sinks（输出模块库）中的 To Workspace（保存到工作区）模块，将其拖动到模型中，用于输出数据。

在 Sinks（输出模块库）中选择 Scope（示波器）模块，拖动到模型中，用于显示输出。

选中所有的模块，在"格式"选项卡中单击"自动名称"按钮，在弹出的下拉菜单中选中"名称打开"选项，显示所有模块的名称。

（4）模块参数设置。双击 From File 模块，即可弹出对应的模块参数设置对话框，单击"文件名"右侧的文件夹图标按钮，选择 capalui.mat 文件，如图 17.70 所示。

（5）信号线连接。连接模块端口，结果如图 17.71 所示。

（6）模型保存。单击"仿真"选项卡中的"保存"命令，将生成的模型文件保存为 File_To_Workspace.slx。

（7）运行仿真。单击功能区的"运行"按钮▶，运行程序，然后双击 Scope（示波器）模块，弹出 Scope 对话框，结果如图 17.72 所示。

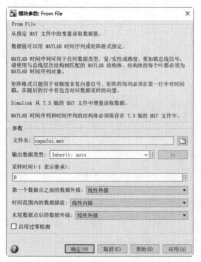

图 17.70 设置模块参数　　　图 17.71 模块连接结果

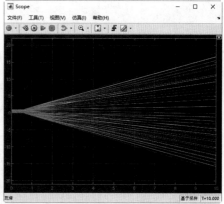

图 17.72 运行结果

此时打开 MATLAB 编辑器窗口，在工作区中可以看到输出变量 out，如图 17.73 所示。

在命令行中输入下面程序：

```
>> out
out =
  Simulink.SimulationOutput:
                simout: [1x1 timeseries]        %仿真输出数据（记录的时间、状态和信号）
                  tout: [51x1 double]           %仿真过程中返回的时间变量
    SimulationMetadata: [1x1 Simulink.SimulationMetadata]
          ErrorMessage: [0x0 char]
>> plot(out.tout)                               %绘制曲线
```

程序运行结果如图 17.74 所示。

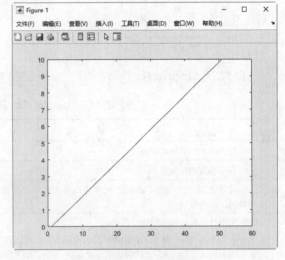

图 17.73　保存的数据　　　　　　　　　　图 17.74　运行结果

17.4　信号运算模块

本节介绍一些基本的信号运算模块。

17.4.1　Transfer Fcn 模块

传递函数是积分变换中的概念，是一种与系统的微分方程相对应的数学模型。它是系统本身的一种属性，与输入量的大小和性质无关，只适用于线性定常系统（线性时不变系统）。传递函数是在零初始条件下定义的，不能反映在非 0 初始条件下系统的运动情况。

在 Simulink 中，Transfer Fcn（传递函数）模块通过分子系数和分母系数定义的传递函数，默认图标与端口如图 17.75 所示。

双击模块，弹出如图 17.76 所示的"模块参数：Transfer Fcn"对话框，在该对话框中设置相关参数，参数属性见表 17.15。

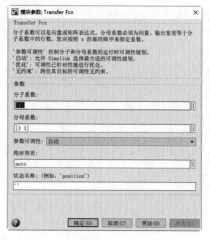

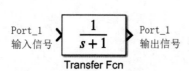

图 17.75　Transfer Fcn 模块　　　　图 17.76　"模块参数：Transfer Fcn"对话框

表 17.15　Transfer Fcn 模块参数属性

参　　数	说　　明	参　数　值
分子系数	分子系数的向量或矩阵	[1]（默认）、向量、矩阵
分母系数	分母系数的行向量	[1 1]（默认）、向量
参数可调性	设置使用 Simulink Compiler 的加速仿真模式和部署仿真的分子与分母系数的可调性级别	自动（默认）、优化、无约束
绝对容差	用于计算模块状态的绝对容差。 如果输入实数标量，则在计算所有模块状态时，该值会覆盖绝对容差； 如果输入实数向量，则该向量的维度必须匹配模块中连续状态的维度。这些值将覆盖绝对容差； 如果输入 auto 或-1，则 Simulink 会使用绝对容差值来计算模块状态	auto（默认）、标量、向量
状态名称（如 'position'）	为每个状态指定唯一名称	''（默认）、'position'、{'a', 'b', 'c'}、a、…

17.4.2　Bias 模块

在 Simulink 中，Bias（信号偏移）模块根据以下公式为输入信号添加偏移量：

$$Y = U + \text{bias}$$

式中：U 为模块输入；Y 为输出。

一般情况下，模块有一个输入端口和一个输出端口，如图 17.77 所示。

双击模块，弹出如图 17.78 所示的"模块参数：Bias"对话框，在该对话框中设置相关参数，参数属性见表 17.16。

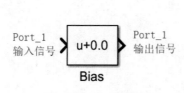

图 17.77　Bias 模块　　　　图 17.78　"模块参数：Bias"对话框

表 17.16　Bias 模块参数

参　　数	说　　明	参　数　值
偏置	要添加到输入信号的偏移量	0.0（默认）、标量、向量
对整数溢出进行饱和处理	选择发生整数溢出时，是否将溢出饱和处理为数据类型能够表示的最小值或最大值	off（默认）、on

实例——信号偏移

本实例使用 Bias 模块对输入信号进行偏移。

源文件：yuanwenjian\ch17\signal_bias.slx

操作步骤：

（1）创建模型文件。在 MATLAB "主页" 窗口中单击 "新建" → "Simulink 模型" 命令，打开 Simulink 起始页界面。单击 "空白模型" 按钮，进入 Simulink 编辑窗口，创建一个空白的 Simulink 模型文件。

（2）打开库文件。在 "仿真" 选项卡中单击 "库浏览器" 按钮，打开模块库浏览器。

（3）放置模块。选择 Simulink（仿真）→ Sources（信号源模块库）中的 Signal Generator（信号生成器）模块，将其拖动到模型中，用于演示输入信号。

选择 Simulink（仿真）→ Math Operations（数学函数运算）中的 Bias（信号偏移）模块，将其拖动到模型中，用于偏移信号。

在模块库中搜索 Scope（示波器），拖动到模型中，用于显示输出信号。

选中任意一个模块，在 "格式" 选项卡单击 "自动名称" 下拉按钮，在弹出的下拉菜单中取消选中 "隐藏自动模块名称" 复选框，显示所有模块的名称。

（4）模块参数设置。双击 Signal Generator 模块，在弹出的模块参数对话框中，设置波形为 "随机"，如图 17.79 所示。

双击 Bias 模块，在弹出的模块参数对话框中，设置 "偏置" 为 1，如图 17.80 所示。单击 "确定" 按钮关闭对话框。

图 17.79　设置信号波形

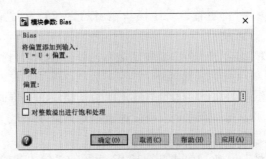

图 17.80　设置信号偏置量

双击 Scope 模块打开 Scope 窗口，选择 "文件" → "仿真开始时打开" 命令，在运行时将会自动打开示波器显示仿真结果。

（5）连接信号线。连接模块端口，在示波器中分别显示原始信号和偏置后的信号，模块连接结果如图 17.81 所示。

（6）保存模型。在 "仿真" 选项卡中单击 "保存" 按钮，将生成的模型文件保存为

signal_bias.slx。

（7）运行仿真。在功能区中单击"运行"按钮 ▶，程序编译完成后，即可自动打开示波器显示仿真结果，如图 17.82 所示。

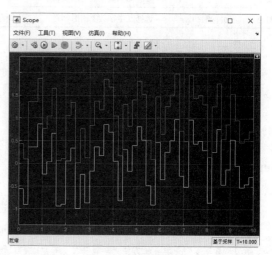

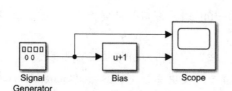

图 17.81　模块连接结果

图 17.82　运行结果

（8）分析结果。分析示波器中的仿真结果，信号根据公式为输入信号添加的偏移量为 1，偏移信号（蓝色曲线）比原始信号（黄色曲线）向上偏移 1。

17.4.3　Delay 模块

在 Simulink 中，Delay（信号延迟）模块按固定或可变采样期间延迟输入信号。延迟时间根据"延迟长度"参数的值来确定。

初始模块输出取决于以下几个因素：

➢ 初始条件：确定参数和仿真开始时间。

➢ 外部重置：确定模块输出是否在触发时复位为初始条件。

➢ 显示使能端口：确定是否由外部使能信号控制每一时间步的模块执行。

仿真前几个时间步的输出取决于模块的采样时间、延迟长度和仿真开始时间。模块通过指定或继承离散采样时间，以确定采样之间的时间间隔。

双击模块，弹出如图 17.83 所示的"模块参数：Delay"对话框，在该对话框中设置相关参数，参数属性见表 17.17。

图 17.83　"模块参数：Delay"对话框

表 17.17　Delay 模块参数属性

属性选项卡	参　数	说　明	参　数　值
主要	延迟长度	指定延迟长度的输入方法及值。固定延迟直接在对话框中输入，可变延迟从输入端口继承	对话框（默认）、输入端口

续表

属性选项卡	参 数	说 明	参 数 值
主要	初始条件	指定初始条件的输入方法及值。可直接在对话框中输入，也可从输入端口继承	对话框（默认）、输入端口
	输入处理	指定基于采样或基于帧处理输入数据	元素作为通道（基于采样，默认）、列作为通道（基于帧）
	使用环形缓冲区保存状态	选择在仿真和代码生成时是否使用环形缓冲区存储状态，以提高执行速度	off（默认）、on 对于延迟长度为1、基于采样的信号，或延迟长度不大于帧大小、基于帧的信号，则应使用数组缓冲区存储状态
	显示使能端口	使用使能端口控制此模块的执行。当此端口的输入非0时，模块被视为启用；当输入为0时，模块被视为禁用。输入的值在执行模块的同一时间步中进行检查	off（默认）、on
	外部重置	将状态重置为初始条件的触发事件	无（默认）、上升沿、下降沿、任一沿、电平、电平保持
	采样时间（-1 表示继承）	离散采样时间间隔，设置为-1表示继承采样时间	-1（默认）、标量
状态属性	状态名称	模块状态的唯一名称	"（默认）、字母数字字符串
	状态名称必须解析为 Simulink 信号对象	将状态名称解析为信号对象	off（默认）、on

Variable Time Delay（可变时间延迟）模块也根据指定的延迟类型对输入信号应用延迟，该模块有两个输入端口，分别用于输入数据和时滞，输出端口用于输出数据。延迟类型选择"可变时滞"时，当前时间步的输出等于上一个时间步的数据输入值。

动手练一练——调谐脉冲发生器的相位延迟

扫一扫，看视频

设计一个模型，利用 Variable Time Delay 模块，通过修改 Constant 模块的值，改变脉冲产生的相位延迟。

📋 **思路点拨：**

源文件：yuanwenjian\ch17\phase_delay.slx

（1）创建模型文件，放置模块。

（2）设置 Pulse Generator 模块的周期和脉冲宽度；设置 Constant 模块的值指定延迟时间；Variable Time Delay 模块的延迟类型为"可变时滞"，设置示波器在仿真开始时打开。

（3）连接模块端口，并调整模型布局，如图 17.84 所示。

（4）运行仿真，查看仿真结果。

（5）修改 Constant 模块的常量值，调整延迟时间，然后运行仿真。

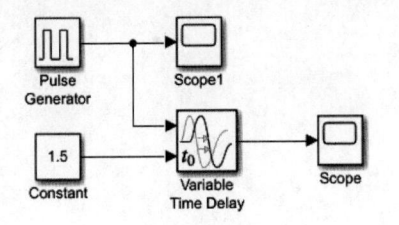

图 17.84　模型图